HORNOS DE PROCESOS

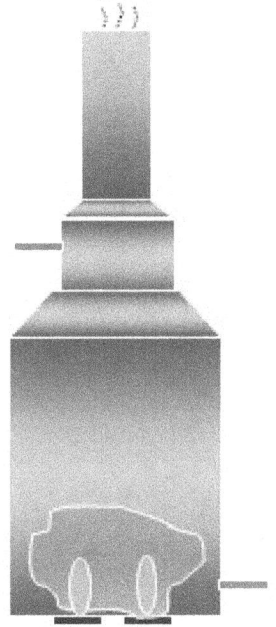

ESTELIS T. NARVAEZ H.

Profesor Estelis Teodoro Narváez Hernández.
Departamento de Ingeniería Química.
Escuela de Ingeniería y Ciencias Aplicadas.
Núcleo de Anzoátegui.
Universidad de Oriente- UDO.
Anzoátegui- Venezuela.

Copyright © 2021 Autor: Estelis T. Narváez H.
Todos los derechos reservados
ISBN: 9798753659958

A mis nietas.

Prefacio.

En este texto se combinan los principios básicos de Transferencia de Calor, Transferencia de Masa, Hidráulica y Combustión, con información técnica, correlaciones, algunos criterios de diseño, mejores prácticas (todos de dominio público) y factores de experiencia de campo en el área de procesos, para resumir y presentar metodologías secuenciales de cálculos, que pueden aplicarse al diseño preliminar de hornos de procesos, la validación de un diseño en progreso, y la evaluación de hornos en operación. Adicionalmente, se presentan aspectos básicos relacionados con la operación, medición y control de variables operacionales, seguridad, inspección y mantenimiento de estos equipos. Los cálculos, y los otros aspectos mencionados, están dirigidos a hornos utilizados en las plantas de procesamiento de hidrocarburos, y son de fácil adaptación a hornos de otros procesos industriales.

El contenido del texto puede utilizarse como material de enseñanza o aprendizaje para la introducción al diseño preliminar y la evaluación térmica e hidráulica de hornos de procesos.

En el desarrollo del contenido de este libro, el autor utiliza y aplica su experiencia académica y de investigación como profesor, en pre y postgrado en la Escuela de Ingeniería Química de la Universidad de Oriente, UDO, Venezuela, durante la enseñanza de las materias Fenómenos de Transporte, Operaciones Unitarias, Destilación Avanzada y Transferencia de Calor Avanzada. Igualmente, utiliza y aplica sus experiencias adquiridas durante varios años de actividad en el ejercicio de Ingeniería de Procesos en refinación de petróleo, coordinación y supervisión de operaciones de refinación de petróleo, coordinación y supervisión de operaciones de procesamiento de gas natural, y también durante el manejo de proyectos, en procesamiento de petróleo y gas, en la industria petrolera venezolana PDVSA; en la empresa consultora de ingeniería Venezolana de Proyectos Integrados, VEPICA, y también sus experiencias adquiridas como BOP Project Engineer en la empresa WorleyParsons International.

Lechería, Venezuela, 2021.
Estelis T. Narváez H.

Contenido

PREFACIO. VII
1 INTRODUCCIÓN. 1
    1.1 APLICACIONES. 2
    1.2 DESCRIPCIÓN. 5
    1.3 TIPOS DE HORNOS. 8
    1.4 PRECALENTAMIENTO DE AIRE. 13
2 DEFINICIONES. 17
    2.1 ECUACIONES DE VARIACIÓN. 17
    2.2 COMBUSTIÓN. 24
        2.2.1 Quemadores. 26
        2.2.2 Factores de Interés en Combustión. 28
    2.3 TRANSFERENCIA DE CALOR EN HORNOS DE PROCESOS. 32
        2.3.1 Modos de Transferencia de Calor. 33
        2.3.2 Coeficiente Global de Transferencia de Calor. 40
        2.3.3 Ecuación General de Fourier. 45
        2.3.4 Transferencia de Calor en la Sección de Convección. 46
        2.3.5 Transferencia de Calor en la Sección de Radiación. 64
        2.3.6 Métodos para Calcular Flujo de Calor por Radiación. 68
        2.3.7 Transferencia de Calor desde el Horno hacia el Ambiente. 74
        2.3.8 Balance de Energía en Hornos de Procesos. 81
    2.4 HIDRÁULICA EN HORNOS DE PROCESOS. 90
        2.4.1 Movimiento de los Gases de Combustión. 90
        2.4.2 Movimiento del Fluido de Proceso. 102
3 CÁLCULOS. 117
    3.1 DISEÑO. 117
        3.1.1 Cálculos de Combustión. 118
        3.1.2 Cálculos Térmicos en Diseño. 127
        3.1.3 Cálculos Hidráulicos. 190
    3.2 EVALUACIÓN. 202
        3.2.1 Evaluación de Comportamiento. 202
        3.2.2 Evaluación por Cambios en la Carga Térmica. 205
        3.2.3 Otras Evaluaciones. 208
4 INSTRUMENTACIÓN Y CONTROL. 211
5 OPERACIÓN. 217
6 INSPECCIÓN Y MANTENIMIENTO. 221
APÉNDICE A. TABLAS Y FIGURAS. 225
REFERENCIAS. 255

1 Introducción.

Son muchos los procesos industriales que, durante su operación, requieren gran cantidad de energía la cual depende del funcionamiento de equipos mayores para transferencia de calor, en los que ocurre la quema de un combustible y, como producto de la combustión, se libera la energía estequiometricamente permitida, de la cual se transfiere, directa o indirectamente, la cantidad requerida por una corriente asociada a un proceso con o sin reacción química, entre los que destacan: calentamiento, evaporación, vaporización, secado, calcinación, incineración, fundición[1-4,16].

En los equipos con transferencia directa de la energía, se establece un contacto físico entre la corriente de proceso y la llama o los gases de combustión producidos. Cuando la transferencia es indirecta, la energía fluye hacia la corriente de proceso a través de una pared metálica o refractaria que la separa físicamente de la llama y los gases de combustión. Como ejemplos de industrias que utilizan equipos de combustión en los que la energía se transfiere en forma directa, se pueden mencionar: papel, vidrio, arcilla, cerámica, cemento, acero y metales no ferrosos, entre otros. Por otro lado, entre las industrias que utilizan equipos en los que la energía se transfiere en forma indirecta, se destacan las refinerías de petróleo, las plantas petroquímicas, las plantas de tratamiento y procesamiento de gas, las estaciones de producción, tratamiento y manejo de petróleo. En este texto solo se cubrirá a los equipos de transferencia de energía en forma indirecta y específicamente a los hornos de procesos con énfasis en los utilizados en procesamiento de hidrocarburos, cuyos conceptos, definiciones y metodología de cálculos, se pueden adaptar y aplicar fácilmente a hornos utilizados en otros procesos industriales.

En general, un horno de proceso es un equipo mayor en una instalación industrial, para transferir a un fluido, entre el 60% y 90% de la energía liberada al quemar un combustible, y se utilizan principalmente para elevar la temperatura al fluido de proceso, hasta el nivel requerido por las condiciones técnicas y operacionales del proceso al cual sirve. Son una de las aplicaciones industriales y comerciales más importante de los principios de transferencia de calor, con el predominio de la Radiación y Convección, y son un factor clave en la operación y eficiencia de las plantas de procesamiento de hidrocarburos.

Los cálculos relativos a los hornos de procesos, tanto para su diseño como para la evaluación de su operación, en cualquier servicio que presten, son básicamente térmicos e hidráulicos, soportados con la información obtenida del proceso de combustión como producto de la quema de un combustible, que puede ser gaseoso, líquido o sólido. Estos cálculos tienen su fundamento en la aplicación de los principios de Transferencia de Calor, Transferencia de

Cantidad de Movimiento y Transferencia de Masa, soportados con las leyes de la Termodinámica.

En este texto se resumen y presentan una serie de metodologías y secuencias de cálculos básicos, que están soportados por ecuaciones, fórmulas, correlaciones e información técnica que son de dominio público, y que pueden utilizarse como material de enseñanza o aprendizaje para la introducción al diseño y evaluación térmica e hidráulica de hornos de procesos utilizados en las plantas de procesamiento de hidrocarburos, y de fácil adaptación a hornos de otros procesos industriales.

Existe una variedad de publicaciones, textos y sistemas computarizados (simuladores), fundamentados en los conceptos y principios señalados anteriormente, que soportan y facilitan el cálculo de estos equipos, y se debe tener presente que, dada la importancia y el nivel de impacto que el funcionamiento de los hornos de procesos tienen en una planta, solamente los ingenieros diseñadores de hornos ("Furnace Man") están calificados para decidir sobre la aplicación de procedimientos de cálculos para el diseño de un horno para un servicio en particular.

1.1 Aplicaciones.

Entre las principales aplicaciones de los Hornos de Procesos en la industria petrolera destacan: Tratamiento y Manejo de Petróleo en centros operativos en campos de producción, Tratamiento y Procesamiento de Gas Natural, Refinación de Petróleo, Mejoramiento de Petróleo, y también son ampliamente utilizados en la industria Petroquímica.

En la Fig. 1.1 se muestra un diagrama típico de proceso de un centro operativo de producción de petróleo en campo[14], mostrando la utilización de un horno que opera para calentar un crudo sometido a un proceso de separación para reducir su contenido de agua, sedimentos y gas, para llevarlo a las condiciones requerida para almacenaje y posteriormente trasportarlo hasta terminales marino y también como carga a proceso de refinación.

Un diagrama generalizado del proceso típico de destilación atmosférica en una refinería[16], se muestra en la Fig. 1.3, resaltando la ubicación de un horno cuyo propósito es transferir gran parte de la energía liberada por el combustible, a una corriente de crudo para llevarlo hasta las condiciones requeridas por una torre de destilación atmosférica y obtener los productos destilados en cantidad y calidad según su diseño.

En la Fig. 1.4 se muestra un esquema típico de proceso de destilación al vacío en una refinería[16], resaltando la ubicación de un horno cuyo propósito es suministrar a una corriente de residual atmosférico (residual Largo), la energía necesaria para llevarlo hasta las condiciones requeridas por una torre de vacío, y obtener, en cantidad y calidad según su diseño, los productos destilados de vacío: Gasoil de Vacío Liviano, Gasoil de Vacío Mediano, Gasoil de Vacío

Pesado (LVGO , HVG, MVGO por sus siglas en ingles respectivamente) y Residual de Vacío o Residual Corto.

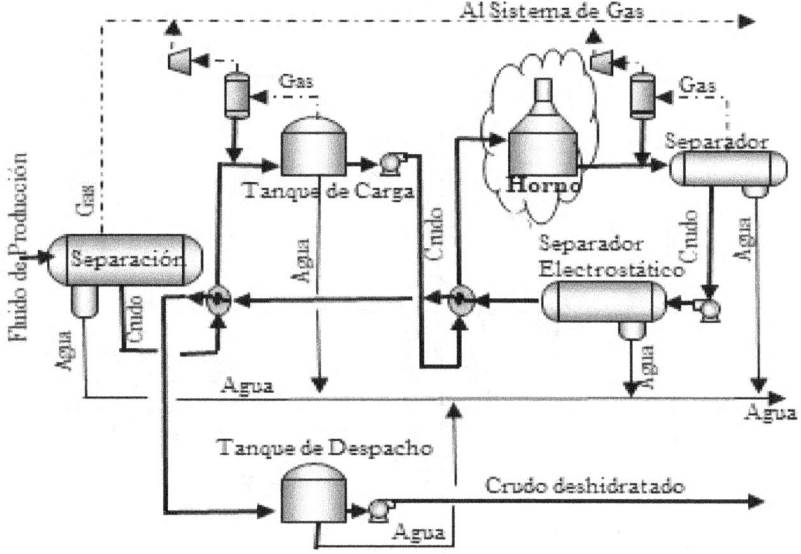

Fig. 1.1. Horno en Campo de Producción.

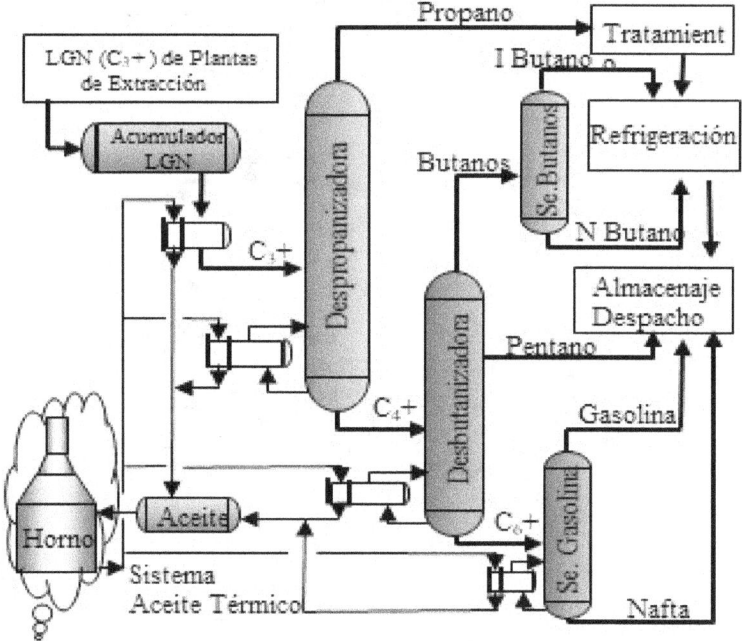

Fig.1.2. Horno en Fraccionamiento de LGN

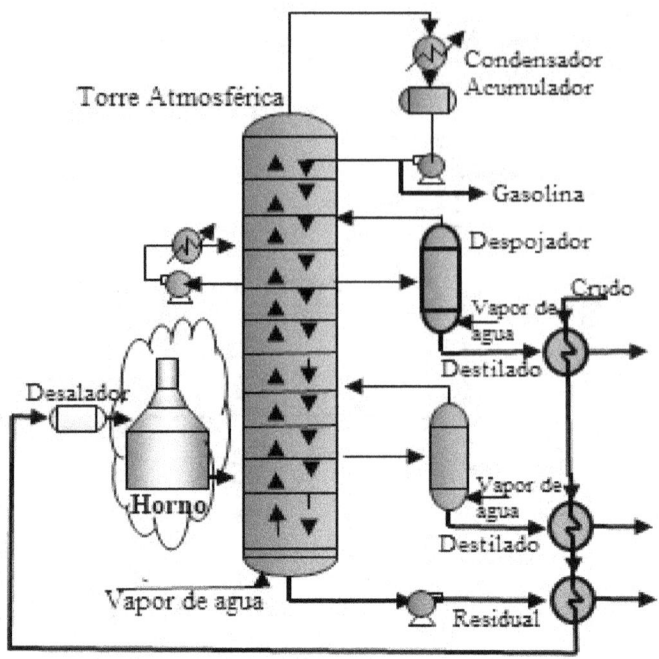

Fig. 1.3. Horno en Refinería-Destilación Atmosférica.

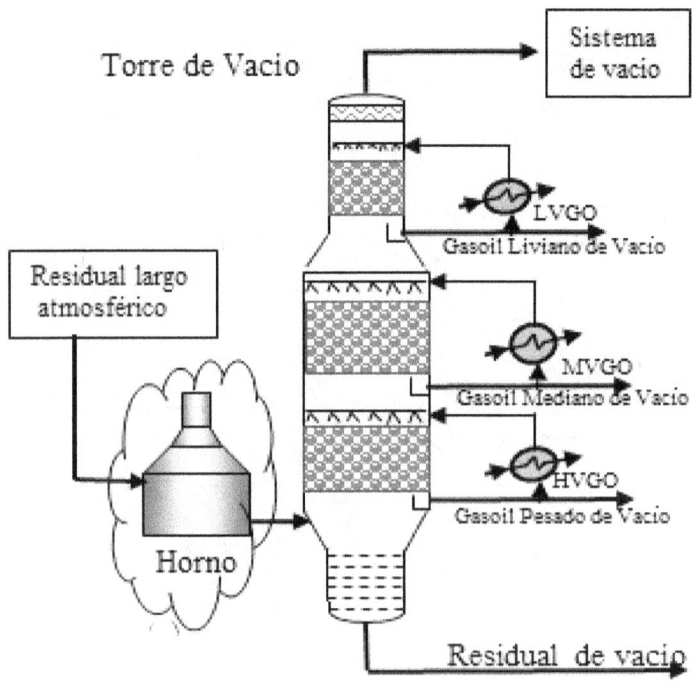

Fig. 1.4. Horno en Refinería - Destilación al Vacío.

1.2 Descripción.

Un horno de proceso es un equipo mayor en una planta industrial y es utilizado para transferir a un fluido de proceso, la cantidad de energía requerida para elevarle la temperatura hasta el nivel exigido por un proceso. En la Fig. 1.5 se muestra el esquema de uno de los hornos de procesos más utilizados y que se ha seleccionado para ilustrar la descripción de estos equipos que, como se observa, están constituidos por un sistema de Combustión y las secciones de Radiación, Convección y Chimenea.

Las secciones de Radiación y Convección están integradas en un cerramiento metálico, generalmente de configuración global cilíndrica o rectangular, con la superficie interna de sus paredes cubiertas con un material refractario y aislante para minimizar las pérdidas de calor hacia el medio ambiente. La chimenea es un conducto, con la superficie interna cubierta con una capa de material que la protege del ataque de la corrosión que pueda provenir de los gases de combustión.

Se puede presentar el caso de hornos que no tengan la sección de Convección, y esto puede ocurrir cuando la capacidad o energía a transferir sea menor a un valor referencial tomado como 5 MM Btu/h. Se estima que, de la energía transferida al fluido de proceso, el 80% se transfiere en la sección de radiación y el 20% en la sección de convección.

En el interior del cerramiento correspondiente a la sección de radiación, que es el de mayor dimensión, se instalan tuberías cilíndricas en forma se serpentín, en posición horizontal, vertical y en algunos casos helicoidal. De igual forma, en el interior de la sección de Convección se instala un banco de tubos interconectados siguiendo un arreglo definido y generalmente en posición horizontal. La interconexión y acople entre los tubos de ambas secciones se hace en una pieza conocida como puente ("bridge").

El sistema de combustión, está conformado por los quemadores y el suministro y control de combustible y aire que, dependiendo del tipo de horno, puede estar localizado en la parte inferior o lateral de la sección de radiación, y en algunos casos en la parte superior. Como producto de la quema del combustible, en los quemadores se mantiene una llama y se producen gases de combustión que fluyen por el interior del horno, entregando gran parte de la energía liberada por el combustible, que es transferida al fluido de proceso que fluye por el interior de los tubos en la sección de radiación y de convección.

En la parte más alta del horno, inmediatamente después de la sección de convección, se localiza la sección de chimenea, por donde salen los gases de combustión hacia el medio ambiente, que normalmente es un conducto circular, con diámetro y altura determinados para garantizar la estabilidad hidráulica de los gases de combustión dentro del horno y también expulsar los gases hacia el medio ambiente, logrando el nivel de dispersión requerido por las normas de seguridad y ambiente de la zona.

El fluido de proceso ingresa al horno por el interior del banco de tubos de la sección de Convección, recibiendo energía de los gases de combustión, a través de la pared de los tubos, y luego fluye por el puente hacia el interior de los tubos de la sección de radiación, donde recibe energía por radiación desde los gases de combustión, para luego salir del horno a las condiciones requeridas por el proceso posterior.

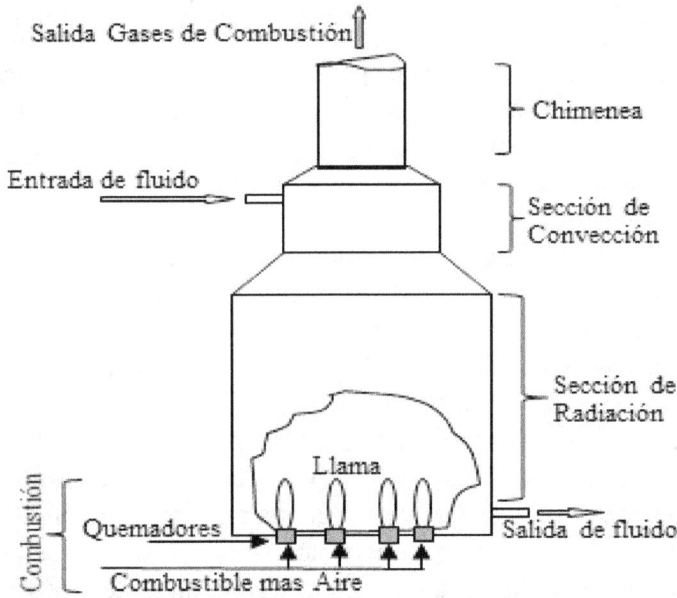

Fig. 1.5. Secciones de un Horno.

Los gases de combustión, producto de la quema del combustible en los quemadores, fluyen por la sección de radiación transfiriendo energía al fluido de proceso que fluye por los tubos, luego pasan a la sección de Convección cubriendo al banco de tubos, donde transfiere energía al fluido que circula por el banco de tubos, y después ingresa a la chimenea para luego salir hacia el medio ambiente.

El movimiento de los gases de combustión en el interior del horno, desde que se producen a nivel de quemador y hasta que salen por la chimenea, se deben fundamentalmente a la diferencia de presión, conocida como tiro del horno, entre esos dos puntos, el cual permite que el flujo de gas venza las restricciones que encuentra a su paso. El tiro del horno puede ser natural, inducido, forzado o balanceado[1,2,3,4,5] los cuales se muestran en la figura Fig.1.6 y se describen a continuación.

Tiro natural. Es el más utilizado y se emplea una chimenea con altura suficiente para crear un diferencial de presión entre el punto de entrada del aire a los quemadores y el punto más alto de salida de los gases de combustión por la chimenea. Se estima que como mínimo, el 75% de los hornos de procesos operan con tiro natural[10].

Tiro inducido. Cuando la altura de la chimenea no es suficiente para lograr el Tiro requerido en el horno, se utilizan sopladores para remover los gases de combustión y mantener una presión negativa que inducen la entrada del aire de combustión.

Tiro forzado. En este caso se utiliza un soplador para ingresar el aire de combustión a los quemadores, y se mantiene la chimenea para asegurar el gradiente de presión dentro del horno y garantizar la salida de los gases de combustión.

Tiro balanceado. Este es una combinación del Tiro inducido y el Tiro forzado, y normalmente se utiliza en hornos que tienen un sistema de precalentamiento de aire.

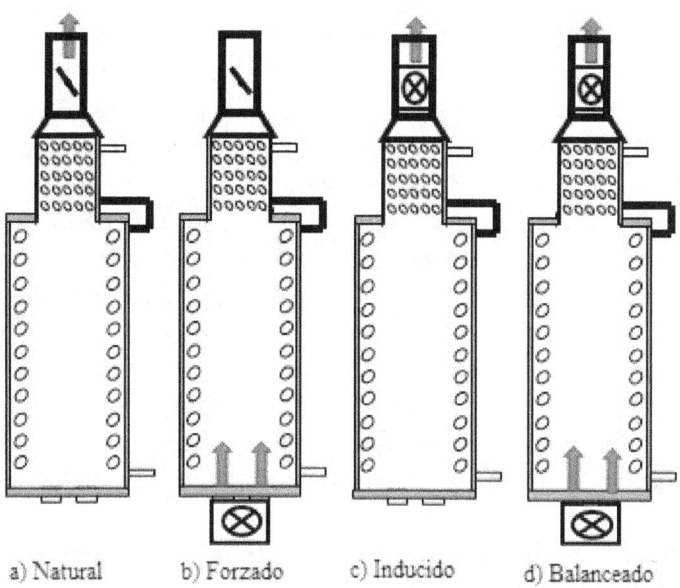

a) Natural   b) Forzado   c) Inducido   d) Balanceado

Fig. 1.6. Tipos de Tiro en hornos de proceso

1.3 Tipos de Hornos.

La tipificación más usual de los hornos de procesos es en base a la combinación de la configuración geométrica de su estructura o cerramiento, con la posición de los tubos en la sección de Radiación[1-10]. Adicional a esto dos factores, también se le añade la condición del Tiro que se utiliza y la ubicación donde se instalen los quemadores. En resumen, el horno de proceso se puede tipificar combinando los cuatro factores anteriores, y tendríamos por ejemplo un horno cilíndrico, vertical de Tiro natural y combustión a nivel de piso, como el que se muestra en la Fig. 1.7.

A continuación, se presentan algunos de los tipos de hornos más utilizados, y cada uno de ellos puede ser con Tiro natural, inducido, forzado o balanceado, dependiendo del sistema que se seleccione para definir el Tiro.

Horno Cilíndrico Vertical. En la Fig. 1.7 se muestran algunos detalles de la configuración y estructura de un horno vertical, y como se observa, en la parte inferior de la estructura cilíndrica, correspondiente a la sección de Radiación, se encuentran instalados los quemadores acoplados al sistema de suministro de combustible y aire. Dentro de la sección de Radiación se localizan los tubos en posición vertical y conectados en sus extremos con uniones curvas en forma de U (U "bend") formando un serpentín vertical que se sujeta a la superficie interior de la sección de Radiación. El corte seccional que se muestra en la Fig. 1.7, ilustra el círculo formado por los tubos, cerca de la superficie interior y la posición de los quemadores en el centro del piso de la sección de Radiación. La API 560 [14][8] recomienda factores a considerar para el dimensionamiento del círculo formado por los tubos, la separación entre los tubos y la pared interior del horno, y entre los tubos y los bordes de los quemadores, para garantizar la integridad mecánica del equipo y su eficiencia térmica.

Entre las secciones de Radicación y Convección se encuentra un cambio de dimensionamiento donde se ubica el puente que conecta los tubos de ambas secciones. Después de este cambio se localiza el banco de tubos de Convección, y las primeras hileras de tubo (de dos a cuatro) se conocen como tubos de protección, tubos de choque o tubos escudo ("shield"), por ser las primeras con las que hacen contacto los gases de combustión al salir de la sección de radiación.

Después del banco de tubos de Convección, hay otro cambio de dimensionamiento donde se conecta la chimenea y más arriba se localiza el dámper o compuerta deflectora, para controlar el diferencial de presión dentro del horno, también conocido como Tiro, para asegurar que el flujo de los gases de combustión venza las restricciones que se encuentran en su ascenso hacia la chimenea y salgan al exterior.

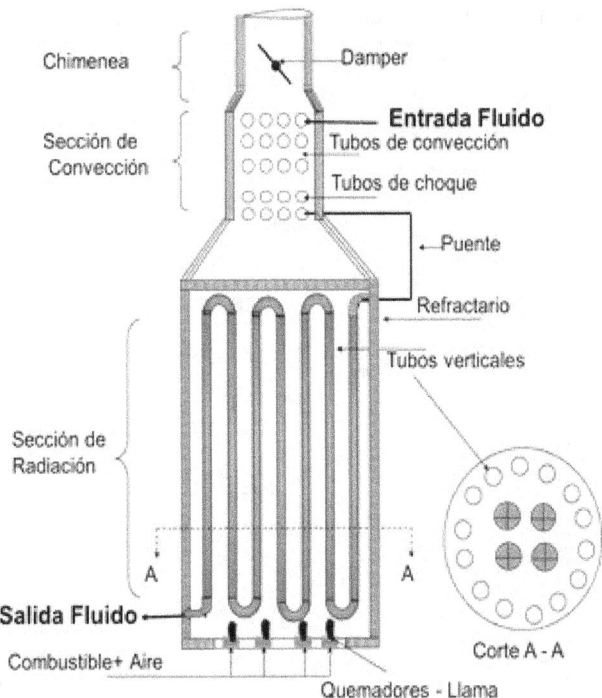

Fig 1.7. Horno cilíndrico vertical.

Horno Horizontal de una Celda Rectangular. La Fig. 1.8 muestra el esquema de estos hornos y se observa que la sección de Radiación consta de una celda rectangular con sus paredes interiores recubiertas con material refractario aislante, y con los tubos en posición horizontal, colocados sobre soportes que están anclados en las paredes laterales interiores de la celda. Los quemadores y el sistema de suministro de combustible y aire se instalan en el piso de la celda. En la parte superior se encuentra la sección de Convección, con su banco de tubos, siendo las primeras hileras de tubos correspondientes a los tubos de choque o escudo ("shield"). Encima de esta sección se encuentra la chimenea con el Dámper o compuerta deflectora para controlar el Tiro del horno.

Horno Horizontal de Dos Celdas Rectangulares. La Fig. 1.9 muestra un esquema de estos hornos y se observa que la sección de Radiación consta de dos celdas rectangulares independientes, cada una con la superficie de sus paredes interiores recubiertas con material refractario aislante, y con los tubos en posición horizontal sobre soportes anclados en las paredes laterales interiores de cada celda.

La sección de Convección es común a las dos celdas de Radiación, a las que está conectada por conductos independientes. Al igual que los otros tipos de hornos, la sección de Convección consta de un banco de tubos siguiendo un arreglo definido, con las primeras hileras, como tubos de choque. Después de la sección de Convección se encuentra la chimenea con la altura requerida, para garantizar la salida de los gases de combustión, controlados con la abertura del dámper. Los quemadores y el sistema de suministro de combustible y aire se instalan en el piso de cada celda.

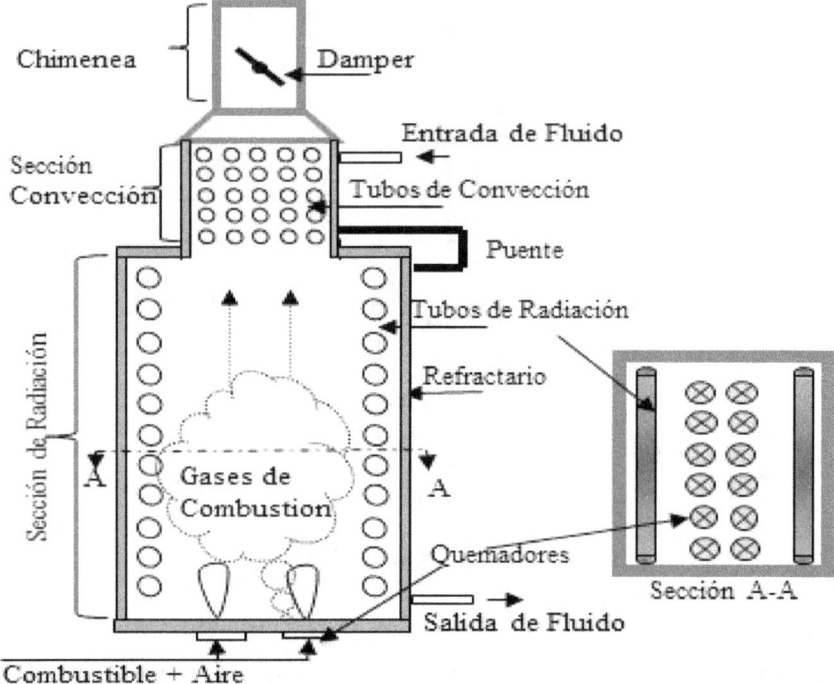

Fig. 1.8. Horno horizontal una celda.

El fluido de procesos ingresa a la sección de Convección por dos corrientes independientes, y cada una de ellas fluye por una porción definida del banco de tubos de convección, donde recibe energía desde los gases de combustión y después pasa a los tubos de una de las celdas de Radiación, utilizando el puente que conecta a esa celda con la sección de Convección. La otra corriente de proceso sigue una trayectoria similar, pero utilizando la otra porción del banco de tubos de convección y pasando luego a la otra celda de Radiación, utilizando el otro puente que conecta a esta segunda celda con la sección de Convección. Cada celda de Radiación tiene su propia salida de fluido de proceso.

Los gases de combustión que se producen en cada celda, fluyen por cada una de ellas transfiriendo energía al fluido de proceso que circula por los tubos y luego, por conductos distintos, pasan a la sección de Convección, donde se unen cubriendo a todo el banco de tubos para transferir energía por convección a las corrientes de procesos que circulan por las dos porciones del banco de tubos, para luego pasar a la chimenea y salir del horno.

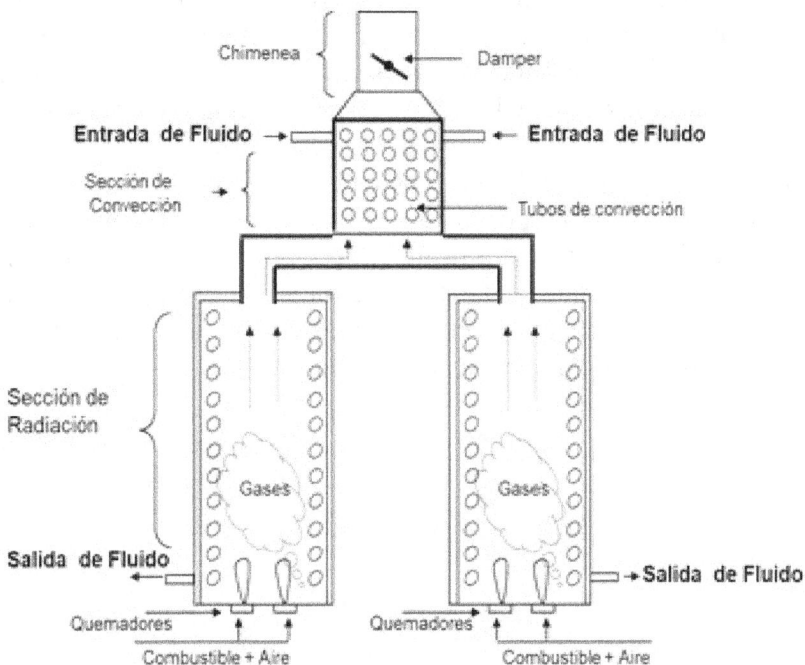

Fig. 1.9. Horno horizontal doble celda

Horno Horizontal de Cuatro Celdas Rectangulares. La Fig. 1.10 muestra un esquema de este tipo de hornos y se observa que las cuatro celdas de radiación son independientes. Los tubos de cada celda están colocados en posición horizontal en dos de las paredes laterales y en el techo. Las celdas de radiación comparten la sección de Convección, a la cual están conectadas cada una por un conducto que está por debajo del piso de cada celda, por donde los gases de combustión fluyen y se unen para luego ingresar a la sección de Convección. Al igual que los otros tipos de hornos, la sección de Convección consta de un banco de tubos siguiendo un arreglo definido, con las primeras hileras actuando como escudo ("shield") o tubos de choque. En este caso, el banco de tubos de la sección de Convección se divide en cuatro porciones, una para cada celda. Después de esta sección se encuentra la chimenea con la altura requerida, para garantizar la salida de los gases de combustión, controlados con la abertura del dámper. Los quemadores y el sistema de suministro de combustible y aire se instalan en las paredes laterales, libres de tubos, de cada celda.

En estos hornos el fluido de proceso se divide en cuatro corrientes que ingresan a cada una de las cuatro porciones en las que se ha dividido el banco de tubo de la sección de Convección, y cada una de las corrientes fluye por su respectiva porción, donde recibe energía desde los gases de combustión y después pasa a los tubos de la celda de Radiación que le corresponda, utilizando el puente que conecta a esa celda con la sección de Convección, que normalmente está colocado en la parte inferior de la celda o sea a nivel del piso. Adicionalmente, la corriente de fluido en cada celda se divide en dos, estableciéndose así que dentro de cada celda hay dos pasos de fluido de proceso, que se unen a la salida de la celda, que generalmente está ubicada en el techo.

Los gases de combustión fluyen por cada celda transfiriendo energía al fluido de proceso que circula por los tubos, y luego bajan al conducto común que está debajo del piso y fluyen hacia la sección de Convección, donde se unen cubriendo a todo el banco de tubos para transferir energía por convección a las corrientes de procesos que circulan por las cuatro porciones del banco de tubos, y luego pasar a la chimenea y salir del horno.

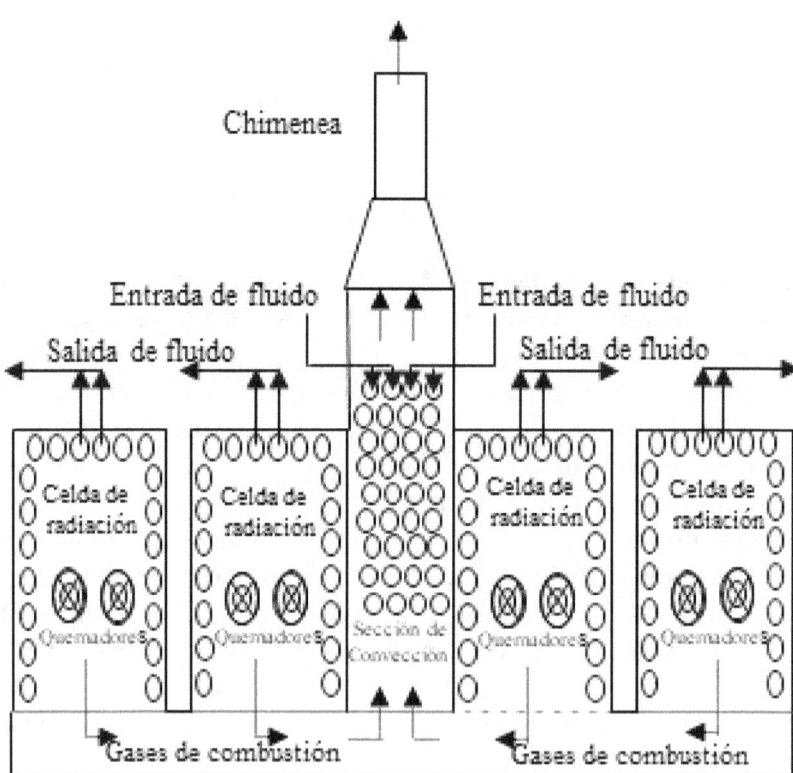

Fig. 1.10. Horno horizontal cuatro celdas.

1.4 Precalentamiento de Aire.

Con la finalidad de incrementar la eficiencia de un horno de proceso, se recurre a la instalación de un sistema para precalentar el aire que se toma del medio ambiente y se introduce a los quemadores para la combustión. Con el uso de estos sistemas se logra obtener eficiencias generales superiores al 90%, sin embargo, la decisión de instalar estos sistemas está sujeta al resultado de un análisis que involucra aspectos técnicos, económicos, operacionales y de mantenimiento.

La API 560 [F][8] clasifica los sistemas de precalentamiento de aire según el Tiro seleccionado para la operación del horno, y según la fuente de energía y el diseño del intercambiador de calor utilizado para precalentar el aire. Cuando el gas de combustión producido en el horno, es la corriente caliente que transfiere calor al aire en el intercambiador, considera que el intercambio es directo; si la fuente de energía es una corriente de proceso o de servicio, cercana al horno, se considera que el intercambiador es indirecto.

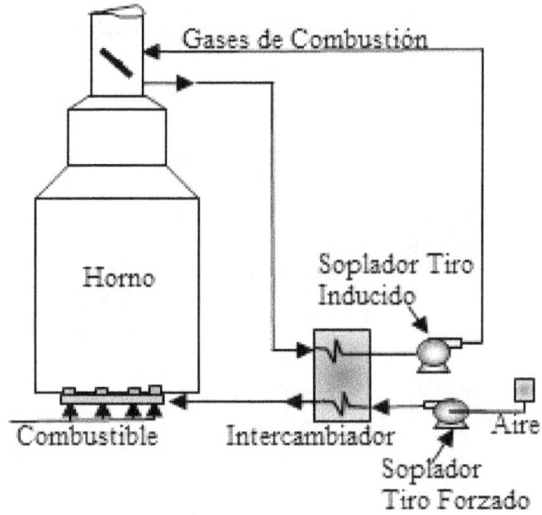

Fig.1.11. Sistema Precalentamiento de aire,
Tiro Balanceado - Intercambiador Directo.

La Fig. 1.11, muestra un esquema típico, de fácil interpretación, para un sistema de precalentamiento de aire en un horno que opera con tiro balanceado y el intercambio es directo. Como se observa, el soplador para Tiro Inducido, succiona gas de combustión en la entrada de la chimenea, lo pasa por el intercambiador de calor donde se transfiere energía al aire que proviene de la descarga del soplador que lo succiona del medio ambiente, y lo envía al sistema de combustión del horno. De la descarga del soplador de Tiro Inducido, el gas de combustión, retorna a la chimenea para luego salir hacia el medio ambiente.

La Fig. 1.12, muestra un esquema típico para un sistema de precalentamiento de aire en un horno que opera con Tiro Forzado y el intercambio de calor es indirecto. Como se observa, un soplador succiona aire del medio ambiente y lo descarga al intercambiador de calor. Por otro lado, una corriente caliente externa, que se utiliza como fuente de energía, ingresa al intercambiador para calentar el aire. Después del intercambio de energía, la corriente externa retorna a su proceso de origen, y el aire caliente fluye hacia el sistema de combustión del horno.

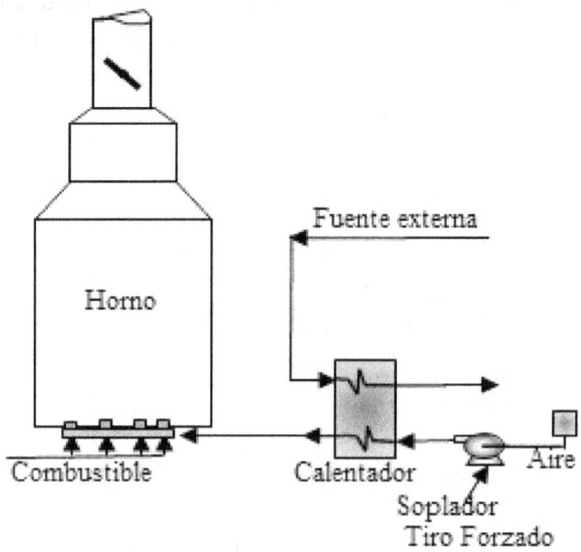

Fig.1.12. Sistema Precalentamiento de aire.
Tiro Forzado – Fuente Externa de Energía.

La Fig. 1.13, muestra un esquema típico para un sistema de precalentamiento de aire en un horno que opera con tiro balanceado y el intercambio es indirecto. Como se observa, un fluido térmico, que actúa como fuente de energía, es impulsado por una bomba hacia un intercambiador de calor colocado en la sección de convección, donde retira calor del gas de combustión y luego sale para ingresar al pre calentador, donde entrega energía para precalentar al aire. El fluido sale del pre calentador y luego ingresa a un recipiente de donde lo succiona la bomba para impulsarlo nuevamente hacia la sección de convección y mantener la recirculación.

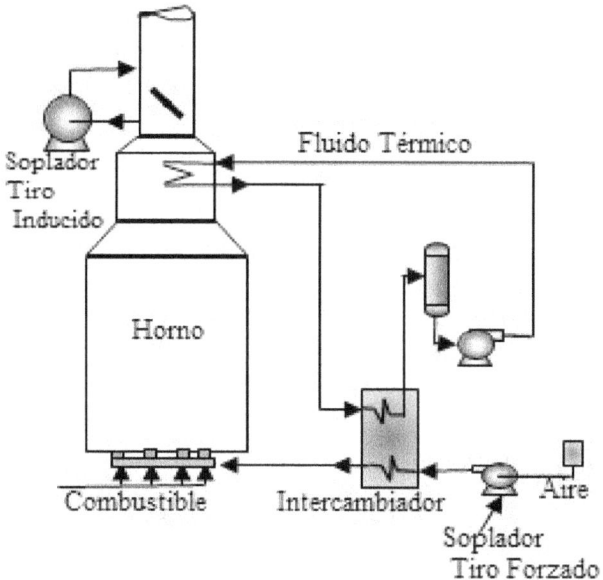

Fig. 1.13. Sistema de precalentamiento de aire.
Tiro Balanceado – Intercambiador Indirecto.

Estelis T. Narvaez H.

2 DEFINICIONES.

Como se indicó en la introducción, en los cálculos básicos de los hornos de procesos están interrelacionados los principios y definiciones de Transferencia de Calor, Transferencia de Masa, Transferencia de Cantidad de Movimiento y las reacciones de combustión, soportados por las leyes de la Termodinámica.

Si consideramos a un horno de proceso como parte integrante de una operación unitaria, donde se modifican las condiciones de una determinada cantidad de materia, en base a las leyes de Conservación de Masa, Conservación de Energía Térmica y Conservación de Cantidad de Movimiento, su operación y comportamiento está estrechamente ligado a estas tres leyes, cuyas formulaciones se conocen como Ecuaciones de Variación, que son claves para los cálculos de diseño y evaluación de equipos de procesos industriales.

2.1 Ecuaciones de Variación.

A continuación, se presentan, en notación vectorial y tensorial, las ecuaciones generales que modelan a cada una de estas tres leyes citadas, las cuales se han deducido como producto de aplicar un balance de la propiedad de transporte respectiva (masa, cantidad de movimiento y calor) a un elemento de volumen de control del proceso involucrado[1,32,33].

Ecuación de Continuidad. Obtenida con balance de masa aplicado a un elemento de volumen.

$$\frac{D\rho}{Dt} = -(\nabla\rho \bullet v) \qquad (2.1)$$

Donde (D/Dt) es el operador conocido como derivada sustancial o material; ∇ es el operador conocido como divergencia; t es el tiempo; ρ es la densidad y **v** el vector velocidad conformado por tres componentes, según el sistema de coordenadas que aplique.

La Ecuación de Continuidad expresa un balance de masa aplicado a un elemento de volumen de un sistema, donde la masa que entra, menos la masa que sale, es igual a la masa acumulada. El significado físico de la Ec. 2.1, es la variación de la densidad del sistema, respecto a un observador que se mueve con el sistema. El significado de cada término de la Ec. 2.1, es el siguiente:

$\frac{D\rho}{Dt}$, es la variación de la densidad con el tiempo, en el elemento de volumen, respecto a un observador que se mueve con el fluido. Si el observador está en un punto fijo, es decir no se mueve con el fluido, entonces se tiene que $\frac{D\rho}{Dt} = \frac{\partial \rho}{\partial t}$

$(\nabla \rho \cdot \mathbf{v})$, es la variación del vector densidad de flujo de masa (velocidad de masa) en el elemento de volumen.

Ecuación de Energía Calórica. Obtenida por balance de energía interna aplicado a un elemento de volumen del sistema seleccionado.

$$\rho C_p \frac{DT}{Dt} = -(\nabla \cdot \mathbf{q}) - \left(\frac{\partial \ln \rho}{\partial \ln T}\right)_p \frac{Dp}{Dt} - (\tau : \nabla \mathbf{v}) \qquad (2.2)$$

El significado físico de la Ecuación de Energía Calórica, expresada con la ecuación Ec. 2.2, es que un elemento de volumen, en cualquier medio continuo, que se mueve con el fluido, experimenta cambios en su energía interna, reflejado en los cambios de temperatura, debido a las entradas y salidas de energía por: el flujo de calor **q**; efectos de presión **p** y efectos de la disipación viscosa asociada al esfuerzo de corte τ. El significado físico de cada término en la ecuación Ec. 2.2 es el siguiente:

$\rho C_p \frac{DT}{Dt}$, Variación de la energía interna del elemento de volumen.

$(\nabla \cdot q)$, velocidad de entrada de energía calórica en el elemento de volumen.

$\left(\frac{\partial \ln \rho}{\partial \ln T}\right)_p \frac{Dp}{Dt}$, velocidad de entrada de energía por efecto de presión en el elemento de volumen.

$(\tau : \nabla v)$, velocidad de variación de energía por efecto de fuerza viscosas sobre el elemento de volumen.

Ecuación de Movimiento. Obtenida con un balance de Cantidad de Movimiento aplicado a un elemento de volumen, el cual puede estar sometido a un movimiento forzado, natural o combinado (forzado y natural).

Movimiento forzado. Motivado por fuerzas externas que actúan sobre el elemento de volumen: fuerzas por presión, fuerza viscosa y fuerza por gravedad.

$$\rho \frac{D\mathbf{v}}{Dt} = -\nabla p - [\nabla \cdot \tau] + \rho g \qquad (2.3)$$

Movimiento natural o libre. Motivado a cambios de densidad en el elemento de volumen.

$$\rho \frac{D\mathbf{v}}{Dt} = -[\nabla \cdot \tau] - \rho \beta g (T - T_b) \qquad (2.4)$$

Movimiento combinado, forzado y libre. Motivado a la combinación de fuerzas externas y cambios de densidad

$$\rho \frac{Dv}{Dt} = -\nabla p - [\nabla \cdot \tau] + \rho g - \rho g \beta (T-T_b) \tag{2.5}$$

Donde ρ es la densidad del fluido; **v** es el vector velocidad conformado por tres componentes; **p** es el vector presión conformado por tres componentes; τ es el tensor esfuerzo de corte conformado por nueve componentes, β el coeficiente de expansión volumétrica, T la temperatura puntual del fluido, T_b la temperatura promedio del fluido, y **g** es el vector de la aceleración de gravedad conformado por tres componentes. Los detalles de la deducción de estas ecuaciones se pueden leer en las referencias 1, 32, 33 y en otras similares.

El significado físico de la Ecuación de Movimiento, expresada con las ecuaciones Ec. 2.3 a Ec. 2.5, es que un elemento de volumen, en cualquier medio continuo, que se mueve con el fluido, es acelerado por las fuerzas que actúan sobre él, tanto en movimiento forzado como en movimiento libre o natural. En resumen, estas ecuaciones son una expresión generalizada equivalente a la segunda ley de Newton, la cual establece que la sumatoria de las fuerzas aplicadas a un cuerpo es igual al producto de su masa multiplicada por la aceleración que adquiere.

El significado físico de cada término en las ecuaciones Ec. 2.3, Ec. 2.4 y 2.5, es el siguiente:

$\rho \frac{Dv}{Dt}$, masa por aceleración del elemento de volumen.

∇p, fuerza de presión sobre el elemento de volumen.

$[\nabla \cdot \tau]$, fuerzas viscosas sobre el elemento de volumen.

ρg, fuerza gravitacional sobre el elemento de volumen.

$\rho \beta g (T - T_b)$, fuerza de flotación sobre el elemento de volumen.

En los textos y manuales especializados en Fenómenos de Transporte[1,32,33], se presentan y detallan los balances que permiten llegar a las ecuaciones que modelan a cada una de estas tres leyes, y facilitan las expresiones respectivas, con los operadores diferenciales en los sistemas de coordenadas, rectangulares, cilíndricas y esféricas, con la finalidad de que el lector interesado las interprete y pueda, con facilidad, seleccionar la que corresponda a la situación que se le pueda presentar.

Como se mencionó anteriormente, cada una de esas ecuaciones fue obtenida aplicando el balance de propiedad correspondiente (masa, cantidad de movimiento o energía) a un elemento de volumen de fluido. Al disponer e interpretar estas ecuaciones, no es necesario desarrollar un nuevo balance de propiedad cada vez que se presente una nueva situación de flujo que resolver, ya que es más rápido, más fácil y más seguro, partir de las ecuaciones tabuladas, expresadas en su forma general, y simplificarlas con el fin de adaptarlas a la situación que se presente. Para mayores detalles y profundizar en este tema, se recomienda revisar las referencias citadas.

Simplificaciones de las Ecuaciones de Variación. En la mayoría de las situaciones prácticas de ingeniería, para el planteamiento de situaciones de flujo, no se utilizan las Ecuaciones de Variación como se muestra en las ecuaciones anteriores, sino que generalmente resulta más conveniente identificar y analizar condiciones que permitan lograr simplificaciones que faciliten su uso en cálculos de ingeniería, en los que se pueden tomar decisiones sobre la variación de las propiedades, sin afectar notablemente el resultado final.

Las ecuaciones Ec. 2.1 a Ec. 2.5, no pueden integrarse para fluidos compresibles, a menos que se conozca la variación de la densidad a lo largo de la línea de flujo. Sin embargo, en la mayoría de los cálculos de ingeniería, generalmente es satisfactorio considerar que la densidad es esencialmente constante. En principio, la densidad es constante para los fluidos no compresibles, y también lo es para los fluidos compresibles, excepto para grandes variaciones de la presión en la dirección del flujo. Para caídas de presión menor al 10% de la presión de entrada, se recomienda usar la densidad a la presión de entrada o de salida (la que se disponga); para caída de presión entre 10% y 40% de la presión de entrada, se recomienda usar el promedio entre la densidad de entrada y la densidad de salida; para caída de presión >40%, se debe calcular la densidad usando métodos rigurosos en base a ecuaciones de estado[34] que define la relaciones P-V-T.

Ecuación de Continuidad. Un caso especial, y de mucha utilidad, de la Ecuación de Continuidad, en el planteamiento y simplificaciones de situaciones de transporte, es cuando se considera la densidad constante; en este caso la Ec. 2.1 que da como,

$$(\nabla \cdot \mathbf{v}) = 0 \tag{2.6}$$

Para sistemas en los que la densidad ρ y la viscosidad μ se pueden considerar constantes, la Ecuación de Continuidad, se expresa como la Ec. 2.6.

Ecuación de la Energía Calórica. Al considerar la densidad y viscosidad constantes y la igualdad de la Ec. 2.6, la Ecuación de Energía Calórica, Ec. 2.2, se simplifica en los términos afectados por la presión y las fuerzas viscosas.

$$\rho C_p \frac{DT}{Dt} = -(\nabla \cdot \mathbf{q}) \tag{2.7}$$

Ecuación de Movimiento. Por efecto de *la* densidad y viscosidad constantes, y la igualdad de la Ec. 2.6, la Ecuación de Movimiento, Ec. 2.3, se simplifica en el término de fuerzas viscosas y la expresión resultante se conoce como la ecuación de Navier-Stokes,

$$\rho \frac{Dv}{Dt} = -\nabla p + \mu \nabla^2 v + \rho g \qquad (2.8)$$

En esta ecuación, el miembro de la izquierda se conoce como **términos de inercia** y el de la derecha se conocen como **términos de fuerza o viscosos**[1]. Cuando en un sistema los efectos de viscosidad son despreciables, la ecuación de movimiento se simplifica y se tiene la ecuación de Euler,

$$\rho \frac{Dv}{Dt} = -\nabla p + \rho g \qquad (2.9)$$

Considerando movimiento en estado estacionario, en coordenadas cartesianas y en una sola dirección, la ecuación anterior pasa de derivadas parciales a derivadas totales,

$$\rho v \frac{dv}{dz} = -\frac{dp}{dz} + \rho g \qquad (2.10)$$

Un caso especial de la Ec. 2.10 es cuando el fluido no está en movimiento o su velocidad es muy baja. En este caso, el miembro de la izquierda de esta ecuación se puede hacer cero, y considerando dirección vertical, donde ($z_2 - z_1$) es una altura h, la expresión resultante corresponden a la condición de equilibrio hidrostático del sistema, expresado por,

$$\frac{dp}{dz} = \rho g \qquad (2.11)$$

Que integrada entre dos puntos, considerando densidad constante, queda como,

$$(p_2 - p_1) = \rho g (z_2 - z_1) = \rho g h \qquad (2.12)$$

Es oportuno tener presente que, aunque la Ec. 2.4 define el movimiento natural o libre de un fluido por cambios de densidad, la Ec. 2.12, que se dedujo simplificando la ecuación de movimiento forzado considerando al fluido en reposo, también puede aplicarse en algunos casos cuando hay movimiento muy lento como los que se producen por convección libre o natural.

Por otro lado, integrando la Ec. 2.10 entre los puntos 1 y 2, y reordenando los términos, se obtiene la ecuación de Bernoulli expresada con la ecuación siguiente,

$$\left(\frac{v_1^2}{2g_c}\right) + \left(\frac{p_1}{\rho}\right) + (g/g_c) z_1 = \left(\frac{v_2^2}{2g_c}\right) + \left(\frac{p_2}{\rho}\right) + (g/g_c) z_2 \qquad (2.13)$$

Si la densidad no puede considerarse constante, la integración de la Ec. 2.10 quedaría como la Ec. 2.14 y se necesita una relación de densidad en función de presión para lograr la integral.

$$\left(\frac{v_1^2}{2g_c}\right) + (g/g_c)z_1 = \left(\frac{v_2^2}{2g_c}\right) + (g/g_c)z_2 + \int_1^2 \frac{dp}{\rho} \qquad (2.14)$$

Reordenando la Ec. 2.13, y colocando en el primer miembro los términos de inercia y en el segundo los términos de fuerza, como se definieron anteriormente para la ecuación de Navier Stokes, Ec. 2.8, la ecuación de Bernoulli se puede expresar como,

$$\rho\left(\frac{v_2^2}{2g_c}\right) - \rho\left(\frac{v_1^2}{2g_c}\right) = -(p_2 - p_1) - \rho(g/g_c)(z_2 - z_1) \qquad (2.15)$$

En esta última ecuación se observa que, si hay un dominio de los términos de inercia sobre la suma de los términos de fuerzas, es de esperarse que, para mantener el balance, el gradiente de presión sea proporcional al factor ($v^2/2g_c$), el cual se ha definido como **cabezal de velocidad**[1], carga de velocidad[31,33], **altura de velocidad**[34] **o altura dinamica**[33], que en unidades de presión viene dada por,

$$V_C = \rho\left(\frac{v^2}{2g_c}\right) \qquad (2.16)$$

Donde V_C, lb$_f$/pie^2, es el cabezal de velocidad (carga de velocidad o altura de velocidad); ρ, en lb/pie^3, la densidad del fluido; v, en pie/s, la velocidad del fluido, g_c = 32,174 (lb-pie)/(lb$_f$-s^2) el factor de conversión gravitacional. El cabezal de velocidad se puede obtener en pulgadas de agua con la ecuación siguiente,

$$V_C = 0{,}00298\left(\frac{G^2}{\rho}\right) \qquad (2.17)$$

Siendo G la densidad de flujo de masa en lb/(pie^2-s).

Esta definición de cabezal de velocidad se utiliza como un método para estimar las pérdidas de presión cuando un fluido encuentra en su línea de flujo, elementos que oponen resistencias hidráulicas (tramos rectos y curvos, accesorios, obstáculos), y estas pérdidas de presión se pueden expresar como el producto de multiplicar una constante de proporcionalidad por el cabezal de velocidad del fluido, según la expresión siguiente,

$$h_f = \sum_{i=1}^{n} h_{fi} = \sum_{i=1}^{n}(K_i V_{Ci}) \qquad (2.18)$$

Donde h_f es la pérdida total de presión por las resistencias hidráulica de todos los elementos localizados en la línea de flujo; h_{fi} es la pérdida de presión de cada elemento; K_i es el coeficiente de resistencia o factor adimensional de proporcionalidad para estimar la pérdida de presión en cada elemento, y V_{Ci} es el cabezal de velocidad en cada elemento.

Para cada uno de los elementos que motivan las posibles restricciones hidráulicas que un fluido pueda encontrar en su línea de flujo, se han determinado valores típicos[1,32,33] del coeficiente de resistencia K, y algunos de ellos se encuentran el apéndice A, Tabla A.8.

En la ecuación de Bernoulli, Ec. 2.13, que es una forma especial del balance de energía mecánica, se observa que todos los términos tienen dimensiones de energía por unidad de masa del fluido que fluye dentro de un conducto. Los términos $(g/g_c)z$ y $(v^2/2g_c)$, son las energías mecánicas potencial y cinética, respectivamente, de la unidad de masa de fluido, y los términos (p/ρ) representan el trabajo mecánico realizado por fuerzas externas que empujan al fluido en el conducto, o el trabajo recuperado del fluido que sale del conducto. En base a estas definiciones, la Ecuación de Bernoulli es de especial importancia en ingeniería, y representa una aplicación del principio de conservación de la energía.

Es oportuno resaltar que cuando la sección transversal al flujo es constante, la velocidad no varía con la posición, y el miembro de la derecha en la Ec. 2.14 es cero, y se hace idéntica a la Ec. 2.12, donde se considera el fluido estacionario. Por tanto, para el flujo con velocidad constante, en dirección vertical, el valor de la velocidad no afecta a la caída de presión en el conducto, sino que ésta depende solamente de la altura.

En la ecuación de Bernoulli, Ec. 2.13, no se consideran: los efectos en la energía cinética por variaciones en la velocidad entre los puntos 1 y 2, debido a cambios de dirección, alteraciones en la sección transversal de flujo, ni los posibles obstáculos dentro del conducto. Adicionalmente no se considera la fricción entre el fluido y las paredes del conducto. Para considerar los efectos anteriores, es necesario introducir dos modificaciones[31]: la primera, generalmente de menor importancia, es una corrección del término energía cinética debida a la variación de la velocidad, y la segunda, que es de más importancia, consiste en una corrección de la ecuación, debido a la existencia de fricción del fluido. La Ec. 2.13 modificada y reordenada queda como,

$$(p_1 - p_2) = \alpha_2 \left(\frac{\rho v_2^2}{2g_c} \right) - \alpha_1 \left(\frac{\rho v_1^2}{2g_c} \right) + \rho(g/g_c)(z_2 - z_1) + h_f \quad (2.19)$$

Donde α es el factor de corrección de energía cinética[31] en los puntos 1 y 2, asociado a la variación de la sección transversal del conducto; cuando la sección se mantiene constante, se cumple que $\alpha=1$. El otro factor, h_f, representa toda la pérdida de presión que se produce en el fluido por obstáculos, válvulas, accesorios y fricción en tramos rectos y curvos entre los puntos 1 y 2. Para aplicar la ecuación de Bernoulli a un problema específico es esencial identificar la línea de corriente y seleccionar los puntos 1 y 2 atendiendo a razones de conveniencia y generalmente se seleccionan donde se dispone de la mayor información que permita simplificar el cálculo.

2.2 Combustión.

La Combustión es un proceso químico de oxidación, acompañado de desprendimiento de energía en forma de calor y luz. La velocidad con la que ocurre esta reacción varía desde muy lenta hasta muy rápida, con la potencial ocurrencia de una explosión, y está controlada por la cinética química de la reacción y el proceso de difusión[1,2,6,17]. El objetivo del ingeniero de combustión y el operador de planta es controlar la combustión para la liberación estable y segura de la energía requerida por el proceso.

El proceso de Combustión se puede definir como la rápida combinación del oxígeno presente en el aire, con un combustible gaseoso, líquido o sólido que, ante la presencia de un punto de ignición, reaccionan químicamente, produciendo una llama y gases de combustión, con liberación de energía térmica. En los Hornos de Procesos la combustión ocurre en los quemadores, que son equipos especialmente diseñados para la eficiente quema de un combustible y liberar energía que incluye la requerida por un fluido en un proceso determinado. Conociendo la naturaleza del combustible, sus condiciones de ingreso al quemador, la estequiometria de la reacción y las condiciones del aire, se puede calcular: la temperatura de la llama, la cantidad de energía liberada y la composición de los gases producidos durante la Combustión, también conocidos como Gases de Combustión[18,19].

La elección del combustible es una decisión crítica en el proceso de diseño de un horno, especialmente por su impacto en los costos operacionales y en la eficiencia térmica del horno[22]. La elección de combustible también tiene un impacto importante en el costo de capital de la instalación general.

El combustible gaseoso es el más usado en los hornos de proceso, aunque el diseño y construcción del horno, también puede considerar el uso de combustible líquido. Los combustibles gaseosos son una mezcla de hidrocarburos livianos, y en oportunidades contienen, pequeñas cantidades de Hidrógeno, Sulfuro de Hidrógeno (H_2S), y otros. Los componentes del combustible gaseoso se determinan fácilmente mediante análisis cromatográfico, reportando sus propiedades y su composición como porcentaje en volumen (%v).

Los combustibles líquidos son fundamentalmente hidrocarburos de alto peso molecular, con pequeñas cantidades de compuestos sulfurados, metales, cenizas, etc. Los componentes de un combustible líquido no se identifican tan fácil como en los combustibles gaseosos.

Tabla 2.1. Reacciones de Combustión para combustible gaseoso

Gas	Peso Molec.	Reacción	Moles requeridos		Moles producidos				PCB
			O_2	Aire	H_2O	CO	CO_2	SO_2	Btu/lb
Monóxiodo de Carbono	44	$CO + 0,5 O_2$	0,5	2,380			1		4.345
Sulfuro de Hidrógeno	34	$H_2S + 1,5 O_2$	1,5	7,14	1			1	6.550
Azufre	32	$S + O_2$	1	4,76				1	3.938
Hidrógeno	2	$H_2 + 0,5 O_2$	0,5	2,38	1				51.600
Metano	16	$CH_4 + 2 O_2$	2	9,52	2		1		21.500
Etileno	28	$C_2H_4 + 3 O_2$	3	14,29	2		2		20.290
Acetileno	26	$C_2H_2 + O_2$	2,5	11,9	1		2		20.470
Etano	30	$C_2H_6 + 3,5 O_2$	3,5	16,67	3		2		20.420
Propileno	42	$C_3H_6 + 4,5 O_2$	4,5	21,43	3		3		19.690
Propano	44	$C_3H_8 + 5 O_2$	5	23,81	4		3		19.930
Butileno	56	$C_4H_8 + 6 O_2$	6	28,57	4		4		19.420
Butano	58	$C_4H_{10} + 6,5 O_2$	6,5	30,95	5		4		19.670
Pentano	72	$C_5H_{12} + 8 O_2$	8	38,1	6		5		19.500
Hexano	86	$C_6H_{14} + 9.5 O_2$	9,5	45,24	7		6		19.390
Benzeno	78	$C_6H_6 + O_2$	7,5	35,71	3		6		17.720
Metanol	32	$CH_3OH + O_2$	1,5	7,14	2		1		8.580
Dióxiódo de Carbono	44								0
Agua	18								0
Oxígeno	32								0
Nitrógeno	28								0

PCB, Poder Calorífico Bajo.

Tabla 2.2. Reacciones de Combustión para combustible líquido.

Componente	Peso Molec.	Reacción	Moles teóricos		Moles producidos				PCB
			O_2	Aire	H_2O	CO	CO_2	SO_2	Btu/lb
C	12	$C + O_2$	1,00	4,760			1		14.093
H_2	2	$H_2 + 0,5 O_2$	0,50	2,38	1				51.600
S	32	$S + O_2$	1,00	4,76				1	3.938
H_2O	18								
Ceniza (Ash)									

En la Tabla 2.1 se muestra, para varios gases, las reacciones de oxidación, los productos obtenidos, el Poder Calorífico Bajo y el aire teórico requerido[2,4,6,17,20]. En la Tabla 2.2 se muestra lo mismo para combustibles líquidos.

2.2.1 Quemadores.

Los quemadores para hornos de procesos son dispositivos, especialmente diseñados para lograr la mezcla óptima de combustible con aíre y así obtener una eficiente combustión con liberación de energía, y son muy importantes para la operación de los hornos[1,2,9,20]

Estos equipos, generalmente se dividen en dos categorías: quemadores a tiro forzado y quemadores a tiro natural. El quemador de tiro natural requiere menos diferencial de presión para manejar el aire requerido durante la combustión que el quemador de tiro forzado. El diferencial de presión de aire, o caída de presión, a través de un quemador de tiro natural normalmente está en el rango de 0.1 a 1.0 plg. H_2O; y en el quemador a tiro forzado está en el rango de 0.3 a 4.0 plg. H_2O. Adicional a la clasificación según el tiro, los quemadores también se clasifican según el tipo de combustible que queman, teniendo así quemadores para combustible gaseoso, líquido o combinación de ambos. Entre los combustibles que pueden usarse destacan: Gas de Refinería, Gas Natural, Propano y más pesados, Diésel, Gasoil.

Existe una amplia variedad de quemadores que ofrecen los fabricantes, y para la correcta selección en un servicio específico, tiene que haber una estrecha interacción entre el diseñador del horno y el fabricante de los quemadores. Sin embargo, para muchos hornos, los quemadores pueden ser pre seleccionados por el diseñador en base a la información y datos estándar disponibles en los catálogos suministrados por los fabricantes, entre los que se encuentran los gráficos o tablas de liberación de calor para diferentes tamaños de quemadores, como los mostrados en la Fig. 2.1, y al final, con la información de diseño, es el proveedor quien recomienda el modelo de quemador que mejor se adapta a un servicio específico, siempre en concordancia con las recomendaciones de la API 560 [14][8], sobre su diseño, ubicación, instalación y operación, para asegurar la completa combustión dentro de la sección de radiación del horno, sin que haya incidencia de llama sobre los tubos ni que haya salida de llama hacia el exterior del horno, en todo el rango de operación del quemador. En la Tabla A.10 se presentan recomendaciones típicas[55] para la separación mínima entre quemadores y tubos del horno.

La Fig. 2.2 ilustra el esquema típico de un quemador tradicional con premezclado de combustible gaseoso y aire, que está instalado y soportado en una abertura circular hecha en una de las paredes o en el piso del horno. En esta figura se muestran e identifican los componentes principales del quemador, entre los que destacan, la entrada de combustible que succiona al aire del ambiente y luego fluyen juntos hacia la cámara de premezclado, la entrada de aire secundaria y la punta o "tip" del quemador. El aire primario se debe maximizar con la condición de que no se produzca el levantamiento o despegue de la llama de la punta de quemador. El aire secundario se regula con los registros y con él se ajusta el patrón de llama.

La Fig. 2.3 ilustra el esquema típico de un quemador de un combustible gaseoso en etapas, el cual está instalado y soportado en una abertura circular hecha en una de las paredes o en el piso del horno. En la figura se muestran las entradas de combustible, la punta o "tip" principal del quemador, las puntas secundarias o de las etapas, la llama, el piloto, los registros y cámara de aire.

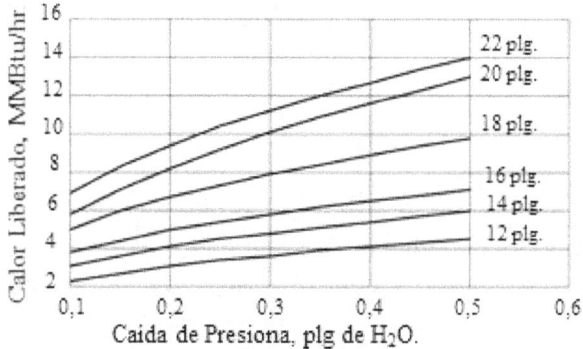

Fig. 2.1. Calor Liberado vs. Caida de Presión en Quemadores.

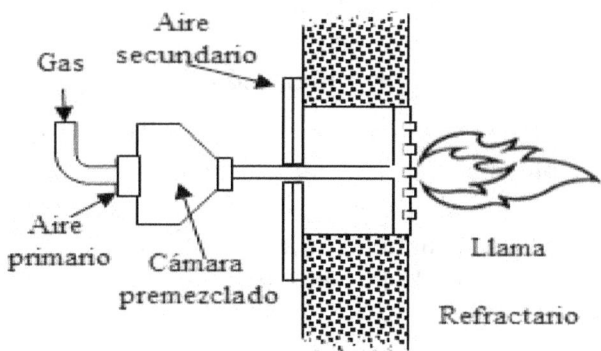

Fig. 2.2. Quemador con premezclado.

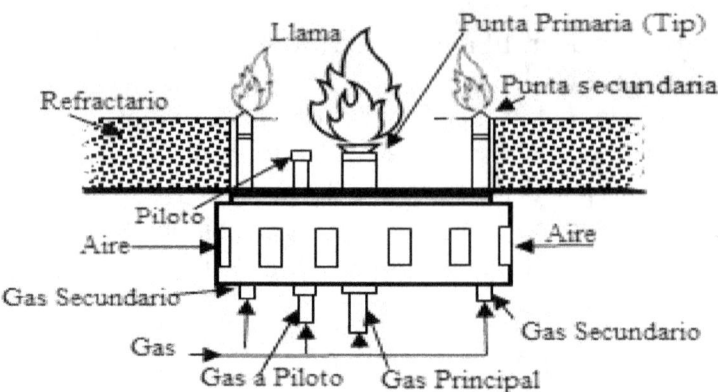

Fig. 2.3. Quemador por etapas.

2.2.2 Factores de Interés en Combustión.

Debido a la importancia de la combustión en los cálculos asociados a los hornos de procesos, es necesario identificar algunos factores de interés en Combustión[3,6,17], que se deben conocer, entre los que destacan:

- Exceso de Aire y Exceso de Oxígeno.
- Poder Calorífico del combustible.
- Relación aire/combustible, W_A/W_C.
- Relación gas de combustión/combustible, W_G/W_C.
- Composición de los gases de combustión.
- Temperatura estimada de la llama, T_F.
- Punto de Rocío de los gases de combustión, T_W.

Exceso de Aire y Exceso de Oxígeno. Los términos Exceso de Aire y Exceso de Oxígeno, son comúnmente utilizados en los cálculos, operación y control de los hornos de procesos y ambos están asociados a la reacción de combustión. El Exceso de Aire[13], es la cantidad de aire por encima de la cantidad requerida por la estequiometría de la reacción para lograr la combustión completa, y se expresa como un %. Por otro lado, el Exceso de Oxígeno es la cantidad de Oxígeno en el aire que no se utiliza durante la combustión. En la Fig. 2.4 se muestra la relación típica entre ambos factores. Es oportuno mencionar que en los gases de combustión estará presente el Oxígeno en exceso y también todo el Nitrógeno que entra con el aire.

No hay una formulación generalizada para determinar el exceso de aire adecuado para todos los hornos, ya que depende, entre otros factores, de la carga térmica del horno ("Duty"), el tipo de quemador y el tipo de combustible. Por mucho tiempo se operaron hornos de procesos con un porcentaje de exceso de aire superior al 50%, asegurando así la combustión completa, pero con baja eficiencia y alta generación de NOx. Debido al incremento del costo de combustible y las regulaciones ambientales, el exceso de aire empezó a manejarse en niveles de 15% a 30%, operando al horno con un mínimo monitoreo. Con el desarrollo de instrumentación y control avanzado en la operación de los hornos, el porcentaje de exceso de aire se puede manejar entre 10% y 30%, para un promedio de 20%. Sin embargo, la EPA ("Environmental Protection Agency") recomienda usar un promedio de 14% para reducir los niveles de NOx.

En muchas oportunidades es válido recurrir al factor de experiencia o a lecciones aprendidas en la selección y uso de este porcentaje. Para combustible gaseoso se recomienda usar un porcentaje de exceso de aire, cercano al menor valor del rango, y para combustible líquido, usar valores cercanos al mayor valor del rango. La razón para esta recomendación es que, en los gases, la relación H/C es más alta que en los líquidos, y durante la combustión hay mayor formación de vapor de agua por la reacción entre el oxígeno y el hidrogeno, lo que disminuye el poder calorífico del combustible y por consiguiente la eficiencia del horno.

Si el propietario de un horno no especifica lo contrario, la API 560 [F.3.2.2] recomienda que la eficiencia de un horno debe basarse en los siguientes rangos de porcentaje de aire en exceso, según el combustible y tipo de tiro:

- Combustible gaseoso y tiro natural   15% a 20%.
- Combustible gaseoso y tiro forzado o balanceado, 10% a 15%.
- Combustible líquido y tiro natural   20% a 25%.
- Combustible líquido y tiro forzado o balanceado 15% a 20%.

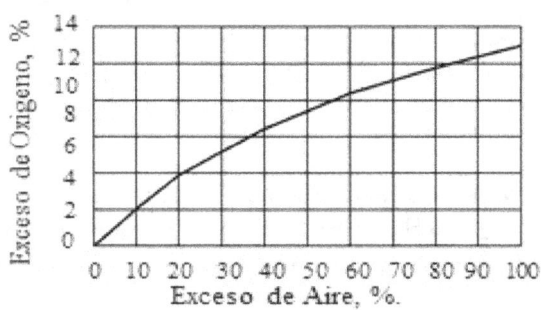

Fig. 2.4. Exceso de Oxigeno y de Aire.

Poder Calorífico del Combustible. La cantidad de energía que libera o entrega el combustible por unidad de masa o volumen, al oxidarse completamente, corresponde a su Calor de Combustión o Poder Calorífico, y generalmente se expresa en Btu/lb (kcal/kg) o Btu/pie^3 (kcal/m^3) de combustible. Todo combustible presenta un Poder Calorífico Alto (PCA), también conocido como

Poder Calorífico Superior, Poder Calorífico Bruto; y un Poder Calorífico Bajo (PCB), también conocido como Poder Calorífico Inferior y Poder Calorífico Neto.

El Poder Calorífico Alto incluye la energía del vapor de agua producida durante la reacción y que está presente en el gas de combustión. El Poder Calorífico Bajo, no la incluye, y es el que se utiliza en los procesos industriales para calcular la energía que libera un combustible al quemarse, ya que, a las condiciones del proceso, el vapor de agua sale por la chimenea con los gases de combustión[3,6,17,21]. En base a esta definición, la relación entre el Poder Calorífico Bajo y el Poder Calorífico Alto viene dada por;

$$PCB = PCA - \lambda W \qquad (2.20)$$

Donde, W es la relación entre la cantidad de vapor de agua formado y la cantidad de combustible quemado; λ es el calor latente de vaporización del agua, en Btu/lb (kcal/kg), a la presión parcial del vapor en el gas de combustión y a las condiciones típicas en las que ocurre la combustión. El factor λ, se puede considerar que se encuentra en el rango de 1.030 a 1.080 Btu/lb (572 a 600 kcal/kg) y se podría tomar 1.074 Btu/lb (597 kcal/kg) como un valor representativo para cálculos aproximados. En la Tabla A.11.1 se muestra el PCB de una serie de sustancias, y en la Tabla A.11.2 se muestran correlaciones que permiten estimar el poder calorífico de combustibles.

Relación entre flujo de Aire y flujo de Combustible. Es la relación que permite asegurar una combustión eficiente, y depende de la estequiometría de la reacción, y la identificaremos como W_A/W_C.

Relación entre Gases de Combustión y Combustible. Al quemador ingresan cantidades definidas de Aire y combustible que, al reaccionar eficientemente, producen una cantidad definida de gases de combustión. La relación entre el flujo de gases de combustión que se produce y el flujo de combustible, identificada como W_G/W_C, tienen que estar acorde con la eficiencia de la combustión.

Gases de Combustión, composición y propiedades. En general, los componentes de los Gases de Combustión son fundamentalmente los productos de la reacción más los elementos que no intervienen en la reacción. Entre los productos destacan: Vapor de Agua (H_2O), Dióxido de Carbono (CO_2), Dióxido de Azufre (SO_2), Nitrógeno (N_2) y Oxígeno (O_2). Todo el Nitrógeno que ingresa con el Aire estará presente en los Gases de Combustión, y si las condiciones lo permiten, habrá presencia de Monóxido de Carbono (CO) y de Óxido de Nitrógeno (NOx). Cuando se queman combustibles que contienen azufre, el azufre se oxida a SO_2. Si hay suficiente oxígeno disponible, parte de dicho SO_2 se oxida aún más a SO_3. En la mayoría de los casos, el SO_3 representa una fracción pequeña, pero significativa, del azufre oxidado. Típicamente se trata de un reducido porcentaje del total.

Para los cálculos hidráulicos y térmicos asociados a estos gases, es necesario disponer de información sobre las propiedades de transporte de cada componente. En el apéndice A, Tabla A.12, Tabla A.15, Tabla A.18 y Tabla A.22, se presentan algunas correlaciones que permiten el cálculo aproximado de esas propiedades.

Punto de Rocío de los Gases de Combustión. Es importante conocer este factor, debido a que, con la finalidad de aprovechar al máximo la energía de los Gases de Combustión, a estos se tratan de enfriar hasta la temperatura más baja, pero se debe tener mucho cuidado, ya que, si se alcanza una temperatura menor que el Punto de Rocío en los gases, se puede generar cierto nivel de corrosividad en el condensado y causar corrosión en la sección de convección. Normalmente, en los gases de combustión, el punto de rocío está en el rango de 300 °F a 350 °F (149 °C a 177 °C).

En general, la mayoría de los combustibles sólidos y líquidos contiene algo de azufre, típicamente entre un 0,5% y un 3% de azufre por peso. Si hay agua, esta puede reaccionar con el SO_3 para formar H_2SO_4 en una reacción reversible. La reacción de disociación se favorece a temperaturas más altas. A temperaturas por debajo de 390 °F (200 °C), todo el SO_3 se presenta como H_2SO_4. Por arriba de 932 °F (500 °C), se trata casi totalmente de SO_3 libre. El punto de equilibrio también depende de la concentración de vapor de agua a una temperatura dada. Habrá más del SO_3 inicial presente como H_2SO_4, cuando la concentración de agua es alta[42].

Temperatura de llama. Otro factor muy importante para los cálculos asociados a los Hornos de Procesos, es la temperatura que se obtiene en la llama durante la combustión, la cual debe tener un patrón o forma regular similar a un cono, siempre dirigida hacia el centro de la sección de radiación, y se debe mantener un control estricto sobre la entrada de aire al quemador, la presión, flujo y calidad del combustible que ingresa al quemador, para evitar en todo momento que el patrón típico de la llama se deforme y pueda motivar perturbaciones operacionales en el horno. Una expresión para estimar la temperatura de la llama se puede obtener con el siguiente balance de energía:

$$Q_G = Q_L + Q_A \qquad (2.21)$$

Los tres términos que aparecen en este balance, se pueden definir como sigue:
Energía que libera el combustible,

$$Q_L = W_C (PCB) \qquad (2.22)$$

Energía que entra con el aire,

$$Q_A = W_A C_{PA}(T_A - T_R) \tag{2.23}$$

Energía en los Gases de Combustión a la temperatura de llama, T_F,

$$Q_G = W_G C_{PG}(T_F - T_R) \tag{2.24}$$

Donde, W_C es el flujo de combustible en lb/h; PCB, el Poder Calorífico Bajo del combustible, en Btu/lb de combustible; W_A es el flujo de aire en lb/h; C_{PA}, la capacidad calorífica del aire en Btu/ (lb-°F); W_G es el flujo de Gases de Combustión en lb/h; C_{PG}, la capacidad calorífica de los Gases de Combustión en Btu/(lb-°F); T_F es la temperatura de la llama en °F; T_R es la temperatura de referencia en °F y T_A es la temperatura del Aire en °F. Sustituyendo las expresiones para Q_G, Q_L y Q_A en la Ec. 2.21 y despejando T_F, se tiene la Ec. 2.25.

$$T_F = T_R + \frac{W_C(PCB) + W_A C_{PA}(T_A - T_R)}{W_G C_{PG}} \tag{2.25}$$

Si en los Gases de Combustión están presentes varios componentes, el denominador en la Ec. 2.25 se puede expresar como,

$$W_G C_{PG} = \sum_{i=1}^{n}(WC_P)_i \tag{2.26}$$

Por otro lado, considerando que los Gases de Combustión pueden estar compuestos por Vapor de Agua (H_2O), Dióxido de Carbono (CO_2), Dióxido de Azufre (SO_2), Nitrógeno (N_2) y Oxígeno (O_2), el factor $W_G C_{PG}$ se puede expresar como,

$$W_G C_{PG} = (WC_P)_{H2O} + (WC_P)_{CO2} + (WC_P)_{N2} + (WC_P)_{O2} + (WC_P)_{SO2} \tag{2.27}$$

2.3 Transferencia de Calor en Hornos de Procesos.

Como en todo equipo con transferencia de calor, en los hornos de procesos se observa la ocurrencia de los tres modos o mecanismos de transferencia de calor: Conducción, Convección y Radiación, y como se indicó anteriormente, en estos equipos se da con mayor relevancia, la aplicación industrial y comercial más importante de los principios de transferencia de calor, con el predominio de la Radiación y Convección, y, particularmente, son un factor clave en la operación y eficiencia de las plantas de procesamiento de hidrocarburos.

Una distribución típica de la energía liberada por el combustible, en las secciones de un horno, es la siguiente: 60% en la sección de radiación, 25% en la de convección, 2% por las paredes del horno y 13% en los gases de chimenea. Por otro lado, del 60% transferido en la sección de radiación, el 55% es solo por el mecanismo o modo de radiación térmica; y del 25% transferido en la sección de convección, se estima que el 5% también es solo por radiación térmica, para un total estimado de 60%, lo que muestra claramente que el modo de transferencia de calor por radiación térmica es predominante y esencial para el diseño y análisis de los hornos en general. A continuación, se presenta un resumen de los principios y aspectos más relevantes de los tres modos de transferencia de calor.

2.3.1 Modos de Transferencia de Calor.

Los tres modos de transferencia de calor: Conducción, Convección y Radiación, se expresan mediante las formulaciones propuestas por Fourier, Newton y Stefan-Boltzmann respectivamente, y tienen su fundamento en el principio físico de que, ante la existencia de una fuerza impulsora o potencial, se genera un flujo que encuentra resistencia a su paso. En lo que respecta a Transferencia de Calor, el potencial o fuerza impulsora es una diferencia de temperatura ΔT, en °F, que motiva un flujo de calor Q, en Btu/h, a través de una resistencia térmica R_T, en h-°F/Btu, que se opone a su paso. Cada modo de transferencia de calor tiene su expresión matemática como se describen más adelante. Para ampliar información sobre la naturaleza, principios y fundamentos de los modos de transferencia de calor, se recomienda consultar bibliografías en Transferencia de Calor, entre las que se encuentran las referencias 1, 3, 27-33.

Transferencia de Calor por Conducción. Cuando entre dos puntos de un medio en cualquier estado de agregación de la materia (sólido, líquido o gaseoso), se encuentra un gradiente de temperatura, habrá un flujo de energía en forma de calor, de mayor a menor temperatura, debido a que las partículas dentro de ese gradiente adquieren ciertos niveles de energía que transfieren a las partículas adyacentes de menor nivel energético, sin que ninguna de ellas cambie de posición ni se trasladen, ya que solamente se ven sometidas a movimiento vibratorio cuya intensidad depende del nivel energético. Por esta razón, la conducción de calor puede ocurrir en cualquier estado de la materia y la única condición es que no haya movimiento de traslación de las partículas durante el proceso[1, 27-33].

El flujo de calor por conducción se expresa con la ecuación de Fourier, cuya expresión diferencial general es,

$$q_\eta = (Q/A)_\eta = -k \left(\frac{\partial T}{\partial \eta} \right) \qquad (2.28)$$

Donde q_η es la densidad de flujo de calor o flujo de calor por unidad de área en la dirección η; Q_η es el flujo de calor en la dirección η; k, la conductividad térmica del medio donde fluye el calor; A, el área perpendicular al flujo de calor y $\partial T/\partial \eta$ es el gradiente de temperatura en la dirección del flujo de calor. La dirección η queda definida por el sistema de coordenadas que aplique (cartesiano, cilíndrico o esférico) y el signo menos en el miembro de la derecha, es para satisfacer el segundo principio de la Termodinámica, el cual establece que el calor debe fluir de mayor a menor temperatura.

En los hornos de procesos ocurre el flujo de calor por conducción en las paredes de los tubos de las secciones de Radiación y Convección, y en las paredes del cerramiento del horno y su chimenea, que constan de capas de refractario, aislamiento y recubrimiento. En cualquier dirección del sistema de coordenada que se considere (cartesiano, cilíndrico o esférico), la forma integral y general de la ecuación de Fourier se puede expresar como sigue:

$$Q_K = \frac{T_C - T_F}{\sum_{i=1}^{n} R_{k_i}} \tag{2.29}$$

Donde T_C es la temperatura más alta y T_F la temperatura más baja, y R_{Ki} es cada una de las resistencias por conducción que encuentra el flujo de calor entre T_C y T_F, y la expresión de cada resistencia va a depender de si el flujo es a través de un medio de configuración geométrica plana, cilíndrica o esférica.

Para las paredes de configuración geométrica plana, la ecuación de Fourier se expresa como,

$$Q_K = \frac{T_C - T_F}{\left(\dfrac{E}{kA}\right)} \tag{2.30}$$

Donde E es el espesor de la pared y A es el área de transferencia de calor, que en este caso se mantiene constante en la trayectoria del flujo de calor.
Para las paredes de configuración cilíndrica, la ecuación de Fourier se expresa como

$$Q_K = \frac{T_C - T_F}{\left(\dfrac{Ln(d_o/d_i)}{2\pi kL}\right)} \tag{2.31}$$

Donde k es la conductividad térmica del material del cilindro, L, d_i y d_o son la longitud, diámetro interior y diámetro exterior del tubo respectivamente.

Para las paredes de configuración geométrica esférica, la ecuación de Fourier se expresa como

$$Q_K = \frac{T_C - T_F}{\left(\dfrac{r_o - r_i}{k\sqrt{A_o A_i}}\right)} \tag{2.32}$$

Donde A_o y A_i son las superficies externa e interna de la pared esférica, respectivamente; k es la conductividad térmica del material de la pared esférica; r_o y r_i son el radio externo y el interno de la esfera, respectivamente.

En el denominador de la Ec. 2.30, la Ec. 2.31 y la Ec. 2.32 se incorporan tantos términos como resistencias térmicas haya en la respectiva pared.

Transferencia de Calor por Convección. Cuando en una interfase fluido-solido hay diferencia de temperatura entre el fluido y la superficie del sólido, ocurre intercambio de calor entre el fluido y la superficie, asociado al movimiento de masa del fluido en las cercanías de la interfase, y a este mecanismo o modo de transferencia de calor se le ha denominado convección. Cuando el movimiento del fluido se debe solo a los cambios en las propiedades de transporte del fluido, motivado al gradiente de temperatura, se considera que la convección es natural o libre; si el movimiento se debe a una fuerza externa, la convección se considera forzada. Sin embargo, según las condiciones del sistema, también puede ocurrir un solapamiento entre ambos tipos de convección, y tener zonas donde la convección es combinada[1, 27-33].

Para expresar el efecto global de la convección, se utiliza la ley de enfriamiento de Newton, la cual se expresa como,

$$Q_C = h_c A (T_C - T_F) = \frac{(T_C - T_F)}{\left(\dfrac{1}{h_c A}\right)} = \frac{(T_C - T_F)}{R_C} \quad (2.33)$$

Donde Q_C es el flujo de calor por convección; h_c el coeficiente local de transferencia de calor por convección; A es el área de transferencia entre el fluido y la superficie; T_C la temperatura mayor y T_F la temperatura menor. Como se observa en la Ec. 2.33, el coeficiente local h_c, también conocido como coeficiente de película, es inversamente proporcional a la resistencia térmica al flujo de calor por convección entre T_C y T_F; a mayor valor de h_c, menor será la resistencia térmica. El valor del coeficiente h_c es mayor en convección forzada que en convección libre.

En los textos dedicados a Transferencia de Calor, se puede encontrar que para calcular los coeficientes de transferencia de calor por convección h_c, se puede recurrir a la solución analítica simultáneamente de las ecuaciones de balance de energía y cantidad de movimiento. Otro método para facilitar el cálculo del coeficiente, consiste en la recolección de datos experimentales que se puedan expresar en un correlación empírica o en gráficos que se obtienen en base a la configuración geométrica de la interfase donde ocurre la transferencia de calor y a las propiedades de transporte; densidad (ρ), viscosidad (μ), conductividad térmica (k) y capacidad calorífica (Cp) del fluido sometido a convección, agrupadas en módulos adimensionales tales como Nusselt (Nu =

hd/k), Reynolds (Re = Gd/μ= ρvd/μ), Prandtl (Pr = μCp/k) y Grashof (Gr =ρ^2g$\beta\Delta$Td^3/μ^2). Para convección forzada el módulo de Nusselt se expresa en función de Re y Pr, de la forma Nu = aRe^{b}Pr^c; y para convección libre se expresa en función de Gr y Pr, de la forma Nu = aGr^{b}Pr^c. En los módulos de Nusselt y Grashof, el factor d corresponde a la dimensión lineal en la dirección del flujo de calor; para el módulo de Reynolds, corresponde al diámetro, ancho o diámetro equivalente de la sección efectiva para el flujo del fluido que intercambia calor.

Para determinar cuál tipo de convección predomina en un caso determinado, se utiliza como criterio la relación Gr/Re^2. Si la relación Gr/Re^2 < 0,7, hay predominio de la convección forzada; si Gr/Re^2 >10, predomina la convección libre; si 0,7 < Gr/Re^2 < 10, hay que considerar la convección combinada.

Entre las configuraciones geométricas más estudiadas para obtener correlaciones empíricas confiables que permitan calcular el módulo de Nusselt en convección forzada o convección libre, y después obtener el coeficiente h, destacan: flujo de fluidos sobre láminas, sobre cuerpos esféricos, sobre cuerpos cilíndricos y flujo de fluidos por dentro de conductos cilíndricos y no cilíndricos, sin relleno o con relleno.

Transferencia de Calor por Radiación. La Radiación térmica, como modo de transferencia de calor, tiene una marcada diferencia con los modos de transferencia por Conducción y por Convección. En la Conducción, el mecanismo consiste en la transferencia de energía a través de medios cuyas moléculas, excepto por las vibraciones, permanecen continuamente en posiciones fijas, es decir no se trasladan de un punto a otro. En la Convección, el calor es primero absorbido de la fuente por partículas de fluido inmediatamente adyacentes a ella y debido al cambio de temperatura, se producen variaciones en sus propiedades, fundamentalmente su densidad y viscosidad, que generan movimientos de masa propiciando el mezclado con transferencia de energía. Ambos mecanismos, Conducción y Convección, requieren de la presencia de un medio físico para transportar el calor de la fuente al receptor.

Se ha podido observar que al colocar en una cámara al vacío un cuerpo con cierto nivel de temperatura, se registra el flujo de energía térmica del cuerpo, y debido a que no hay un medio físico que facilite el transporte de energía, se considera que el flujo está asociado a la propagación de energía electromagnética debido a la temperatura del cuerpo, lo que permite identificar este proceso como Radiación térmica, la cual, a diferencia de Convección y Radiación, no requiere la intervención de un medio físico para que ocurra, ya que puede ocurrir hasta en el vacío absoluto.

Cuando sobre un cuerpo incide un flujo de energía, el cuerpo podrá absorber, reflejar y transmitir la energía recibida, lo cual va a depender de su absortancia o capacidad de absorber energía, y que se mide con la absortividad (α)

en porcentaje o fracción de la energía recibida; de su reflectancia o capacidad de reflejar la energía, que se mide con la refletividad (r) en porcentaje o fracción de la energía recibida y de su transmitancia o capacidad para trasmitir energía, que se mide con la transmisividad (τ) en porcentaje o fracción de la energía recibida. Para cualquier cuerpo se cumple que $\alpha + r + \tau = 1$. La mayoría de los materiales en ingeniería son sustancias opacas que tienen transmisividad cero, $\tau = 0$, pero no hay ninguna que absorba o refleje completamente la energía incidente; sin embargo, hay sustancias de coloración negra que presentan absortividad entre 0,89 y 0,99, por lo que se ha conceptualizado al radiador ideal o cuerpo negro como referencia, con absortividad $\alpha = 1$, lo que significa que el cuerpo negro está en capacidad de absorber y emitir toda la energía que recibe. En base a esta referencia, se define la emisividad de un cuerpo cualquiera, no negro, como la relación entre su potencia emisiva, $E = (Q/A)$, y la potencia emisiva del cuerpo negro, $E_b = (Q_b/A_b)$, donde Q_b es el flujo de calor del cuerpo negro y Q_R el flujo de calor del otro cuerpo no negro. Considerando un cuerpo no negro con área igual a la de un cuerpo negro, $A=A_b$, la emisividad viene dada por,

$$e = \left(\frac{Q_R}{Q_b}\right) \quad (2.34)$$

En base a la Ec. 2.34, la emisividad del cuerpo negro es igual a la unidad, es decir $e =1$; y en el apéndice A, Tabla A.5, se presentan valores para la emisividad de algunos cuerpos no negros, la cual puede ser ampliada con las referencias 1 y 3.

El flujo por Radiación de un cuerpo negro viene dado por la Ley de Stefan-Boltzmann, la cual establece que el flujo de calor desde un cuerpo negro perfecto, es proporcional a la cuarta potencia de la temperatura absoluta del cuerpo.

$$Q_b = \sigma A_b T_b^4 \quad (2.35)$$

Combinando las ecuaciones Ec. 2.34 con la Ec. 2.35, se tiene la ecuación de Stefan-Boltzmann para un cuerpo no negro, también conocido como cuerpo gris.

$$Q_R = \sigma e A_E T^4 \quad (2.36)$$

Donde $\sigma = 0.173 \times 10^{-8}$ Btu/(h-pie^2- °R^4), es la constante de Stefan-Boltzmann; e la emisividad del cuerpo no negro; A_E la superficie efectiva o expuesta del cuerpo, en pie^2; y T la temperatura del cuerpo, en °R.

`Adaptando la Ec. 2.36 para el intercambio de calor entre dos cuerpos cualesquiera con emisividad diferentes, configuración geométrica distintas, y temperaturas T_1 y T_2 distintas, el flujo de calor por Radiación térmica Q_R, se puede calcular con la ecuación siguiente,

$$Q_R = \sigma F_e F_A A_E [T_1^4 - T_2^4] \tag{2.37}$$

Siendo A_E la superficie efectiva o expuesta del receptor, en pie^2; F_e el factor que considera la emisividad del emisor y el receptor; F_A el factor de forma, de visión o de configuración geométrica que se determina en base a la geometría y colocación del emisor y del receptor. Para simplificar la Ec. 2.37, se ha definido el Factor de Intercambio, como el producto entre el factor de forma y el factor de emisividad, $F = F_A F_e$. Se considera que $F_A = 1$ cuando la configuración geométrica y ubicación de los cuerpos que intercambian energía, permitan que puedan "verse" completamente uno al otro y, por otro lado, $F_e = 1$, cuando se trata de cuerpos negros y de igual superficie. Consideremos dos cuerpos negros, $F_e = 1$, de áreas A_{E1} y A_{E2}, de configuración geométricas distintas, con temperaturas T_1 y T_2. Aplicando la Ec. 2.37, en base al área A_{E1}, el flujo de calor viene dado por,

$$Q_R = \sigma F_{A12} A_{E1} [T_1^4 - T_2^4] \tag{2.38}$$

Siendo F_{A12} el factor de forma o de visión del cuerpo 1 hacia el cuerpo 2. Si se aplica la Ec. 2.37 pero en base al área A_{E2}, se tiene,

$$Q_R = \sigma F_{A21} A_{E2} [T_1^4 - T_2^4] \tag{2.39}$$

Al igualar ambas ecuaciones se tiene,

$$F_{A12} A_{E1} = F_{A21} A_{E2} \tag{2.40}$$

En base a la Ec. 2.40 se puede considerar que el factor F_{A12} es la fracción de la radiación emitida desde A_{E1} que intercepta A_{E2}; siendo esta una manera de interpretar que el factor de visión está afectado por el nivel de visión entre los cuerpos, o por si los cuerpos "se ven uno al otro" total o parcialmente. Como se indicó anteriormente, si "se ven" totalmente $F_A = 1$; si "se ven" parcialmente $F_A < 1$.

Factor de Intercambio, F. Como se indicó anteriormente, el Factor de Intercambio viene dado por el producto entre el factor de forma y el factor de emisividad, $F = F_A F_e$. Hay sistemas de radiación térmica donde es difícil derivar y formular expresiones para calcular los factores F_A y F_e; y hay otros que resulta sencillo. Las derivaciones de estas expresiones se pueden ubicar con facilidad en la bibliografía dedicada a principios de Transferencia de Calor[27-33] y también en la dedicada a procesos con Transferencia de Calor[1-3,8,15]. En la Tabla 2.3 se muestran algunas expresiones para casos típicos, y en el apéndice A, Fig. A.2, se presenta una curva y correlación del Factor de Intercambio, $F = F_A F_e$, en función de la emisividad del gas y la configuración interior de un horno. En la referencia 3 se pueden conseguir F_A y F_e para otros arreglos.

Tabla 2.3. Algunos Factores F_A y F_e[3]		
Arreglo	F_A	F_e
Superficie A_2 envolvente de A_1 con A_2 mucho mayor que A_1.	1	e_1
Superficie A_1 y A_2 son planos paralelos o A_1 totalmente encerrado y es más pequeño que A_2.	1	$\dfrac{1}{\left(\dfrac{1}{e_1}+\dfrac{1}{e_2}\right)-1}$
Esferas concéntricas o cilindros concéntricos infinitos con superficies A_2 y A_2	1	$\dfrac{1}{\dfrac{1}{e_1}+\dfrac{A_1}{A_2}\left(\dfrac{1}{e_2}-1\right)}$

<u>Superficie efectiva o expuesta, A_E</u>. Tanto para F_A como para F_e, hay sistemas de radiación térmica donde es sencillo derivar y formular expresiones para calcular la superficie efectiva o expuesta, y hay otros en los que no resulta tan fácil. En el caso particular de los hornos de proceso se pueden localizar dos superficies expuestas para la radiación térmica: una en los tubos de la sección de Radiación, y la otra, de menor magnitud, en los tubos de la sección de Convección. En la sección de Convección de un horno, el receptor de calor por radiación desde los gases, es el plano frío de las hileras de tubos paralelos que conforman el banco de tubos. En la sección de Radiación, el receptor de calor es el plano frío de los tubos colocados en paralelo, distribuidos regularmente y anclados sobre las paredes, techo o piso de la sección, o localizados en su centro. Lo más usual es que los tubos se distribuyan en una sola hilera anclada a una pared cubierta con material refractario, aunque se pueden distribuir hasta dos hileras.

Hay varias formas de calcular la superficie efectiva o expuesta en la sección de Radiación de los hornos de procesos, y cada diseñador tiene su preferencia, sin embargo, el método que más se utiliza es el desarrollado y propuesto por Hottel[2,3], que evalúa la superficie efectiva o expuesta de las hileras de tubos, como,

$$A_{ER} = \alpha A_{PF} = \alpha(N_{TR}LP_T) \tag{2.41}$$

Donde A_{ER} es la superficie efectiva o expuesta en la sección de Radiación; A_{PF}, es la superficie del plano frio formado por la hilera de N_{TR} tubos en la sección de Radiación, de diámetro d_o y longitud L, con separación P_T entre los centros de dos tubos adyacentes; y α es el factor de efectividad que relaciona a A_{PF} con A_{ER}.

El método desarrollado por Hottel, supone que la fuente emisora de energía radiante está en un plano paralelo al plano frío que actúa como receptor y considera que, debido a la distribución de los tubos, el plano frío solo está en capacidad de interceptar y absorber una fracción α de la radiación térmica emitida y la otra fracción, (1- α) pasa entre los tubos y cae en el refractario, de donde es retornada por radiación hacia el plano frío de la hilera de tubos, donde solamente se intercepta y absorbe la fracción α(1- α), teniendo así que de la radiación originalmente emitida, a los tubos, solamente cae la fracción (α+ (1- α)). Hottel definió a la fracción α como factor de efectividad, y desarrolló una serie de gráficas en las que muestra la variación de α con la relación $R = P_T/d_o$ y el número de hileras de tubos. En el apéndice A, Fig. A.3, se presentan algunas de estas relaciones. En la Fig. 2.5 se muestran como referencia y con fines ilustrativos, algunas de estas gráficas, en las que se puede observar que, para un diámetro de tubo definido, el factor α disminuye con incrementos en la separación P_T. También se observa que, para una relación P_T/d_o, el factor α se incrementa con el número de hileras de tubos, y puede considerarse como α =1 para más de dos hileras, como en los tubos de la sección de Convección, expuestos a radiación térmica.

Coeficiente Ficticio de Transferencia de Calor por Radiación.
El flujo de calor por radiación también se puede calcular utilizando un coeficiente de película ficticio (aparente) de transferencia de calor por radiación h_r, entre los cuerpos a temperaturas T_1 y T_2, y adaptando la Ec. 2.33 se tiene,

$$Q_R = h_r A(T_1 - T_2) \tag{2.42}$$

Combinando la Ec. 2.37 con la Ec. 2.42, sustituyendo la constante de Stefan-Boltzmann por su valor y agrupando términos, el coeficiente ficticio h_r se puede expresar como,

$$h_r = \left(\frac{0,173 F_e F_A A_{ER}}{A(T_1 - T_2)}\right)\left[\left(\frac{T_1}{100}\right)^4 - \left(\frac{T_2}{100}\right)^4\right] \tag{2.43}$$

2.3.2 Coeficiente Global de Transferencia de Calor.

Consideremos un fluido caliente y un fluido frío, separados físicamente por una o más paredes de configuración geométrica plana, cilíndrica o esférica. Según el segundo principio de la Termodinámica, debido a la diferencia de temperatura, habrá un flujo de calor desde el fluido caliente hacia el fluido frío, a través de la o las paredes que los separa que, bajo condiciones estacionarias, sigue la secuencia siguiente:

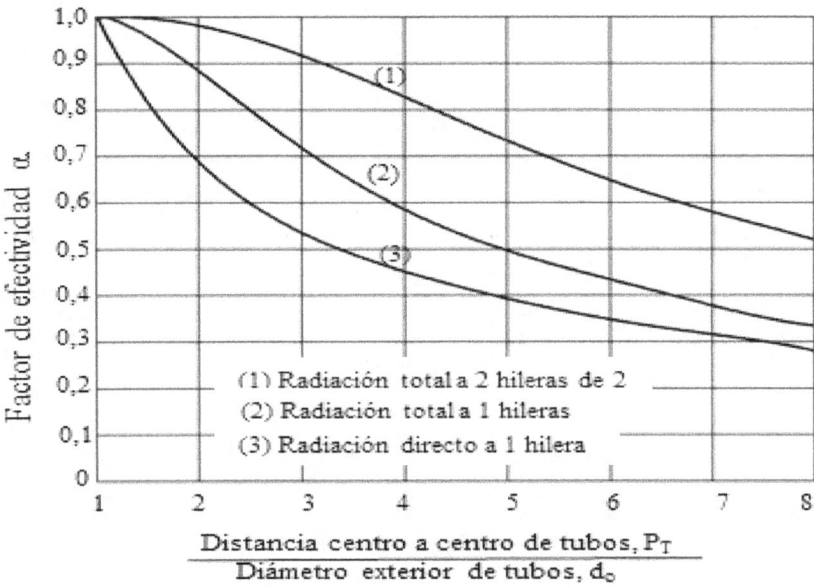

Fig. 2.5. Factor de efectividad α en hileras de tubos.

• Flujo de calor por convección y/o radiación desde el fluido caliente a T_1 hacia la superficie A_o en interfase con la pared a temperatura T_o, que se puede expresar con la suma de la adaptación de las ecuaciones Ec. 2.33 y Ec. 2.42,

$$Q = (h_{oc} + h_{or})A_o(T_1-T_o) = h_{ocr}A_o(T_1-T_o) = \frac{(T_1-T_o)}{1/(h_{ocr}A_o)} \qquad (2.44)$$

Donde $h_{ocr} = (h_{oc} + h_{or})$ es el coeficiente combinado de transferencia de calor por convección h_{oc} y por radiación h_{or} asociados al área de transferencia A_o. Generalmente, predomina uno de los dos modos de transferencia de calor, y la Ec. 2.44 se simplifica.

• Flujo de calor por conducción a través de la o las paredes, desde la superficie de la interfase del fluido caliente a temperatura T_o, hasta la superficie en interfase con el fluido frío a temperatura T_i, que puede expresarse con la adaptación de la Ec. 2.29,

$$Q = \frac{T_o-T_i}{\sum_{i=1}^{n} R_{k_i}} \qquad (2.45)$$

• Flujo de calor por convección desde la superficie A_i de la interfase fría a la temperatura T_i, hasta el fluido frío que se puede expresar con la suma de la adaptación de las ecuaciones Ec. 2.33 y Ec. 2.42,

$$Q = h_{ic}A_i(T_i-T_2) = h_{ic}A_i(T_i-T_2) = \frac{(T_i-T_2)}{1/(h_{ic}A_i)} \qquad (2.46)$$

Donde h_{ic} es el coeficiente de transferencia de calor por convección asociada al área de transferencia A_i. Si se da el caso de que del lado de A_i se deba considerar la radiación térmica, el coeficiente h_{ic} debería considerarse como un coeficiente combinado como en la Ec. 2.44. Operando con las ecuaciones Ec. 2.44, Ec. 2.45 y Ec. 2.46 se tiene,

$$T_1 - T_o = Q\left(\frac{1}{h_{ocr}A_o}\right) \qquad (2.47)$$

$$T_o - T_i = Q\left(\frac{1}{\sum_1^n R_{ki}}\right) \qquad (2.48)$$

$$T_i - T_2 = Q\left(\frac{1}{h_{ic}A_i}\right) \qquad (2.49)$$

Sumando los miembros de las ecuaciones: Ec. 2.47, Ec. 2.48 y Ec. 2.49; y operando para agrupar términos y factores, el flujo de calor Q se puede expresar como sigue,

$$Q = \frac{T_1-T_2}{\dfrac{1}{h_{ocr}A_o}+\sum_1^n R_{ki}+\dfrac{1}{h_{ic}A_i}} = \frac{T_1-T_2}{\dfrac{1}{UA}} \qquad (2.50)$$

Igualando los denominadores de la Ec. 2.50 se tiene,

$$\frac{1}{UA} = \frac{1}{h_{ocr}A_o} + \sum_1^n R_{ki} + \frac{1}{h_{ic}A_i} \qquad (2.51)$$

Donde (1/UA) es la resistencia total, R_T, al flujo de calor entre las temperaturas T_1 y T_2; U es el Coeficiente Global de Transferencia de Calor y A es el área de transferencia de calor tomada como referencia para la definición del Coeficiente U, el cual generalmente se define respecto al área externa A_o.

En la ecuación anterior se observa que la resistencia total, R_T, está conformada por: la resistencia por convección en la superficie externa, $R_o = 1/(h_{ocr}A_o)$; las resistencias por conducción, R_{Ki} y la resistencia por convección en la superficie interna. La expresión para la resistencia por conducción va a depender de la configuración geométrica de la pared a través de la cual fluya el calor, según las ecuaciones Ec. 2.30, Ec. 2.31 y Ec. 2.32. Considerando una sola resistencia por conducción y que la pared es de configuración geométrica plana, de espesor E y con área de transferencia A, constante, la resistencia térmica por conducción R_k viene dada por la Ec. 2.30 y al reemplazarla en la Ec. 2.50, Q se expresa como,

$$Q = \frac{T_1-T_2}{\dfrac{1}{h_{ocr}A}+\dfrac{E}{kA}+\dfrac{1}{h_{ic}A}} = \frac{T_1-T_2}{\dfrac{1}{UA}} \qquad (2.52)$$

Considerando una sola resistencia por conducción y que la pared es de configuración geométrica cilíndrica de longitud L, diámetro externo d_o y diámetro interno d_i, la resistencia térmica por conducción R_k viene dada por la Ec. 2.31, y al reemplazarla en la Ec. 2.50, Q se expresa como,

$$Q = \frac{T_1-T_2}{\dfrac{1}{h_{ocr}A_o}+\dfrac{Ln(d_o/d_i)}{2\pi kL}+\dfrac{1}{h_{ic}A_i}} = \frac{T_1-T_2}{\dfrac{1}{UA}} \qquad (2.53)$$

Cuando la pared presenta configuración geométrica esférica de radios exterior e interior r_o y r_i, respectivamente, y consideramos una sola resistencia, cuya expresión viene dada por la Ec. 2.32, al reemplazarla en la Ec. 2.51, Q se puede expresar como,

$$Q = \frac{T_1-T_2}{\dfrac{1}{h_{ocr}A_o}+\dfrac{r_o-r_i}{k\sqrt{A_oA_i}}+\dfrac{1}{h_{ic}A_i}} = \frac{T_1-T_2}{\dfrac{1}{UA}} \qquad (2.54)$$

Las resistencias indicadas en las ecuaciones anteriores serán las únicas, solamente cuando las superficies de ambas interfases estén limpias, y en base a esto, cuando el Coeficiente Global de Transferencia de Calor definido solamente en base a los efectos de convección y conducción, se identifica como U_C y se define como Coeficiente Global de Transferencia de Calor Limpio. Sin embargo, durante los procesos con transferencia de calor, se puede acumular sucio gradualmente en ambas superficies, apareciendo con el tiempo dos resistencias térmicas adicionales conocidas como factor de ensuciamiento ("fouling factor"), identificadas como R_{Do}, que es la resistencia térmica por el sucio depositado en la superficie externa de los tubos, y R_{Di}, que es la resistencia térmica por el sucio depositado en la superficie interna de los tubos. Lo usual es considerar un valor que incluya a estos dos factores, $R_D = R_{Do} + R_{Di}$. En base a esto se puede definir como U_D al Coeficiente Global de Transferencia de Calor Sucio, que incluya el sucio acumulado con el tiempo de servicio en las superficies externa e interna de los tubos. Utilizando las definiciones de R_{Do} y R_{Di} dadas en líneas anteriores, el coeficiente U_D se puede expresar como,

$$\frac{1}{U_D} = \frac{1}{U_C} + R_D \qquad (2.55)$$

Si los coeficientes U_D y U_C se refieren a la superficie externa A_o, la Ec. 2.55 se puede expresar como,

$$\frac{1}{U_{Do}} = \frac{1}{U_{Co}} + R_D \qquad (2.55.a)$$

Si el área de referencia es la interna, A_i, se utilizaría U_{Di} y U_{Ci} en la Ec. 2.55.a. Donde U_{Do} y U_{Co} son los coeficientes globales de transferencia de calor sucio y limpio respectivamente, referidos al área externa A_o. De igual manera, U_{Di} y U_{Ci} son los coeficientes globales de transferencia de calor sucio y limpio respectivamente, referidos al área interna A_i.

De la Ec. 2.55 se tiene que el factor de ensuciamiento R_D se puede expresar como,

$$R_D = \frac{1}{U_D} - \frac{1}{U_C} = \frac{U_C - U_D}{U_D U_C} \qquad (2.56)$$

Si los coeficientes U_D y U_C se refieren a la superficie externa A_o, la Ec. 2.56 se puede expresar como,

$$R_D = \frac{1}{U_{Do}} - \frac{1}{U_{Co}} = \frac{U_{Co} - U_{Do}}{U_{Do} U_{Co}} \qquad (2.56.a)$$

Tomando como referencia el área externa del tubo, A_o, en el caso de la pared de configuración cilíndrica, e igualando los denominadores del segundo y tercer miembro de la Ec. 2.53, y multiplicando a esta igualdad por el área $A_o = \pi d_o L$ se tiene que,

$$\frac{1}{U_{Co}} = \frac{1}{h_{ocr}} + \frac{r_o \mathrm{Ln}(d_o/d_i)}{k} + \frac{1}{h_{ic}(d_i/d_o)} \qquad (2.57)$$

Donde U_{Co} es el Coeficiente Global de Transferencia de Calor limpio, definido en base a los efectos de convección y conducción.,

Combinando las ecuaciones Ec. 2.57 y Ec. 2.55.a, reemplazando R_D por $(R_{Do} + R_{Di})$, y tomando como referencia el área A_o, el flujo de calor por unidad de superficie $(Q/A_o) = q$, se puede expresar con una ecuación similar a la Ec. 2.53,

$$\frac{Q}{A_o} = \frac{T_1 - T_2}{\dfrac{1}{h_{ocr}} + R_{Do} + \dfrac{r_o \mathrm{Ln}(d_o/d_i)}{k} + \dfrac{1}{h_{ic}(d_i/d_o)} + R_{Dio}} = \frac{T_1 - T_2}{\dfrac{1}{U_{Do}}} \qquad (2.58)$$

Donde ($1/U_{Do}$) es la resistencia total al flujo de calor entre las temperaturas T_1 y T_2; U_{Do} es el Coeficiente Global de Transferencia de Calor sucio referido al área A_o; R_{Do} es el factor de ensuciamiento o "fouling factor" en la superficie externa del tubo y R_{Dio} es el factor de ensuciamiento en la superficie interna del tubo, definido como $R_{Dio} = R_{Di}(d_o/d_i)$.

En base a la Ec. 2.58, el flujo de calor se puede expresar con la ecuación general, conocida como la ecuación de Fourier.

$$Q = U_{Do}A_o(T_1-T_2) \tag{2.59}$$

El coeficiente global U_{Do}, que incluye el factor de ensuciamiento, también se define como Coeficiente Global de Diseño, ya que se utiliza para dimensionar los equipos con la previsión de que habrá acumulación de sucio mientras el equipo esté en servicio. Con este criterio de diseño se garantiza que, con el área de transferencia calculada, el equipo pueda transferir la cantidad de calor definida en el diseño, mientras opera y ocurra la acumulación de sucio.

Los factores de ensuciamiento R_{Di} y R_{Do}, con unidades en (h-pie^2-°F)/Btu, se han logrado cuantificar y tabular para diferentes procesos y sistemas, en base al cálculo de la variación de la resistencia térmica total al flujo de calor, durante un período de operación continuo, aplicando balance de energía en procesos específicos y con la utilización de la definición del Coeficiente Global de Transferencia de Calor U.

2.3.3 Ecuación General de Fourier.

La Ec. 2.59 es una forma de expresar la ecuación básica de <u>cálculos para el diseño</u> y de <u>cálculos para la evaluación</u> de equipos con transferencia de calor, conocida como la ecuación de Fourier, cuya expresión general es la siguiente,

$$Q = U_D A \Delta T \tag{2.60}$$

Como se observa, en esta ecuación están interrelacionados cuatro factores claves en el diseño o comportamiento operacional de un equipo con transferencia de calor: la carga de calor o térmica Q, el coeficiente global de transferencia de calor U_D, el área de transferencia de calor A y la diferencia efectiva de temperatura ΔT.

En el caso de <u>cálculos para el diseño</u>, con esta ecuación se puede pre dimensionar un equipo con el cálculo del área de transferencia de calor A, requerida para trasferir un flujo de calor definido Q, con una diferencia de temperatura disponible ΔT y un Coeficiente Global de Diseño U_D, el cual se obtiene con la Ec. 2.55, en base al coeficiente global limpio, U_C, y el factor de ensuciamiento (fouling factor) R_D utilizado para un tiempo de operación definido.

En el caso de <u>cálculos para la evaluación</u>, mientras un equipo esté en servicio, en cualquier momento se puede medir la cantidad de calor Q que está transfiriendo con el área de transferencia que tiene instalada y con la diferencia de temperatura ΔT medida en ese momento. Con esta información y la Ec. 2.60 se calcula el coeficiente global de operación actual, U_A, y después con la Ec. 2.55, se calcula el factor de ensuciamiento actual R_A; si el $R_A > R_D$, o sea que la resistencia debido al sucio acumulado actual es mayor que la resistencia al sucio considerado en el diseño del equipo, entonces se concluye que se ha ensuciado en exceso y debe ser sometido a mantenimiento. Esto puede ocurrir inclusive antes del tiempo estimado de operación cuando el equipo fue diseñado.

2.3.4 Transferencia de Calor en la Sección de Convección.

El esquema típico de una sección de convección se muestra en la Fig. 2.6, en la cual se muestra, para efectos de ilustración, el banco de tubos separado en dos sectores: el sector superior, con la mayor cantidad de tubos, que corresponde al banco de convección propiamente dicho; y el inferior que corresponde al banco de tubos de choque o tubos escudo.

Como se mencionó en la descripción de los hornos, en aquellos equipos que se justifique, las hileras inferiores de tubos, en la sección de convección, se identifican como hileras de tubos de choque o tubos escudo (shield), por ser los primeros tubos con los que hacen contacto los gases de combustión al entrar a la sección de convección. La API 560 [6.3.7] recomienda que, al menos las tres primeras filas o hileras de tubo, contadas en la dirección de flujo de los gases de combustión, conformen la sección escudo (shield) o filas de choque.

En la Fig. 2.6, se observa que el fluido de proceso, con flujo de M lb/h, temperatura T_E y presión P_E, ingresa al interior de los tubos que conforman el banco de tubos superior, y fluye recibiendo un flujo de calor Q_F, desde los gases de combustión, a través de las paredes de los tubos, incrementando su temperatura hasta T_{Bi}, para luego ingresar a los tubos de choque, donde recibe un flujo de calor Q_P, desde las gases de combustión, a través de las paredes de los tubos, hasta que sale de la sección de convección e ingresa a la de radiación, a la temperatura T_B. La cantidad total de calor transferida en la sección de convección, viene dada por $Q_{SC} = Q_F + Q_P$.

Los gases de combustión, provenientes de la sección de radiación, con flujo W_G y temperatura T_G, entran a la sección de convección y fluyen, en dirección perpendicular al banco inferior de tubos o banco de choque, cubriéndolos totalmente hasta que sale a la temperatura T_{Gi}, para luego continuar fluyendo sobre el banco superior de tubos, de donde sale hacia la chimenea a la temperatura T_{ECh}

En base a la recomendación API 560 [6.3.7], para el sector del banco de choque, se selecciona y se fija el número de filas, que identificaremos como N_{FP}. Por otro lado, con el número de tubos por fila, N_{TF}, que se toman igual al número de pasos por los tubos, N_P, siendo $N_{TF} = N_P$, el área de transferencia en los tubos de choque queda fijada en $A_P = (N_{FP}N_{TF})(\pi d_o L_{eT})$, siendo d_o y L_{eT}, el diámetro externo y la longitud efectiva de cada uno de los tubos de choque. Como se describirá más adelante, una vez definido el número de tubos en el banco de choque, y aplicando balances de energía combinados con las formulaciones de los principios de Transferencia de Calor, es posible determinar el total de los tubos que conforman el banco de tubos en la sección de convección.

Balance de Calor en la Sección de Convección. Tomando como referencia la Fig. 2.6, y aplicando un balance de energía, entre las condiciones de entrada y salida del fluido de proceso y de los gases de combustión, el flujo de calor transferido en la sección de convección, entre ambos fluidos, se puede expresar con la ecuación siguiente,

$$Q_{SC} = Q_F + Q_P = Q_B - Q_E = W_G C_{PG} (T_G - T_{ECh}) \qquad (2.61)$$

$$Q_F = Q_{Bi} - Q_E = W_G C_{PGF} (T_{Gi} - T_{ECh}) \qquad (2.62)$$

$$Q_P = Q_B - Q_{Bi} = W_G C_{PGP} (T_G - T_{Gi}) \qquad (2.62.a)$$

Donde,
Q_{SC} es la energía total transferida en la sección de convección.
$Q_F = Q_{Bi} - Q_E$, es la energía transferida en el banco superior de tubos.
$Q_P = Q_B - Q_{Bi}$, es la energía transferida en el banco de choque.
Q_B y Q_E son los contenidos de energía del fluido de proceso en la entrada y en la salida de la sección de convección, respectivamente.
W_G, es el flujo de los gases de combustión.
T_G y T_{ECh} son las temperaturas de entrada y salida de los gases de combustión en la sección de convección.
T_{Gi} y T_{Bi} son la temperatura de salida de los gases del banco de tubos de choque, y la temperatura de entrada del fluido de proceso a los tubos de choque, respectivamente.

Flujo de Calor en la Sección de Convección. Como se indicó anteriormente, el flujo total de calor, en el banco de tubos en la sección de convección, Q_{SC}, es la suma del calor transferido en los tubos de choque (si los hay), Q_P, y el calor transferido en el resto del banco de tubos, Q_F. Cada uno de estos dos flujos de calor, Q_P y Q_F, tiene dos aportes: uno es por la convección desde los gases de combustión hacia la pared externa de los tubos, que identificaremos como Q_C; y otro por la radiación térmica desde los gases de combustión hacia la pared externa de los tubos, que identificaremos como Q_R. En base a lo anterior, el flujo de calor en el banco de tubos de choque, se puede expresar como $Q_P = Q_{PC} + Q_{PR}$, siendo Q_{PC} y Q_{PR}, los flujos de calor por convección y radiación. En el resto de los tubos, o tubos de convección, el flujo de calor se expresa como $Q_F = Q_{FC} + Q_{FR}$, siendo Q_{FC} y Q_{FR} los flujos de calor por convección y radiación.

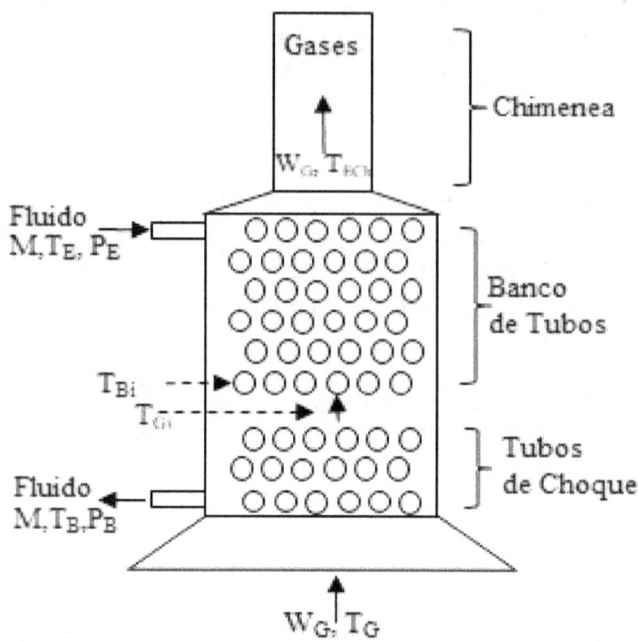

Fig. 2.6. Sección de Convección-Balance Energía.

Flujo de calor en el Banco de Tubos de Convección, Q_F. A continuación, se desarrollan las formulaciones para calcular el flujo de calor en el banco de tubos de convección, excluyendo al banco de choque (si lo hay).

Aporte del flujo por convección, Q_{FC}. Este aporte se puede calcular con la Ec. 2.33, expresada en base al coeficiente local de transferencia de calor entre los gases de combustión y la superficie externa de los tubos

$$Q_{FC} = h_{oc} A_{FC} (T_{MG} - T_{ot}) \qquad (2.63)$$

Donde h_{oc} es el coeficiente local de transferencia de calor por convección entre los gases de combustión a temperatura T_{MG} y la superficie externa de los tubos que conforman el banco de tubos, cuya temperatura es T_{ot}; A_{FC} es el área efectiva de transferencia de calor, para convección, medida en la superficie externa de los tubos. T_{MG} °F, es la temperatura promedio de los gases de combustión entre la temperatura de entrada, T_{Gi}, y la temperatura de salida, T_{ECh}, al banco de tubos. $T_{MG} = (T_{Gi} - T_{ECh})/Ln(T_{Gi}/T_{ECh})$.

Coeficiente local h_{oc}. Este coeficiente se puede evaluar aplicando correlaciones empíricas para convección forzada de flujo de gases sobre bancos de tubos, considerando si los tubos están colocados en arreglo alineado o no alineados, y también considerar si los tubos tienen o no superficie extendida. A continuación, se presentan algunas de estas correlaciones.

La Ec. (2.64.a) es una correlación que aplica para bancos de tubos sin superficies extendida[4],

$$Nu = (h_{oc}d_o/k) = aPr^{1/3}Re^{0,6} \qquad (2.64.a)$$

Siendo a = 0,33 para banco de tubos no alineados y a = 0,26 para banco de tubos alineados. $Re = G_{WG}d_o/\mu$ es el módulo de Reynolds, y $Pr = \mu C_p/k$ es el módulo de Prandtl. Las propiedades de transporte se evalúan a la temperatura promedio de los gases de combustión, T_{MG}.

La Ec. 2.64.b aplica para bancos de tubos con superficies extendida[4],

$$h_{oc} = J(G_{WG})C_p[0,25Re^{-0,35}][(k/(\mu C_p))^{0,67}] \qquad (2.64.b)$$

Con $J = C_1C_2(d_f/d_o)^{0,5}((T_{MG}+460)/(T_o+460))^{0,25}$

Siendo C_1 y C_2 factores definidos a continuación; d_f el diámetro externo de las aletas en plg; d_o el diámetro externo de los tubos, en plg; T_{MG} y T_o en °F.

Para tubos alineados y con aletas transversales segmentadas,

$$C_1 = 0,35+0,50e^{(-0,35*hf/sf)}$$

Para tubos no alineados y con aletas transversales segmentadas,

$$C_1 = 0,55+0,45e^{(-0,35*hf/sf)}$$

Para tubos alineados y con aletas transversales sólidas,

$$C_1 = 0,20+0,65e^{(-0.25*hf/sf)}$$

Para tubos no alineados y con aletas transversales sólidas,

$$C_1 = 0,35+0,65e^{(-0,25*hf/sf)}$$

Para arreglo de tubos alineados con la separación transversal y vertical diferentes

$$C_2 = 1.1-(0,75-1,5e^{(-0,70*Nf)})e^{(-2,0*Pv/Pt)}$$

Para arreglo de tubos no alineados con la separación transversal y vertical diferentes

$$C_2 = 0,7+(0,70-0,8e^{(-0,15*Nr^2)})e^{(-1,0*Pv/Pt)}$$

En las relaciones anteriores, h_f es la altura de una aleta, s_f la separación entre aletas, N_F el número de filas de tubos, P_v la separación vertical entre las líneas que une los centros de tubos de filas adyacentes; y P_t la separación transversal que une tubos adyacentes.

La Ec. 2.65 corresponde a una correlación generalizada[36], que aplica a tubos lisos, en los rangos siguientes: diámetros de tuberías entre 2 plg y 8 plg., temperatura entre 200°F y 1.200 °F.

$$h_{oc} = 2{,}14(T_f)^{0{,}28}(G_{WG})^{0{,}6}(d_o)^{-0{,}4} \qquad (2.65)$$

Donde h_{oc} está en Btu/(h-pie²-°F); d_o diámetro externo de los tubos en plg, y G_{WG} la densidad de flujo de gases de combustión en lb/(s-pie²), y T_f, en °R, es la temperatura de la película de gases de combustión sobre los tubos, y se puede calcular como $T_f = T_{MF} + 0{,}5 MLDT$, siendo $T_{MF} = (T_{Bi}+T_E)/2$, y $MLDT=[(T_{Gi}-T_{Bi})-(T_{ECh}-T_E)]/\ln[(T_{Gi}-T_{Bi})/(T_{ECh}-T_E)]$.

En ambas correlaciones, la densidad de flujo de gases de combustión, G_{WG}, viene dada por $G_{WG} = (W_G/A_N)$, siendo A_N el área neta de flujo para los gases de combustión en el banco de tubos, que como se describe más adelante, su valor depende del arreglo geométrico de los tubos, y de si los tubos presentan o no superficies extendidas.

Aporte del flujo por radiación, Q_{FR}. Este aporte, Q_{FR}, se puede calcular adaptando la ecuación de Stefan-Boltzmann, Ec. 2.37, a la radiación térmica desde los gases de combustión, con temperatura promedio T_{MG}, hacia el banco de tubos con temperatura de superficie T_o,

$$Q_{FR} = \sigma F_e F_A A_{FER}\left[T_{MG}^4 - T_o^4\right] \qquad (2.66)$$

Donde A_{FER} es la superficie efectiva o expuesta a la radiación, en pie², de los tubos que conforman el banco; F_A es el factor de forma, de visión o de configuración geométrica del sistema afectado principalmente por el banco de tubos; F_e es el factor que considera la emisividad e_G de los gases de combustión y la emisividad e_T de los tubos. Ambos factores se pueden incluir en el Factor de Intercambio $F = F_e F_A$.

Debido a que los gases de combustión fluyen cruzando y cubriendo por completo al banco de tubos, la Ec. 2.66 se puede simplificar bajo las consideraciones siguientes:

El factor de efectividad α, en este caso particular, se puede considerar igual a la unidad, $\alpha = 1$, y en base a la Ec. 2.41 la superficie efectiva o expuesta queda como $A_{FER} = \alpha A_{PF} = A_{PF} = N_T P_T L_{eT}$. Siendo A_{PF} el plano frío del banco, N_T el número de tubos, P_T la separación entre tubos y L_{eT} la longitud efectiva de cada tubo.

El banco de tubos con o sin aletas, instalados dentro de la sección de convección, se le puede ubicar[1,3] en el caso b) de la Tabla 2.3, y se tiene que $F_A = 1$ y F_e viene dado por,

$$F_e = \cfrac{1}{\left(\cfrac{1}{e_G} + \cfrac{1}{e_T} - 1\right)} \qquad (2.67)$$

Donde e_G es la emisividad de los gases de combustión y e_T la emisividad del material de los tubos.

Coeficiente ficticio (aparente) h_r. El flujo de calor por radiación en la sección de convección, Q_{FR}, también se puede calcular utilizando un coeficiente de película ficticio (aparente) de transferencia de calor por Radiación h_r, entre los gases de combustión y la pared externa de los tubos, y adaptando la Ec. 2.63 tenemos,

$$Q_{FR} = h_r A_{FC}(T_{MG} - T_o) \tag{2.68}$$

Combinando la Ec. 2.66 con la Ec. 2.68, el coeficiente ficticio h_r se puede expresar como,

$$h_r = \sigma F_e F_A (A_{FER}/A_{FC})\left(\frac{T_{MG}^4 - T_{ot}^4}{T_{MG} - T_{ot}}\right) \tag{2.69}$$

Agrupando los términos de la Ec. 2.69, y sustituyendo la constante de Stefan-Boltzmann por su valor, $\sigma = 0{,}173 \times 10^{-8}$ Btu/(h-pie²-°R⁴),

$$h_r = \left(\frac{0{,}173 F_e F_A A_{FER}}{A_{FC}(T_{MG} - T_{ot})}\right)\left[\left(\frac{T_{MG}}{100}\right)^4 - \left(\frac{T_{ot}}{100}\right)^4\right] \tag{2.70}$$

Las ecuaciones Ec. 2.68, Ec. 2.70 son equivalentes a las ecuaciones Ec. 2.42 y Ec. 2.43 respectivamente.

La Ec. 2.69 también se puede simplificar en base a la consideración descrita en líneas anteriores, para $\alpha = 1$, y en consecuencia $A_{FER} = \alpha A_{PF} = \alpha(N_T P_T L_{eT}) = N_T P_T L_{eT}$. Por otro lado, al estar los tubos completamente rodeados por el gas de combustión, $F_A = 1$. Si el área proyectada de los tubos es $A_{FC} = \pi d_o L_{eT} N_T$, la relación $(A_{FER}/A_{FC}) = P_T/(\pi d_o)$, y la Ec. 2.70, aplicada al banco de tubos de convección, se puede expresar como,

$$h_r = \left(\frac{0{,}173 F_e P_T}{\pi d_o (T_{MG} - T_o)}\right)\left[\left(\frac{T_{MG}}{100}\right)^4 - \left(\frac{T_o}{100}\right)^4\right] \tag{2.70.a}$$

Por otro lado, el coeficiente de película ficticio (aparente) de transferencia de calor por radiación h_r, entre los gases de combustión a temperatura promedio T_{MG} y la superficie de los tubos, también se puede calcular con buena aproximación, utilizando la correlación siguiente[13], Ec. 71, expresada en kJ/(h-m²-°K), con T_{MG} en °K, o con la Ec. 2.71.a, en Btu/(h-pie²-°F), con T_{MG} en °F.

$$h_r = 0{,}092 T_{MG} - 34 \tag{2.71}$$

$$h_r = 0{,}0025 T_{MG} - 0{,}5143 \tag{2.71.a}$$

Otra opción para obtener el coeficiente h_r con buena aproximación, es utilizando la correlación Ec. 2.71.b,

$$h_r = 0{,}002 T_{MG} + [0{,}0442 - 0{,}00258 x T_o + (4 \times 10^{-6}) x (T_o)^2] \qquad (2.71.b)$$

Donde T_o es la temperatura de la superficie del tubo en °F; T_{MG} la temperatura promedio del gas en °F, y h_r en Btu/(h-pie^2-°F).

Flujo total en el Banco de Convección, Q_F. El flujo total de calor, desde los gases hacia la superficie de los tubos, en el banco de convección, se obtiene con la suma de Q_{FC} y Q_{FR}, la cual se obtiene con las siguientes opciones:

Opción 1. Con la suma de las ecuaciones Ec.2.63 y Ec. 2.66,

$$Q_F = h_{oc} A_{FC} (T_{MG} - T_o) + \sigma F_e F_A A_{FER} \left[T_G^4 - T_o^4 \right] \qquad (2.72)$$

Opción 2. Con la suma de las ecuaciones Ec.2.63 y Ec. 2.68,

$$Q_F = (h_{oc} + h_r) A_{FC} (T_{MG} - T_o) = h_{ocr} A_{FC} (T_{MG} - T_o) \qquad (2.73)$$

Donde h_{ocr} es un coeficiente local de transferencia de calor combinado entre el coeficiente local por convección y el coeficiente ficticio de radiación. Esta Ec. 2.73, es equivalente a la Ec. 2. 44.

Si consideramos el aporte de calor por la re radiación desde el refractario que rodea al banco de tubos, el coeficiente combinado h_{ocr} se puede expresar como,

$$h_{ocr} = (1+\beta)(h_{oc} + h_r) \qquad (2.74)$$

Siendo β el factor de aporte por la re radiación, definido como,

$$\beta = (h_w/(h_{oc} + h_r + h_w))(A_W/A_{oF}) \qquad (2.75)$$

Donde A_{oF} es la superficie externa de los tubos lisos en una fila, expresada en pie^2/fila; $A_W = (P_V)L_{eT}$, es la superficie de las paredes de refractario, paralelas al banco de tubos, expresada en pie^2/fila, siendo P_V la separación vertical entre filas adyacentes; L_{eT} la longitud efectiva de un tubo; y h_w, es el coeficiente de transferencia de calor por la radiación térmica desde la superficie del refractario, que se puede calcular, con buena aproximación, con la correlación siguiente,

$$h_W = 3 \times 10^{-5} (T_o)^2 - 0{,}0018 (T_o) + 2{,}0991. \qquad (2.76)$$

Se ha observado que el aporte de la re radiación puede alcanzar hasta el 15% del calor total transferido a los tubos, y por experiencia se recomienda un valor promedio típico de 10%.

El coeficiente h_{oc} para transferencia de calor por convección desde los gases hacia la superficie externa de los tubos y h_r, el coeficiente ficticio de transferencia de calor por radiación desde el gas hacia los tubos, se pueden evaluar con las respectivas correlaciones descritas anteriormente.

Otra opción es considerar el flujo de calor, Q_F, entre la temperatura interna de los tubos, T_i, y la temperatura promedio del fluido de proceso T_{MF}; bajo esta consideración, la Ec. 2.73 se puede adaptar para calcular Q_F, y quedaría como,

$$Q_F = h_{icr}A_i (T_i - T_{MF}) \tag{2.77}$$

Donde,

$h_{icr} = (h_{ic}+h_{ir})$, es el coeficiente combinado, entre la convección y la radiación, desde la superficie interna de los tubos hacia el fluido de procesos. Si el fluido de proceso es líquido, o líquido y gas, h_{ir} se considera despreciable; si es puro gas, debe considerarse.

A_i es el área efectiva para transferencia de calor, medida en la superficie interna de los tubos expresada como $A_i = N_{TC}(\pi d_i L_{eT})$, siendo N_{TC} el número de tubos en el banco; d_i y L_{eT}, el diámetro interno y longitud efectiva de los tubos respectivamente.

$T_{MF} = (T_{Bi} + T_E)/2$, es la temperatura promedio del fluido de proceso dentro de los tubos entre la entrada y la salida al banco, y T_i es la temperatura en la superficie interna de los tubos.

El coeficiente local en el interior de los tubos, h_{ic}, se puede calcular aplicando correlaciones empíricas para convección forzada dentro de tubos[3] como la de Sieder y Tate,

Para $R_e < 2.100$

$$Nu = (h_{ic}d_i/k) = 1,86[R_e \, Pr \, (d_i/L)]^{1/3} (\mu/\mu_w)^{0,14} \tag{2.78}$$

Para $R_e > 2.100$

$$Nu = (h_{ic}d_i/k) = 0,027 \, R_e^{0,8} \, Pr^{1/3} (\mu/\mu_w)^{0,14} \tag{2.79}$$

Siendo Nu el módulo de Nusselt; $Re = G_F d_i/\mu$ el módulo de Reynolds; $Pr = \mu C_p/k$, el módulo de Prandtl, (μ/μ_w) la relación entre la viscosidad promedio y la viscosidad en la pared; (d_i/L) la relación entre el diámetro interno y la longitud del tubo. G_F es la densidad de flujo del fluido de procesos dentro de los tubos, en lb/(h-pie^2). Las propiedades del fluido dentro de los tubos: μ viscosidad en lbf/(pie-h), ρ densidad en lb/pie^3, Cp la capacidad calorífica en Btu/(lb-°F) y k la conductividad térmica en Btu/(h-pie-°F), se evalúan a la temperatura T_{MF} del fluido. La viscosidad μ_w se evalúa a la temperatura de la pared.

En resumen, el flujo de calor Q_F, en el banco de convección, se puede obtener con las ecuaciones: Ec. 2.62, Ec. 2.72, Ec. 2.73 y Ec. 2.77. La aplicación de cada una de ellas va a depender de la información disponible para cálculos específicos en casos particulares.

Flujo de calor en el Banco de Tubos de Choque, Q_P. Las formulaciones para calcular el flujo de calor en el banco de tubos de choque, son las mismas que se describieron para el banco de tubos de convección. En base a la recomendación API 560 [6.3.7], el área de transferencia en los tubos de choque queda fijada en $A_P = (N_{FP}N_{TF})(\pi d_o L_{eT})$, siendo d_o y L_{eT}, el diámetro externo y la longitud efectiva de cada uno de los tubos de choque para el sector del banco de choque. N_{FP} es el número de filas seleccionada en base a la API 560; N_{TF}, es el número de tubos por fila, definido por el número de pasos por los tubos, N_P, siendo $N_{TF} = N_P$.

Aporte del Flujo por Convección, Q_{PC}. Este aporte se puede calcular con la Ec. 2.63, expresada como

$$Q_{PC} = h_{oc}A_{PC}(T_{MG} - T_o) \qquad (2.80)$$

Donde h_{oc} es el coeficiente local de transferencia de calor por convección entre los gases de combustión a temperatura T_{MG} y la superficie externa de los tubos que conforman el banco de tubos de choque, cuya temperatura es T_o; A_{PC} es el área efectiva de transferencia de calor, para convección, medida en la superficie externa de los tubos, que por la recomendación de la API 560, queda como $A_{PC} = (N_{FP}N_{TF})(\pi d_o L_{eT})$. T_{MG} en °F, es la temperatura promedio de los gases de combustión entre las temperaturas, T_G, y T_{Gi}. $T_{MG} = (T_G - T_{Gi})/Ln(T_G/T_{Gi})$.

Coeficiente local h_{oc}. Este coeficiente se evalúa con las mismas correlaciones descritas para el banco de convección, y utilizando,

$T_f = T_{MF} + 0,5\text{MLDT}$.

Siendo,

$T_{MF} = (T_{Bi} + T_B)/2$

$\text{MLDT} = [(T_G - T_B) - (T_{Gi} - T_{Bi})]/\ln[(T_G - T_B)/(T_{Gi} - T_{Bi})]$.

Aporte del flujo por radiación, Q_{PR}. Este aporte, Q_{PR}, se puede calcular adaptando la ecuación Ec. 2.66, expresada como,

$$Q_{PR} = \sigma F_e F_A A_{PER}\left[T_{MG}^4 - T_o^4\right] \qquad (2.81)$$

Al igual que para el banco de tubos de convección, los gases de combustión fluyen cruzando y cubriendo por completo al banco de tubos de choque, y la Ec. 2.81 se puede simplificar bajo el mismo criterio que para el banco de tubos de convección, con $\alpha = 1$, $F_A = 1$, F_e dado por la Ec. 2.67, y teniendo presente que la superficie efectiva para radiación $A_{PER} = (N_{TF})P_T L_{eT}$.

También se puede utilizar la Ec. 2.68, expresada como,

$$Q_{PR} = h_r A_{PC}(T_{MG} - T_o) \qquad (2.82)$$

Con h_r dado por la Ec. 2.69, y $A_{PC} = (N_{FP}N_{TF})(\pi d_o L_{eT})$

Flujo total en el Banco de Choque, Q_P. El flujo total de calor, desde los gases hacia la superficie de los tubos, en el banco de choque, se obtiene con la suma de Q_{PC} y Q_{PR}, la cual se obtiene con las siguientes opciones:

Con la suma de las ecuaciones Ec.2.80 y Ec. 2.81,

$$Q_P = h_{oc}A_{PC}(T_{MG} - T_o) + \sigma F_e F_A A_{PER}\left[T_G^4 - T_o^4\right] \qquad (2.83)$$

Con la suma de las ecuaciones Ec.2.80 y Ec. 2.82,

$$Q_P = (h_{oc} + h_r)A_{PC}(T_{MG} - T_o) = h_{ocr}A_{PC}(T_{MG} - T_o) \qquad (2.84)$$

Donde h_{ocr} es un coeficiente local de transferencia de calor combinado entre el coeficiente local por convección y el coeficiente ficticio de radiación. Esta Ec. 2.73, es equivalente a la Ec. 2.44.

Al igual que para el banco de tubos de convección, el coeficiente combinado h_{ocr} se puede ajustar con el factor de re radiación, β, desde el refractario que rodea al banco de tubos, aplicando las ecuaciones Ec. 2.74, Ec. 2.75 y Ec. 2.76. Otra opción para calcular el flujo de calor en el banco de tubos de choque, Q_P, es adaptando la Ec. 2.84,

$$Q_P = h_{icr}A_i(T_i - T_{MF}) \qquad (2.85)$$

Donde,

$h_{icr} = (h_{ic} + h_{ir})$, es el coeficiente combinado, entre la convección y la radiación, desde la superficie interna de los tubos hacia el fluido de procesos. Si el fluido de proceso es líquido, o líquido y gas, h_{ir} se considera despreciable; si es puro gas, debe considerarse.

A_{itc} es el área efectiva para transferencia de calor, medida en la superficie interna de los tubos del banco de choque, expresada como $A_{itc} = N_{TP}(\pi d_i L_{eT})$, siendo N_{TP} el número de tubos en el banco; d_i y L_{eT}, el diámetro interno y longitud efectiva de los tubos respectivamente.

$T_{MF} = (T_B + T_{Bi})/2$, es la temperatura promedio del fluido de proceso dentro de los tubos entre la entrada y la salida al banco, y T_{itc} es la temperatura en la superficie interna de los tubos.

En resumen, el flujo de calor Q_P, en el banco de tubos de choque, se puede obtener con las ecuaciones: Ec. 2.62.a, Ec. 2.83, Ec. 2.84 y la Ec. 2.85. La aplicación de cada una de ellas va a depender de la información disponible para cálculos específicos en casos particulares.

Banco de Tubos y Superficies Extendidas. Como se mencionó anteriormente, la sección de convección consta fundamentalmente de un banco de tubos que sigue cierta configuración geométrica y que puede estar provistos o no de elementos para superficie extendida.

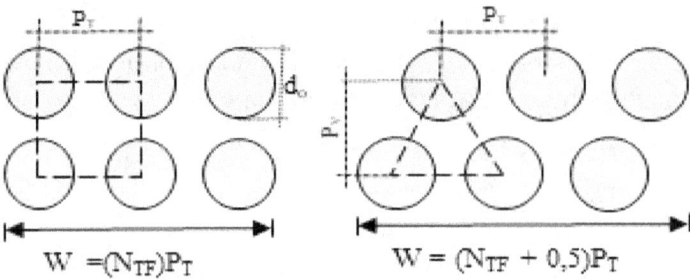

a) Tubos lisos alineados.   b) Tubos lisos no alineados.

Área proyectada por el banco $A_P = W \times L_T$
Área proyectada por los tubos $A_{PT} = \pi d_o L_T$
Área neta de flujo $A_N = A_P - A_{PT}$

W, ancho del banco de tubos. N_{TF}, tubos por fila.
P_T, separación transversal entre centros de tubos adyacentes.
P_V, separación vertical entre centros de filas adyacentes.
d_o, diámetro externo de los tubos. L_T longitud de un tubo.

Fig. 2.7 Esquema de banco de tubos lisos.

Banco de tubos. En líneas generales, un banco de tubos consta de un total de tubos, N_T, arreglados y distribuidos siguiendo una geometría uniforme, en un número de filas, N_F, con un número de tubos por fila, N_{TF}, teniendo que $N_T = N_F N_{TF}$.

En el caso de un banco de tubos para la sección de convección de un horno, la API 560 [6.3.7] recomienda que, al menos las tres primeras filas, contadas en la dirección de flujo de los gases de combustión, se identifican como sección escudo ("shield") o filas de choque, y su metalurgia es diferente y más tolerante a altas temperaturas, que el resto de los tubos, ya que, por diseño, reciben los gases de combustión con el mayor nivel temperatura y protegen al resto de los tubos de la radiación directa desde los gases entrando.

La Fig. 2.7 muestra el esquema típico de una porción de un banco de tubos lisos, de longitud L_T, diámetros externo e interno d_o y d_i respectivamente, con arreglos geométricos alineados y no alineados, con una separación transversal, P_T, entre los centros de tubos adyacentes de una misma fila; una separación C entre la superficie externa de los mismos tubos, y una separación vertical P_V, entre las líneas paralelas que unen los centros de los tubos de filas adyacentes. Dependiendo de la geometría que defina la unión entre los centros de tubos adyacentes, se establece una relación entre P_T y P_V. Por ejemplo, para arreglo en triángulo equiláteros, $P_V = 0,866 \times P_T$. La Fig. 2.8 muestra un esquema similar, y con tubos a los que se les han colocado elementos, con la finalidad de extender la superficie total externa de los tubos por pie de tubo.

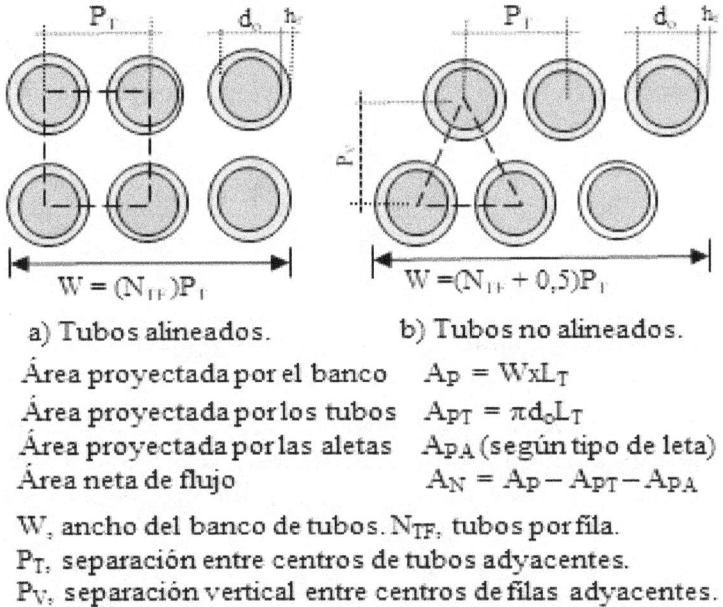

a) Tubos alineados.   b) Tubos no alineados.

Área proyectada por el banco $A_P = W \times L_T$
Área proyectada por los tubos $A_{PT} = \pi d_o L_T$
Área proyectada por las aletas A_{PA} (según tipo de leta)
Área neta de flujo $A_N = A_P - A_{PT} - A_{PA}$

W, ancho del banco de tubos. N_{TF}, tubos por fila.
P_T, separación entre centros de tubos adyacentes.
P_V, separación vertical entre centros de filas adyacentes.
d_o, diámetro externo de los tubos. L_T longitud de un tubo.

Fig. 2.8 Esquema de banco de tubos con aletas.

En ambas figuras se muestran las relaciones que permiten obtener el área neta, A_N, perpendicular al flujo de los gases de combustión que cubre al banco de tubos. Como se observa, el área neta, A_N, va a depender el arreglo de los tubos y del tipo de elementos utilizados para extender la superficie. La API 560 [7.2] recomienda el tipo de elemento, la metalurgia a utilizar, así como también sus dimensiones.

Superficie extendida. Cuando hay una diferencia muy marcada entre la magnitud de los coeficientes locales de transferencia de calor por convección, localizados a ambos lados de una superficie por la que se intercambia calor entre dos fluidos, la resistencia térmica por convección, $1/(hA)$, de mayor control sobre el flujo de calor, es aquella donde el coeficiente local es menor. En el caso de un banco de tubos de la sección de convección de un horno de proceso, el coeficiente local, h_{oc}, en la superficie externa de los tubos, es de menor magnitud que el coeficiente local, h_{ic}, dentro de los tubos, teniendo que la resistencia térmica externa $1/(h_{oc}A_o)$ es de mayor magnitud que la resistencia térmica interna $1/(h_{ic}A_i)$. En este caso se aplica un recurso de ingeniería que permite incrementar, hasta 10 veces, la superficie para transferencia de calor, instalando elementos (también conocidos como aletas) en el exterior de los tubos, con la finalidad de incrementar el área de transferencia externa expuesta de cada tubo de $A_o = \pi d_o L$, hasta A_{of}, que se puede expresar como,

$$A_{of} = (A_f + A_{op}) \tag{2.86}$$

Donde, A_f es la superficie expuesta por todos los elementos instalados, y A_{op} la superficie expuesta por la porción de tubo donde no hay elementos instalados. Ambos factores se pueden expresar en: unidades de superficie por unidad de longitud de tubo, unidades de superficie por tubo o unidades de superficie por fila de tubos. Una medida del incremento del área externa expuesta se obtiene al relacionar (A_{of} / A_o), obteniendo un factor muy importante que la API 560 [3.1.44] lo identifica como la Relación de Extensión ("Extension Ratio") y lo define como la relación entre la superficie externa total expuesta y la superficie externa del tubo totalmente liso (sin aletas instaladas).

Con el recurso de la superficie extendida, el coeficiente h_{oc} se puede convertir a un coeficiente efectivo $h_{of} > h_{oc}$, el cual está referido a la superficie externa, $A_o = \pi d_o L$, del tubo liso; o también convertirlo a un coeficiente efectivo h_{if}, el cual está referido al área interna, $A_i = \pi d_i L$, del tubo[3]. Los fabricantes de tubos con superficie extendida, normalmente utilizan h_{of}, el cual se puede expresar como,

$$h_{of} = h_{oc} \left(\frac{\varepsilon A_f + A_{op}}{A_o} \right) \tag{2.87}$$

Observar que, ante la ausencia de superficie extendida, $A_f = 0$, y entonces se tiene que $A_{op} = A_o$ y por consiguiente $h_{of} = h_{oc}$. Tanto para h_{of} como para h_{if}, se considera la eficiencia, ε, de la superficie extendida, A_f, que no es cien por ciento eficiente, debido a que la resistencia por conducción en el cuerpo de la aleta, motiva un gradiente de temperatura, ocasionando que, en todo momento, la diferencia entre la temperatura, T_f, en cualquier punto de la aleta y la temperatura de la pared del tubo, T_w, ($T_f - T_w$), sea menor que la diferencia entre la temperatura del gas (u otro fluido caliente) T_G y la temperatura T_w, ($T_G - T_w$). Esto significa que el calor realmente transferido por la aleta hacia la pared del tubo se puede expresar como,

$$Q_{fr} = (h_o A_f)(T_f - T_w) \tag{2.88}$$

Y el calor que debería trasferir como,

$$Q_f = (h_o A_f)(T_G - T_w) \tag{2.89}$$

Si definimos la eficiencia térmica de la aleta como la relación entre el calor realmente transferido y el calor que debería transferirse, se tiene que,

$$\varepsilon = Q_{fr} / Q_f = (T_f - T_w)/(T_G - T_w) \tag{2.90}$$

Donde ε es la eficiencia; Q_{fr} viene dado por la Ec. 2.88 y Q_f por la Ec. 2.89. Para cada tipo de aleta hay una expresión particular para calcular la eficiencia[1,3].

En la literatura asociada (referencias 1, 3, 4, 15, 35, 36) se presentan diferentes expresiones para convertir el coeficiente local de transferencia de calor, h_{oc}, a un coeficiente efectivo, h_{of} o h_{if}, en base a la presencia de la superficie extendida A_f. Los diferentes tipos de elementos para superficie extendida, sus dimensiones y procedimientos para calcular eficiencias, están disponibles en la documentación que suministran los fabricantes de tuberías con superficie extendida, en la que se tienen las proporciones o relaciones entre las superficies A_o, A_i, A_f y A_{op}, que facilitan el cálculo de cada una de ellas.

Los elementos para extender la superficie de los tubos se clasifican según su colocación respecto el eje central de los tubos, teniendo así elementos longitudinales y transversales[3,4]. Cualquiera de ellos presenta geometría y dimensiones que permiten determinar fácilmente el área proyectada A_{PT}.

Para el servicio específico de gases de combustión producidos al quemar combustible gaseoso o líquido liviano (ρ < 904 kg/m^3, por encima de 25°API), el elemento más recomendado es la aleta transversal (fin type). Si el combustible es líquido pesado ($\rho \geq$ 904 kg/m^3, 25°API o menos), se recomienda utilizar elementos tipo espiga o perno (stud type). En hornos donde se van a quemar diferentes combustibles, el más pesado determina la selección del tipo de superficie extendida. Se recomienda que en hornos donde se piense quemar combustibles pesados en el futuro, se deben usar tubos con superficie extendida espigada o apernada ("studded tubes"). Es muy importante tener presente que un horno que fue diseñado originalmente para quemar sólo gas combustible, requerirá una considerable modificación para permitir la quema de combustible líquido pesado.

Los fabricantes de elementos para extender superficie, disponen de las ecuaciones y gráficas específicas para cada tipo de elemento que fabrican. La Fig. A.4 es una muestra de dichas gráficas, y corresponde a las curvas típicas para estimar, en forma gráfica, la eficiencia térmica de elementos tipo aleta transversal de espesor constante.

Ejercicio 2.1. Cálculos térmicos, sección de convección. En un horno cilíndrico vertical, la sección de convección está dotada de un banco 72 tubos de acero al carbón Grado B, norma 40, en arreglo triangular, con diámetro externo d_o = 4,5 plg, diámetro interno d_i = 4,026 plg, diámetro nominal d_n = 4 plg y 13 pies de longitud efectiva, con separación P_T, entre los centros de tubos adyacentes, igual a 2,5 veces el diámetro nominal, P_T = 2,5d_n. El banco consta de 12 filas de tubos, de las cuales 3 son de tubos lisos o tubos de choque y 9 son de tubos con superficie extendida. Al banco de tubo ingresan 560.000 lb/h de aceite térmico, 21,7 °API, a 268 °F y 94,7 psia, cuya curva de calentamiento

HTP se muestra en la Tabla 2.2.1, y se distribuye por igual en 6 pasos paralelos. Un flujo de 65.352,05 lb/h de gases de combustión, con 18,13%v de vapor da agua, 8,52%v de CO_2, 70,89%v de N_2 y 2,46%v de O_2, entra a la sección de convección a 1.483,89 °F, fluye sobre los tubos y sale a 488,25 °F.

Calcular: a) Flujo de energía hacia el aceite en la sección de convección, Q_{SC}. b) Temperatura del aceite saliendo del banco de tubos, T_B. c) El área de transferencia de calor en el banco de tubos. d) La relación de extensión ("Extension ratio"), si en los tubos con superficie extendida están instaladas aletas transversales sólidas con espesor constante de 0,05 plg, altura de 0,75 plg y 3 aletas por plg de tubo. e) La densidad de flujo de gases de combustión en el banco de tubos, G, en $lb/(s\text{-}pie^2)$.

Tabla 2.1.1. Datos de la Curva de Calentamiento de Aceite Térmico, 21,7 °API. Flujo de 560.000 lb/h, de 268 °F y 94,7 psia hasta 450 °F y 81,7 psia.											
Temp. °F	Presión. psia	Entalpia, MMBtu/hr			Capac calorífica Btu/(lb-°F)		Viscosidad cP		Densidad lb/pie^3		Conduct. Térm. Btu/(hr-pie-°F)	
		Vap	Liq.	Total	Vap	Liq.	Vap	Liq.	Vap	Liq.	Vap	Liq.
268,00	94,70	0	59,26	59,26	0	0,508	0	0,624	0	52,88	0	0,057
277,58	94,01	0	62,00	62,00	0	0,512	0	0,594	0	52,65	0	0,057
287,16	93,33	0	64,76	64,76	0	0,517	0	0,566	0	52,42	0	0,056
296,74	92,64	0	67,54	67,54	0	0,522	0	0,540	0	52,19	0	0,056
306,32	91,96	0	70,36	70,36	0	0,527	0	0,516	0	51,96	0	0,055
315,89	91,27	0	73,19	73,19	0	0,532	0	0,493	0	51,72	0	0,055
325,47	90,59	0	76,06	76,06	0	0,536	0	0,473	0	51,49	0	0,054
335,05	89,91	0	78,95	78,95	0	0,541	0	0,453	0	51,25	0	0,054
344,63	89,22	0	81,86	81,86	0	0,546	0	0,435	0	51,01	0	0,053
354,21	88,54	0	84,81	84,81	0	0,551	0	0,417	0	50,76	0	0,053
363,79	87,85	0	87,77	87,77	0	0,556	0	0,401	0	50,52	0	0,052
373,37	87,17	0	90,77	90,77	0	0,560	0	0,386	0	50,27	0	0,052
382,95	86,49	0	93,78	93,78	0	0,565	0	0,372	0	50,02	0	0,052
392,53	85,80	0	96,83	96,83	0	0,570	0	0,358	0	49,76	0	0,051
402,10	85,12	0	99,90	99,90	0	0,575	0	0,346	0	49,50	0	0,051
411,68	84,43	0	102,99	102,99	0	0,580	0	0,333	0	49,24	0	0,050
421,26	83,75	0	106,12	106,12	0	0,584	0	0,322	0	48,98	0	0,050
430,84	83,06	0	109,26	109,26	0	0,589	0	0,311	0	48,71	0	0,049
440,42	82,38	0	112,44	112,44	0	0,594	0	0,303	0	48,44	0	0,049
450,00	81,70	0	115,63	115,63	0	0,599	0	0,292	0	48,16	0	0,048
Capacidad Calorífica, Btu/(lb-°F),			$Cp = 0{,}3732 + 0{,}0005 \times T$								
Viscosidad, lb/(hr-pie),			$\mu = 2{,}42 \times (2.311{,}4/T^{1{,}469})$								
Densidad, lb/pie^3,			$\rho = (57{,}986 - 0{,}0151 \times T - (10^{-5})T^2)$								
Conductividad Térmica, Btu/(hr-pie-°F)			$k = 0{,}0702 - (5 \times 10^{-5})T$								

Solución. La Tabla 2.1.1 muestra los datos generados con la curva de calentamiento para el aceite térmico 21,7 °API, y las correlaciones empíricas obtenidas para el cálculo aproximado de las propiedades de transporte.

a) Flujo de energía hacia el aceite en la sección de convección, Q_{SC}. La energía que recibe el aceite térmico se puede calcular con la Ec. 2.61, utilizando la igualdad entre el miembro de la izquierda y el segundo miembro de la derecha,

$$Q_{SC} = Q_B - Q_E = W_G C_{PG}(T_G - T_{ECh}) = U_{Do} A_o \Delta T \tag{2.61}$$

Como información de proceso se tiene que el flujo de gases de combustión es W_G = 65.352,05 lb/h, con temperatura de entrada T_G = 1.483,89 °F, y de salida T_{ECh} = 488,25 °F. La capacidad calorífica de los gases, C_{PG}, se calcula con las correlaciones disponibles en la Tabla A.12, utilizando la composición de los gases de combustión y la temperatura promedio de los gases entre T_G y T_{ECh}, T_{MG} = 986,07 °F (803,19 °K). En la Tabla 2.1.2, se muestra como resultado, C_{PG} = 8,2407 Cal/(g mol-°K) = 0,2980 Btu/(lb-°F). Sustituyendo valores en la Ec. 2.61,
Q_{SC} = (65.352,05)(0,2980)(1.483,89 - 488,25) = 19,39 MMBtu/h.

b) Temperatura del aceite saliendo del banco de tubos, T_B. Utilizando la igualdad entre el miembro de la izquierda y el primer miembro de la derecha de la Ec. 2. 61, y despejando para Q_B, la energía del fluido saliendo del banco de tubos, se tiene que,

$Q_B = Q_{SC} + Q_E$.

Con ayuda de la Tabla 2.1.1, para T_E = 268 °F, se tiene que la energía del fluido entrando a la sección de convección es, Q_E = 59,26 MMBtu/h. Al sustituir los valores de Q_{SC} y Q_E en la relación anterior, se obtiene,
$Q_B = Q_{SC} + Q_E$ = 19,39 + 59,26 = 78,65 MMBtu/h.
Por interpolación en la Tabla 2.1.1, entre dos valores cercanos a Q_B, para un valor de Q_B = 78,65 MMBtu/h, se obtiene una temperatura T_B = 334 °F.
La temperatura T_B también se puede obtener por balance de energía sobre el aceite térmico, entre la entrada y la salida a la sección de convección, con $Q_B = MC_{PB}(T_B - T_R)$, $Q_E = MC_{PE}(T_E - T_R)$, y reemplazando estas expresiones en la Ec. 2.61, se tiene la relación siguiente que $Q_{SC} = MC_{PM}(T_B - T_E)$.
De la relación anterior se puede obtener T_B con la expresión siguiente,
$T_B = T_E + Q_{SC}/(MC_{PM})$.
La capacidad calorífica promedio, C_{PM} en Btu/(lb-°F) del aceite, se calcula a la temperatura media T_M en °F, entre T_B y T_E, con la correlación siguiente, tomada de la Tabla 2.1.1.

C_{PM} = 0,3732+0,0005xT_M
Con T_M = (268+T_B)/2

Sustituyendo en la expresión para T_B, los valores de $T_E = 268\ °F$, $Q_{SC} = 19{,}39$ MMBtu/h, M = 560.000 lb/h, y la expresión de C_{PM}, se puede obtener T_B. La solución de la ecuación resultante para T_B se puede obtener por métodos analíticos, gráficos o numéricos, y en este caso, aplicando el complemento Solver, de Excel, se obtiene $T_B = 334\ °F$ y $C_{PM} = 0{,}5237\ Btu/(lb\text{-}°F)$.

Tabla 2.1.2. Capacidad Calorífica Gas de Combustión $Cp = a + bT + cT^2 + dT^3$ Cal/(g mol °K)							
Gas	% mol	Peso Mol	a	$b\times 10^3$	$d\times 10^6$	$c\times 10^9$	Cp
H_2O	18,13	18	8,1	-0,72	3,63	-1.16	9,2624
CO_2	8,52	44	5,1	15,4	-9,94	2,42	12,3506
N_2	70,89	28	7,07	-1.32	3,31	-1,26	7,4922
CO	0	28	6,92	-0,65	2,8	-1,14	7,6136
O_2	2,46	32	6,22	2,71	-0,37	-0,22	8,0440
	100	27,65					8,2407
[Cal/(g mol-°K)] / (Peso Mol) = Btu / (lb-°F)							

c) Área de transferencia de calor en el banco de tubos.

Área de Transferencia de calor total, A_o.
Número de tubos instalados, $N_T = 72$.
Número de tubos de choque, $N_{TP} = 18$.
Número de tubos con superficie extendida, $N_{TF} = 54$.
Longitud efectiva de cada tubo, $L_{eT} = 13$ pie.
Diámetro externo de los tubos, $d_o = 4{,}5$ plg.
Superficie externa lisa de cada tubo, $A_{ot} = \pi(d_o/12)L_{eT}$
$A_{ot} = \pi(4{,}5/12)13 = 15{,}32\ pie^2$ / tubo
Superficie externa total de los tubos de choque, $A_P = N_{TP} A_{ot}$
$A_P = 18 \times 15{,}32 = 275{,}76\ pie^2$.
Superficie externa en los tubos de convección sin considerar la superficie extendida, $A_C = N_{TF} A_{ot}$
$A_F = 54 \times 15{,}32 = 827{,}28\ pie^2$
Área total de transferencia de calor,
$A_{SC} = A_o = A_P + A_F = 275{,}76 + 827{,}28 = 1.103\ pie^2$.

Densidad de flujo de calor, q_C.
$q_C = Q_{SC} / A_{SC} = 19{,}39 \times 10^6 / 1.011{,}12 = 19.176{,}75\ Btu/(h\text{-}pie^2)$.

Coeficiente Global de transferencia de calor U_{oD}.
Utilizando el primero y último término de la Ec. 2.61 y despejando U_{Do},
$U_{Do} = Q_{SC} / (A_o \Delta T)$
$Q_{SC} = 19{,}39\ MMBtu/h$.

$A_o = 1.011,12$ pie^2

$\Delta T = MLDT = [(T_G - T_B) - (T_{ECh} - T_E)]/Ln[(T_G - T_B)/(T_{ECh} - T_E)]$

$(T_G - T_B) = (1.483,89 - 334) = 1.149,89$ °F.

$(T_{ECh} - T_E) = 488,25 - 268 = 220,25$°F.

$MLDT = (1.149,89 - 220,25)/Ln(1.149,89/220,25) = 562,51$ °F.

Sustituyendo valores para U_{Do},

$U_{Do} = 19,39 \times 10^6/(1.011,12 \times 562,51) = 34,09$ Btu/(h-pie^2-°F).

d) Relación de extensión y superficie externa expuesta.

Relación de extensión.
En base a la definición de la API 560 [3.1.44], la relación de extensión viene dada por (A_{of}/A_o).

Tipo de aleta, transversal.
Espesor de aletas (constante) $e_f = 0,05$ plg.
Altura de aletas, $h_f = 0,75$ plg.
Número de aletas, $n_f = 3$ por plg de tubo.
Diámetro externo del tubo, $d_o = 4,5$ plg.
Diámetro nominal del tubo, $d_n = 4,0$ plg.
Diámetro externo de la aleta, $d_f = d_o + 2h_f = 6,0$ plg
Superficie total externa de un tubo con aletas, Ec. 2.86,
$A_{of} = (A_f + A_{op})$, expresada en pie^2/pie.
De la Tabla A.4.3,
$A_o = 1,178$ pie^2/pie, $A_f = 6,408$ pie^2/pie y $A_{op} = 1,001$ pie^2/pie.
$A_{of} = (A_f + A_{op}) = 6,4206 + 1,001 = 7,4206$ pie^2/pie.
Relación de extensión $(A_{of}/A_o) = 7,4206/1,178 = 6,299$
Esto significa que, al instalar en cada tubo, 3 aletas transversales por plg de longitud de tubo, con espesor de 0,05 plg y alto de 0,75 plg, cada pie^2 de superficie lisa externa, se incrementa a 6,299 pie^2.

Superficie externa expuesta en los tubos con superficie extendida. Esta superficie se puede obtener directamente al multiplicar la relación de extensión expresada como (A_{of}/A_o), por la superficie total externa de los 54 tubos, antes de instalar superficie extendida, $A_o = 827,28$ pie^2, calculada en b).

$A_{of} = (A_o)(A_{of}/A_o) = (827,28)(6,299) = 5.211,04$ pie^2.

d) Densidad de flujo de gases de combustión, G en lb/(s-pie^2).

Área neta de flujo A_N.
En la Fig. 2.8, se tiene que el área neta en banco de tubos con superficie extendida viene dada por, $A_{NC} = A_P - A_{PT} - A_{PA}$, donde, $A_P = ((N_{TF} + 0,5) P_T) L_{cT}$.
Del enunciado del ejercicio se tiene,
Número de tubos por fila, $N_{TF} = 6$

Separación entre tubos, $P_T = 2,5 (d_n) = 2,5 (4) = 10$ plg.
Longitud efectiva de cada tubo, $L_{eT} = 13$ pie.
Sustituyendo para A_P, A_{PT} y A_{PA},
$A_P = [((6 + 0,5) (10) /12] \times 13 = 70,42$ pie^2.
$A_{PA} = ((2)(h_f)(e_f)(n_f)/144)(L_T)(N_{TF})$
$A_{PA} = [(2 \times 0,75 \times 0,05 \times 3)/144](13)(6) = 0,1218$ pie^2
$A_{PT} = (d_o/12) (L_T) (N_{TF}) = (4, 5 /12) (13) (6) = 29, 25$ pie^2.
El área neta de flujo es, $A_{NC} = 70,42 - 29,25 - 0,1218 = 41,05$ pie^2.

Densidad de flujo de masa de gases de combustión, G.
La densidad de flujo de masa o velocidad de masa, en el banco de tubos con superficie extendida viene dada por,

$G = W_G / A_{NC} = 65.352,05/ (3.600) (41,05) = 0,442$ lb/(s-pie^2).

Para los tubos de choque, que no tienen superficie extendida, $N_{PA} = 0$ y el área neta de flujo es,
$A_{NP} = A_P - A_{PT} = 70,42 - 29,25 = 41,17$ pie^2.
La velocidad de masa de los gases en los tubos de choque, viene a ser,
$G = W_G / A_{NP} = 65.352,05/ (3600) (41, 17) = 0,441$ lb/(s-pie^2).

En la Tabla 2.1.3, se muestra el resumen de los resultados.

Tabla 2.1.3. Resultados - Ejercicio 2.1.		
Fluido	Aceite	Gas
Temperatura de salida de convección, °F	334	488,25
Flujo de calor en sec. de conv, MMBtu/h	19.39	
Superficie tubos de choque pie^2	275,76	
Superficie tubos lisos de conv. pie^2	735,36	
Relación de extensión	6,299	
Superficie total externa tubos de conv, pie^2	4.632,03	
Densidad flujo calor, Btu/(h-pie^2)	19.176,75	
Coeficiente Global, Btu/(h-pie^2-°F)	34,09	
Velocidad de masa de los gases lb/(s-pie^2).	0,441	

2.3.5 Transferencia de Calor en la Sección de Radiación.

La Fig. 2.9 muestra el esquema de un corte longitudinal de un horno donde se observa la sección de radiación con tubos en posición vertical, interconectados con uniones tipo U. También se observa el esquema de un corte seccional mostrando, con vista desde arriba, el círculo que forman los tubos y la ubicación de los quemadores.

La Fig. 2.10 muestra el esquema de un corte longitudinal de un horno donde se observa la sección de Radiación con tubos en posición horizontal, interconectados con uniones tipo U. También se observa el esquema de un corte seccional mostrando, con vista desde arriba, la posición de los tubos y la ubicación de los quemadores.

El fluido de proceso proveniente de la sección de convección, entra al serpentín a la temperatura T_B, donde recibe calor por radiación, desde los gases de combustión por las paredes de los tubos, para luego salir del horno a la temperatura T_S. Los gases de combustión, salen de los quemadores, y en la cámara de radiación presentan una temperatura T_G, y emiten radiación térmica hacia los tubos del serpentín, a través de los cuales fluye la energía hacia el interior de los tubos, logrando elevar la temperatura del fluido de proceso hasta T_S.

Balance de Calor en la Sección de Radiación. La cantidad total de calor transferida al fluido en la sección de Radiación, Q_{SR}, se obtiene aplicando un balance de energía al fluido de proceso entre la temperatura T_B de entrada y la temperatura T_S de salida, expresado con la ecuación siguiente,

$$Q_{SR} = Q_S - Q_B = M(h_S - h_B) \tag{2.91}$$

Por otro lado, la cantidad total de calor Q_{SR}, calculada con la ecuación anterior, es la misma energía que entregan los gases de combustión que salen de los quemadores a la temperatura de llama T_F y que después de entregar calor a los tubos y perder calor, Q_W, por las paredes de la sección de radiación hacia el ambiente, se enfrían hasta la temperatura T_G con la que entran a la sección de convección. Aplicando un balance de energía a los gases de combustión, entre la temperatura T_F y la temperatura T_G, se tiene,

$$Q_{SR} = W_G C_{PG} (T_F - T_G) - Q_W \tag{2.92}$$

Donde W_G es el flujo de gases de combustión, en lb/h; T_F es la temperatura de llama en °F, T_G la temperatura de los gases de combustión saliendo de la sección de radiación hacia la sección de convección en °F, y C_{PG} es la capacidad calorífica promedio de los gases de combustión, en Btu/lb-°F, entre T_F y T_G.

Flujo de Calor en la Sección de Radiación. El flujo de calor que se transfiere al fluido en la sección de radiación, Q_{SR}, tiene dos aportes, uno que identificaremos como Q_{RSR}, y es por efecto de la radiación térmica desde los gases de combustión hacia la superficie de la pared externa de los tubos; el otro, que identificaremos como Q_{CSR}, es por efecto de la convección desde los gases de combustión hacia la misma superficie de la pared externa de los tubos. Todo este calor fluye por conducción a través de las paredes de los tubos hacia el fluido de procesos.

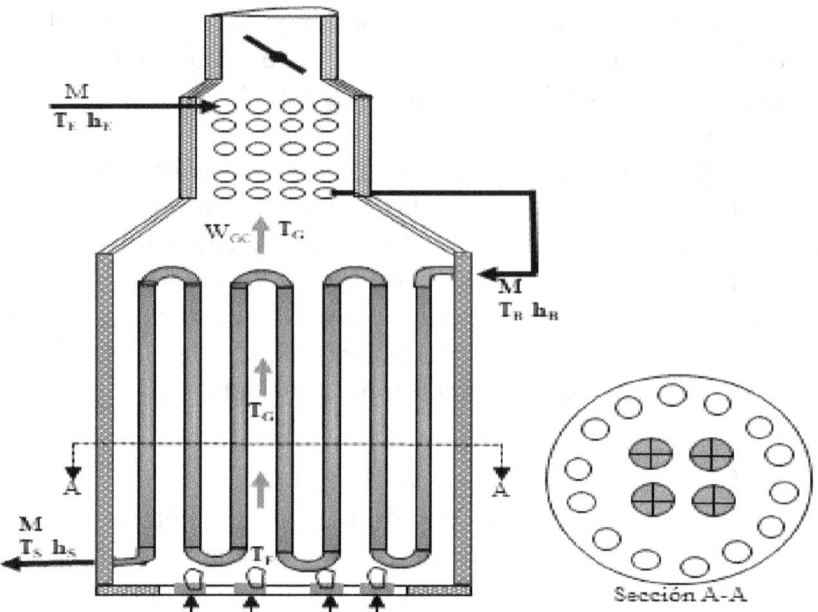

Fig. 2.9. Balance de energía Sección de Radiación Tubos verticales.

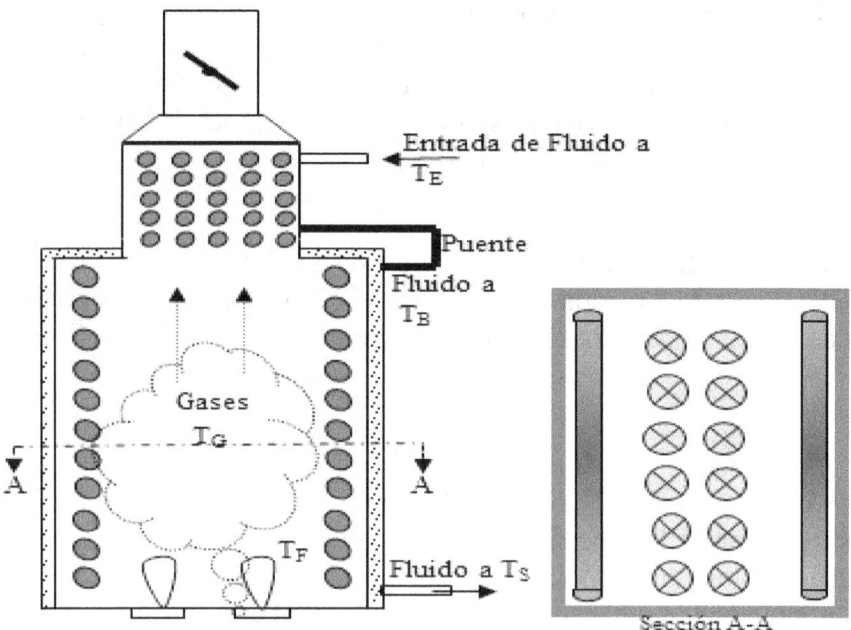

Fig. 2.10. Balance Energía Sección de Radiación Tubos Horizontales.

Flujo por radiación en la sección de radiación, Q_{RSR}. El mayor aporte al flujo de calor en la sección de radiación, Q_{SR}, es el flujo por radiación térmica Q_{RSR} y se puede calcular adaptando la ecuación de Stefan-Boltzmann, Ec. 2.37, a la radiación térmica desde los gases de combustión, con temperatura T_G, hacia la superficie externa de los tubos de radiación con temperatura de superficie T_o,

$$Q_{RSR} = \sigma F_e F_A A_{ER}\left[T_G^4 - T_o^4\right] = \sigma F A_{ER}\left[T_G^4 - T_o^4\right] \tag{2.93}$$

Donde A_{ER} es la superficie expuesta o efectiva, en pie^2, de los tubos de la sección de Radiación; F_A es el factor de forma o configuración geométrica del sistema afectado principalmente por la posición de los tubos; F_e es el factor que considera la emisividad de los gases de combustión, e_G; y la emisividad de los tubos, e_T; $F = F_A F_e$, es el factor de Intercambio.

Flujo por convección en la sección de radiación, Q_{CSR}. El aporte por convección se puede calcular adaptando la Ec. 2.33 en base al coeficiente local de transferencia de calor por convección, h_{oc}, entre los gases de combustión y la superficie exterior de los tubos de radiación.

$$Q_{CSR} = h_{oc} A_{ot}(T_G - T_o) \tag{2.94}$$

Donde T_G es la temperatura de los gases de combustión y T_o es la temperatura en la superficie externa de los tubos en la sección de Radiación. A_o es el área efectiva de transferencia de calor por convección, medida en la superficie externa de los tubos de radiación, expresada como $A_o = N_{TR}(\pi d_o L_{eT})$, siendo d_o y L_{eT} el diámetro externo y la longitud efectiva de los tubos respectivamente.

El coeficiente h_{oc} no se puede calcular con precisión y, por experiencias en el diseño y evaluaciones de estos equipos, se ha podido observar que este coeficiente está directamente relacionado con el tipo de horno y la disposición de los tubos de radiación, como se indica a continuación.

- Cabina pequeña, tubos horizontales, h_{oc} = 1,5 Btu/(h-pie$_2$-°F).
- Cabina grande, tubos horizontales, h_{oc} = 2,8 Btu/(h-pie$_2$-°F
- Horno vertical, con relación H/D < 2, h_{oc} = 2,0 Btu/(h-pie^2-°F
- Horno vertical, relación H/D > 2, h_{oc} = 3,0 Btu/(h-pie^2-°F

Flujo total en la sección de radiación, Q_{SR}. El flujo total de calor, desde los gases de combustión hacia la superficie externa de los tubos, en la sección de radiación, se puede obtener como la suma de Q_{RSR} y Q_{CSR} obtenidos con las ecuaciones Ec.2.93 y Ec. 2.94.

$$Q_{SR} = \sigma F A_{ER}\left[T_G^4 - T_o^4\right] + h_{oc} A_o (T_G - T_o) \tag{2.95}$$

Este flujo de calor también se puede calcular con la Ec. 2.96 que es una adaptación de la Ec. 2.44, y con la Ec. 2.97 que es una adaptación de la Ec. 2.58.

$$Q_{SR} = h_{ocr}A_o(T_G - T_o) \tag{2.96}$$

$$Q_{SR} = \frac{T_G - T_{MF}}{\dfrac{1}{h_{ocr}A_o} + \dfrac{Ln(d_o/d_i)}{2\pi kL} + \dfrac{1}{h_{ic}A_i} + R_D} \tag{2.97}$$

Donde A_o fue definida anteriormente; A_i es el área para transferencia de calor, medida en la superficie interna de los tubos, T_G es la temperatura de los gases de combustión, T_o es la temperatura en la superficie externa de los tubos, T_{MF} es la temperatura promedio del fluido de proceso dentro de los tubos en la sección de radiación, entre T_B y T_S. El término R_D, descrito anteriormente, es el factor de ensuciamiento en la superficie interna y externa de los tubos de radiación.

Al igual que en los tubos de convección, el coeficiente h_{ic} se puede calcular aplicando correlaciones para convección forzada dentro de tubos[3] entre las que destacan,

Sieder y Tate para Re>2.100,

$$Nu = (h_i d_i/k) = 0,027\ Re^{0,8}\ Pr^{1/3}\ (\mu/\mu_w)^{0,14} \tag{2.98}$$

Sieder y Tate para Re<2.100 y $RePr(d_i/L)>10$,

$$Nu = 1,86\ [Re\ Pr\ (d_i/L)]^{1/3}\ (\mu/\mu_w)^{0,14} \tag{2.99}$$

En este caso, G_{FR} es la densidad de flujo de fluido de procesos dentro de los tubos de la sección de Radiación, en lb/(h-pie²), con $G_{FR}=(M/A_{FR})$, siendo $A_{FR}= (\pi d_i^2/4)$ el área de flujo para el fluido de procesos en los tubos. Las propiedades del fluido: µ viscosidad en lb$_f$/(pie-h), ρ densidad en lb/pie³, Cp la Capacidad Calorífica en Btu/(lb-°F) y k la conductividad térmica en Btu/(h-pie-°F) se evalúan a la temperatura T_{MF} del fluido dentro de los tubos de la sección de Radiación.

En resumen, el flujo de calor en la sección de radiación se puede obtener con una de las ecuaciones siguientes: Ec. 2.91, Ec. 2.92, Ec. 2.95, Ec. 2.96 o. Ec. 2.97; la aplicación de una de ellas va a depender de la información disponible para cálculos específicos en casos particulares.

2.3.6 Métodos para Calcular Flujo de Calor por Radiación.

La Ec. 2.95 ha sido el punto de partida para desarrollar el método de Lobo y Evans[3] que, por su soporte teórico y la aplicación de ciertos criterios de experiencia, es uno de los métodos con mayor precisión (menor desviación) entre el resultado final y el resultado observado en operación. Es el método más ampliamente utilizado en los cálculos de transferencia de calor por radiación térmica en los hornos de procesos y calderas generadoras de vapor, y convierte a la Ec. 2.95 a la Ec. 2.100, considerando lo siguiente:

Hornos de Procesos

- Dividir la Ec. 2.95 entre FA_{ER}.
- Por factor de experiencia, h_{oc} = 2. Btu/(h-pie^2-°F)
- Considerar al área de convección como $A_o \approx 2(A_{ER})$.
- Tomar al Factor de Intercambio F = 0,57 (solo cuando se incluye convección).

Con estas consideraciones y sustituyendo la constante de Stephan-Boltzmann por su valor, el modelo de Lobo y Evans se expresa con la ecuación siguiente,

$$\left(\frac{Q_{SR}}{FA_{ER}}\right) = 0{,}173\left[\left(\frac{T_G}{100}\right)^4 - \left(\frac{T_o}{100}\right)^4\right] + 7(T_G - T_o) \tag{2.100}$$

El cálculo del flujo de calor con esta ecuación se puede ejecutar en forma gráfica o numérica, y requiere del balance global de energía en el horno. En el apéndice A, Fig. A.5, se muestra la gráfica que relaciona la densidad de energía radiante (Q_{SR}/FA_{ER}), en función de la temperatura de los gases de combustión, T_G, manteniendo como parámetro la temperatura de la superficie en los tubos de radiación, T_o.

Al menos hay otros tres métodos para cálculo de hornos que son básicamente empíricos, cuyos resultados finales muestran alta desviación respecto a los observados en operación y adicionalmente están limitados al tipo y capacidad del horno, así como al combustible a utilizar. Entre esos métodos se encuentran[3] el de: Wilson, Lobo y Hottel, Orrok y Hudson y el de Wohlenberg.

Ejercicio 2.2. Cálculos térmicos, sección de radiación. A la sección de radiación de un horno vertical, entra un flujo de 560.000 lb/h de aceite térmico a 334 °F y 89,98 psia, y sale a 450 °F y 81,7 psia. El horno fue diseñado para una densidad de flujo de calor de 10.000 Btu/(h-pie^2). En el interior de la cámara de radiación hay un flujo de 65.352,05 lb/h de gases de combustión, a 1.483,89 °F, que transfieren calor hacia 78 tubos, colocados en una hilera vertical, distribuidos en 6 pasos, con diámetro externo 4,5 plg, diámetro interno 4,026 plg, diámetro nominal 4 plg y 41,1 pie de longitud efectiva. La relación altura a diámetro en la sección de radiación es H/D = 2,56 y el factor de ensuciamiento fuera de los tubos es despreciable, y dentro de los tubos es R_{Di} = 0,0015 (h-pie^2-°F)/Btu. Calcular: a) El flujo total de calor transferido al fluido de proceso en la sección de radiación. b) Coeficientes de transferencia de calor por convección dentro y fuera de los tubos. c) La temperatura en la superficie externa de los tubos. d) El flujo de calor por convección y por radiación. e) El coeficiente aparente por radiación y el coeficiente global de transferencia de calor, U_D.

Utilizar los datos de la curva de calentamiento del aceite, mostrados en la Tabla. 2.1.1, Ejercicio 2.1.

Solución.

Tabla 2.2.1. Datos de proceso - Ejercicio 2.2.		
Fluido	Aceite	Gas
Flujo, lb/h	560.000	65.352,05
Temperatura de entrada, °F	334	
Temperatura de salida, °F	450	1.483,89

Superficie total externa de los tubos instalados en radiación, A_{otr}.
Número de tubos, $N_T = 78$, colocados en una hilera.
Diámetro externo de los tubos, $d_o = 4,5$ plg.
Diámetro interno de los tubos, $d_i = 4,026$ plg.
Diámetro nominal de los tubos, $d_n = 4$ plg.
Longitud normal de cada tubo, $L = 40$ pie
Longitud efectiva de cada tubo, $L_{eT} = 41,1$ pie.
Material Acero al Carbón Grado B, conductividad k=25 Btu/(h-pie-°F).
Superficie externa por tubo, $a_{ot} = \pi(d_o/12) L_{eT} = 48,42$ pie^2
Área transversal de cada tubo, $a_s = \pi(d_i/12)^2/4 = 0,088$ pie^2.

Separación entre centro de tubos adyacentes, $P_T = 2(d_n) = 8$ plg.
Relación H/D = 2,56.
Superficie externa total en los tubos,
$A_{otr} = (\pi d_o)(L_{eT})(N_T) = \pi(4,5/12)(41,1)(78) \approx 3.777$ pie^2
Superficie del plano frio, $A_{PF} = N_T L_{eT} P_T$
$A_{PF} = 78 \times 41,1 \times (8/12) = 2.137,2$ pie^2

a) Flujo total de calor transferido en la sección de radiación.

Calor total transferido en la sección de radiación.
La energía total transferida en la sección de radiación se puede obtener utilizando el balance expresando con la Ec. 2.91,

$$Q_{SR} = Q_S - Q_B = M (h_S - h_B) \tag{2.91}$$

Q_S, el contenido de energía del fluido saliendo del horno, se obtiene directamente en la Tabla 2.1.1, donde a la temperatura $T_S = 450$ °F, se lee directamente, $Q_S = 115,63$ MMBtu/h.
Q_B, el contenido de energía del fluido entrando a la sección de radiación, se obtiene a la temperatura $T_B = 334$ °F. Por interpolación entre dos temperaturas cercanas a T_B, en la Tabla 2.1.1, se obtiene $Q_B = 78,65$ MMBtu/h. Sustituyendo en la Ec. 2.60,

$Q_{SR} = 115,63 - 78,65 = 36,98 \times 10^6$ Btu/h.

Q_{SR} también se puede obtener expresando a Q_S y Q_B como:
$Q_B = M\, C_{PB}\,(T_B - T_R)$ y $Q_S = M\, C_{PS}\,(T_S - T_R)$,

$Q_{SR} = Q_B - Q_S$
$T_B = 334$, $T_R = 60$, $T_b = (334+60)/2 = 197$ °F.
Con la correlación para C_P en la Tabla 2.1.1,
$C_{pb} = 0,3732 + 0,0005 \times 197 = 0,4717$.
$Q_B = 560.000 \times 0,4717(334-60) = 72,37$ MMBtu/h
$T_S = 450$ °F, $T_R = 60$ °F, $T_b = (450+60)/2 = 255$ °F.
$C_{pb} = 0,3732 + 0,0005 \times 255 = 0,5007$
$Q_S = 560.000 \times 0,5007(450 - 60) = 109,35$ MMBtu/h
$Q_{SR} = 109,35 - 72,37 = 36,98$ MMBtu/h.

b) Los coeficientes locales de transferencia de calor por convección dentro y fuera de los tubos.

Coeficiente por convección dentro de los tubos, h_{ic}.
Para calcular el coeficiente h_{ic}, se selecciona la ecuación que aplique entre la Ec. 2.98 y la Ec. 2.99, con las propiedades de transporte evaluadas a la temperatura promedio del aceite, entre la entrada y la salida, en los tubos de radiación, y se procede como sigue.

Pasos por los tubos = 6.
Flujo por paso, $M_P = M/6 = 560.000/6 = 93.333,33$ lb/h
Velocidad de masa del aceite, $G = M_p/a_{st} = 93.333,33/0,088$
$G = 1.060.606,06$ lb/(h-pie^2)

Temperaturas del aceite: entrada / salida: $T_B = 334$ °F / $T_S = 450$ °F.
Temperatura promedio del aceite en lo tubos, T_{MF}.
$T_{MF} = (T_B + T_S)/2 = (334+450)/2 = 392$ °F.

Las propiedades del aceite, a la temperatura promedio $T_{MF} = 392$ °F, se pueden obtener por interpolación en la Tabla 2.1.1, o con las correlaciones disponibles en la misma tabla. Por ambas vías, los resultados son similares.

Densidad, $\rho = (57,986 - 0,0151 \times T - (10^{-5})T^2)$, lb/pie^3
$\rho = 57,986 - 0,0151 \times 392 - (10^{-5})(392)^2 = 50,53$ lb/pie^3.
Viscosidad, $\mu = (2.311,4/T^{1,469})2,42$, lb/(h-pie)
$\mu = (2.311,4/(392)^{1,469})2,42 = 0,867$ lb/(h-pie).

Capacidad calorífica, $C_p = 0,3732 + 0,0005T$, Btu/(lb-°F)
$C_p = 0,3732 + 0,0005(392) = 0,569$ Btu/(lb-°F).

Conductividad térmica, $k = 0,0702 - (5 \times 10^{-5})T$.
$k = 0,0702 - (5 \times 10^{-5}) \times 392 = 0,051$ Btu/(lb-°F).

Módulo de Reynolds, $Re = Gd_i/\mu$
$Re = 1.060.606,06 \times (4,026/12)/(0,867) = 410.419$

Módulo de Prandtl, $Pr = \mu Cp/k = 0{,}867 \times 0{,}569/0{,}051 = 9{,}67$.
Con $Re > 2.100$, usar la Ec. 2.78 para el módulo de Nusselt
Módulo de Nusselt, $Nu = h_i d_i/k = 0{,}027 Re^{0,8} Pr^{1/3} (\mu/\mu w)^{0,14}$
$Nu = h_{ic} d_i/k = 0{,}027 (410.419)^{0,8} (9{,}67)^{1/3} (1) = 1.780$
$h_{ic} = (0{,}051/(4{,}026/12)) \times 1.780 = 270{,}58$ Btu/(h-pie^2-°F).
Resistencia térmica dentro de los tubos, R_i, debido al coeficiente de convección, h_{ic} y al factor de ensuciamiento interior, R_{Di}

$R_i = (d_o/d_i)(1/h_{ic} + R_{Di}) = (4{,}5/4{,}026)(1/270{,}58 + 0{,}0015)$
$R_i = 0{,}00581$ (h-pie^2-°F) / Btu.

Coeficiente por convección fuera de los tubos, h_{oc}.
Por el diseño, la relación $H/D = 2{,}56$, y se aplica el criterio de $H/D < 2$, $h_{oc} = 2$ y si $H/D > 2$; $h_{oc} = 3$. Se selecciona $h_{oc} = 3$ Btu/(h-pie^2-°F).

c) La temperatura en la superficie externa de los tubos, T_{ot}.
Una opción para obtener la temperatura en la superficie externa de los tubos, T_{ot}, es aplicar la Ec. 2.97, en la cual, al pasar la superficie externa de los tubos, A_{ot}, hacia el miembro de la derecha y reordenando, queda como se expresa a continuación,

$$q_R = \frac{Q_{SR}}{A_{ot}} = \frac{T_G - T_{MF}}{R_o + R_k + R_i}$$

Donde, $R_o = (1/h_{ocr} + R_{Do})$; $R_k = d_o Ln(d_o/d_i)/(2k)$ y $R_i = (d_o/d_i)(1/h_{ic} + R_{Di})$.

Considerando solamente las resistencias térmicas entre la temperatura de la superficie externa de los tubos y la temperatura promedio del fluido en el interior de los tubos, y despejando para T_o, se obtiene,

$T_o = T_{MF} + q_R(R_K + R_i)$
Con, $T_{MF} = 392$ °F.
$q_R = 10.000$ Btu/(h-pie^2), por selección de diseño.
Conductividad del material de los tubos, $k = 25$ Btu/(h-pie-°F)

$R_k = (d_o/12) Ln(d_o/d_i)/2k$.
Sustituyendo valores para obtener R_k,

$R_k = (4{,}5/12) \times Ln(4{,}5/4{,}026)/(2 \times 25) = 0{,}0008$ (h-pie^2-°F)/Btu
$R_i = 0{,}00581$ (h-pie^2-°F)/Btu.
Sustituyendo para T_o,

$T_o = 392 + 10.000 \times (0{,}0008 + 0{,}00581) = 458$ °F.

d) El flujo de calor solo por convección y solo por radiación.
Para obtener el flujo de calor solo por radicación, Q_{RSR}, se aplica la Ec. 2.93 o con la Ec. 2.94, en la cual se emplea el coeficiente ficticio (aparente) de radiación, h_r. Por otro lado, el flujo de calor solo por convección se puede obtener

con la Ec. 2.94, usando el coeficiente local por convección h_{oc}. Calculando uno de ellos, el otro se obtiene por diferencia con el valor de Q_{SR} obtenido anteriormente. Sin embargo, con la información disponible en el enunciado, es más rápido y fácil obtener Q_{CSR} con la Ec. 2.94.

$$Q_{RSR} = \sigma F_e F_A A_{ER} \left[T_G^4 - T_o^4\right] = \sigma F A_{ER} \left[T_G^4 - T_o^4\right] \tag{2.93}$$

$$Q_{CSR} = h_{oc} A_o (T_G - T_o) \tag{2.94}$$

Calor transferido solo por convección, Q_{CSR}.
Aplicando la Ec. 2.94, con h_{oc} = 3 Btu/(h-pie^2-°F), A_o = 3.777 pie^2, T_G = 1.483,98°F y T_o = 458 °F,

Q_{CSR} = 3x3.777 (1.483,89 – 458) = 11,62 MMBtu/h.

Calor transferido solo por radiación, Q_{RSR}.
El flujo solo por radiación se obtiene por la diferencia,

$Q_{RSR} = Q_{SR} - Q_{CSR}$ = 36,98 – 11,62 = 25,36 MMBtu/h.

e) Coeficiente aparente por radiación fuera de los tubos y el coeficiente global de transferencia de calor.

Coeficiente local ficticio h_r, de transferencia de calor por radiación.
Aplicando la Ec. 2.94 al flujo de calor solo por radiación, Q_{RSR}, y despejando h_r,

$Q_{RSR} = h_r A_o (T_G - T_o)$

$h_r = Q_{RSR}/(A_o (T_G - T_o)) = 25,36 \times 10^6/(3.777 (1.483,89 - 458))$
h_r = 6,54 Btu/(h-pie^2-°F).

Coeficiente combinado en la superficie externa de los tubos.
$h_{ocr} = h_r + h_{oc}$ = 6,54 + 3,0 = 9,54 Btu/(h-pie^2- °F).

Coeficiente global de transferencia de calor, U_{Do}, entre T_G y T_{MF}.
Aplicando la Ec. 2.60,

$$Q = U_{Do} A \Delta T \tag{2.60}$$

Despejando para el coeficiente global U_D y reemplazando Q por Q_{SR}, A por A_o y ΔT por la MLDT entre $(T_G - T_S)$ y $(T_G - T_B)$,

$U_{Do} = Q/(A \Delta T) = Q_{SR}/(A_o \text{ MLDT})$;

MLDT = $[(T_G - T_S) - (T_G - T_B)]/\text{Ln}[(T_G - T_S)/(T_G - T_B)]$.
$(T_G - T_S) = (1.483,89 - 450) = 1.033,89$
$(T_G - T_B) = (1.483,89 - 334) = 1.149,89$
MLDT = (1.033,89 - 1.149,89)/Ln(1.033,89/1.149,89)
MLDT = 1.090,86 °F.

$U_{Do} = 36{,}98 \times 10^6 / (3.777 \times 1.090{,}86) = 8{,}98$ Btu/(h-pie^2-°F)

Tabla 2.2.2. Resultados - Ejercicio 2.2.		
Área externa tubos en radiación, pie^2		3.777
Flujo de calor en sec. Radiación, Btu/h		36,98x10^6
Coeficiente interno	h_{ic}, Btu/(h-pie^2-°F)	270,58
Coeficiente Externo	h_{oc}, Btu/(h-pie^2-°F)	3,0
Temperatura externa en los tubos,	°F	458
Flujo de calor por convección,	Btu/h	11,62x10^6
Flujo de calor por Radiación,	Btu/h	25,36x10^6
Coeficiente de radiación	h_r Btu/(h-pie^2-°F)	6,54
Coeficiente combinado	h_{ocr} Btu/(h-pie^2-°F)	9,54
Coeficiente	U_{Do} Btu/(h-pie^2-°F)	8,98

2.3.7 Transferencia de Calor desde el Horno hacia el Ambiente.

Un horno tiene que ser diseñado para que opere aprovechando al máximo la energía térmica que libera el combustible durante la combustión. Se estima que, de la energía liberada por el combustible, al fluido de proceso se le transfiere apropiadamente 60% en la sección de radiación y 25% en la sección de convección. El 15% restante se considera como pérdidas de energía que, bajo consideraciones de un balance térmico estricto, se pueden distribuir entre las pérdidas que salen por convección y radiación desde la superficie exterior de las secciones de radiación, convección, chimenea, sopladores, conductos, calentadores y las que salen con los gases de combustión que se expulsan hacia el medio ambiente desde el tope de la chimenea.

Durante la operación de un horno, los niveles de temperatura en su interior son muy elevados, si se comparan con la temperatura ambiente, y es imperativo tomar las previsiones necesarias para minimizar las pérdidas de calor que salen con los gases de combustión expulsados al medio ambiente, y las que salen por radiación y convección desde el cuerpo del horno y de la chimenea. En el primer caso, las previsiones son básicamente acciones y controles operacionales para que el horno opere en el rango de eficiencia según su diseño. En el segundo caso, durante la fase de diseño se tuvo que seleccionar el material refractario y de aislamiento necesario y requerido para garantizar que las pérdidas de calor, no superen los porcentajes previstos. Por otro lado, el aislamiento tiene que garantizar niveles bajos de temperatura en la superficie exterior de las paredes del horno, que permitan de una manera segura las actividades rutinarias del personal de operaciones, inspección y mantenimiento, alrededor del horno. Adicionalmente, que esos niveles bajos de temperatura exterior, favorecen a la estabilidad estructural del recubrimiento. La API 560 [11], recomienda que la temperatura de la superficie externa de las secciones de radiación y de convección, junto con los sistemas asociados, tales como conductos, ventiladores, pre calentador de aire, no excederá de 180 °F (82 °C) a una temperatura ambiente de 80 °F (27 °C) con una velocidad de viento igual a cero. También recomienda que las pérdidas de calor hacia el medio ambiente, por radiación y convección desde las superficies externas del horno y los sistemas asociados, deben estar en el rango de 1,5% a 2,5% del calor liberado por el combustible. En concordancia con estas recomendaciones de la API 560 [11], durante el diseño se debe calcular el espesor requerido de refractario, aislamiento y lámina protectora, para garantizar que cuando entre en servicio, las pérdidas de calor se mantengan en el porcentaje seleccionado. Estos cálculos se ejecutan aplicando las formulaciones de los balances de calor, presentadas anteriormente en el Capítulo 2. Como veremos más adelante, en el Capítulo 3, la secuencia de los cálculos asociados a las pérdidas de calor desde un horno, cuando se diseña, es distinta a la secuencia cuando se evalúa su comportamiento durante la operación.

Pérdida de calor desde las paredes externas de un horno. La pérdida de calor hacia el medio ambiente, desde las superficies exteriores del horno y los sistemas asociados, se puede modelar aplicando la Ec. 2.50, considerando que parte de la energía liberada por el combustible fluye desde los gases de combustión en el interior del horno hasta el medio ambiente, según la descripción siguiente:
- Radiación y convección desde los gases hasta la pared interna del horno.
- Conducción en las capas de refractario, aislante y lámina protectora.
- Convección y radiación desde la superficie externa hacia el ambiente.

Bajo esta descripción, la Ec. 2.50 se puede expresar como la Ec. 2.101, considerando el caso de un horno de cuerpo cilíndrico, en cuyo denominador se identifican las resistencias térmicas localizadas entre la temperatura de los gases de combustión, T_G, y la temperatura del medio ambiente, T_A. Todas en términos de los diámetros comprendidos entre el diámetro externo, D_o, e interno D_i, del horno.

$$Q = \frac{T_G - T_A}{\frac{1}{h_{icr}A_i} + \frac{\text{Ln}(D_{or}/D_{ir})}{2\pi k_r L} + \frac{\text{Ln}(D_{oa}/D_{ia})}{2\pi k_a L} + \frac{\text{Ln}(D_{op}/D_{ip})}{2\pi k_p L} + \frac{1}{h_{ocr}A_o}} \quad (2.101)$$

Leyendo las resistencias de izquierda a derecha, la primera, $R_{icr} = 1/(h_{icr}A_i)$, es la resistencia debida a la combinación de radiación y convección entre el gas y la pared interna del refractario; la segunda, $R_{kr} = \text{Ln}(D_{or}/D_{ir})/(2\pi k_r L)$, la tercera $R_{ka} = \text{Ln}(D_{oa}/D_{ia})/(2\pi k_a L)$ y cuarta, $R_{kp} = \text{Ln}(D_{op}/D_{ip})/(2\pi k_p L)$ son las resistencias por conducción debidas a las capas de refractario, aislante y lámina metálica protectora respectivamente; y la última; $R_{ocr} = 1/(h_{ocr}A_o)$, es la resistencia debida a la combinación de radiación y convección entre la superficie externa y el medio ambiente. No se considera la resistencia por alguna capa de hollín o sucio depositado en la superficie interna del refractario, o en la superficie externa del horno.

Para un horno tipo celda de cuerpo rectangular, con una o más celdas, cuyas paredes se consideran de estructura plana, y con área constante para el flujo de calor, la Ec. 2.101 se adapta reemplazando las tres resistencias térmicas cilíndricas de conducción, por las correspondientes resistencias térmicas planas, como se muestra en la Ec. 2.102.

$$Q = \frac{T_G - T_A}{\frac{1}{h_{icr}A} + \frac{e_r}{k_r A} + \frac{e_a}{k_a A} + \frac{e_p}{k_p A} + \frac{1}{h_{ocr}A}} \qquad (2.102)$$

En ambas ecuaciones, T_G es la temperatura de los gases de combustión dentro del horno, y T_A la temperatura del ambiente; h_{icr} y h_{ocr} son los coeficientes combinados de transferencia de calor por radiación y convección dentro y fuera del horno respectivamente; k_r, k_a y k_p las conductividades térmicas de la capa de refractario, aislante y lámina protectora respectivamente. En la Ec. 2.101, A_i y A_o son las áreas de transferencia de calor medidas en la superficie interna y en la externa de las paredes del horno respectivamente; d_{or}, d_{oa}, d_{op}, d_{ir}, d_{ia}, d_{ip} los diámetros externos e internos de la capa del refractario, del aislante y de la lámina protectora respectivamente; y L es la altura del cuerpo del horno. En la Ec. 2.102, el área de transferencia de calor (constante) se identifica como A, y e_r, e_a y e_p son los espesores de las capas de refractario, aislamiento y de la lámina metálica exterior, respectivamente. Los coeficientes combinados para transferencia de calor, h_{icr} y h_{ocr} vienen dados por $h_{icr} = (h_{ic} + h_{ir})$ y $h_{ocr} = (h_{oc} + h_{or})$. Siendo h_{ic} y h_{oc} los coeficientes de película por convección, interior y exterior respectivamente. Los coeficientes aparentes por radiación interior y exterior son h_{ir} y h_{or}.

El coeficiente aparente por radiación interior, h_{ir}, entre los gases de combustión, a la temperatura T_G y la pared interna del refractario a T_i, se puede obtener con la Ec. 2.43. En este caso, según la Tabla 2.3, $F_A = 1$ y $F_e = e_G$, siendo e_G la emisividad de los gases de combustión. Con estas consideraciones, la Ec. 2.43 queda como,

$$h_{ir} = \left(\frac{0{,}173 e_G}{(T_G - T_i)}\right)\left[\left(\frac{T_G}{100}\right)^4 - \left(\frac{T_i}{100}\right)^4\right] \qquad (2.43)$$

Otra opción para obtener un valor aproximado para h_{ir} en Btu/(h-pie^2-°F), es utilizar la Ec. 2.71.b, sustituyendo T_{MG} por T_G en °F.

$$h_{ir} = 0{,}0025T_G - 0{,}5148 \qquad (2.103)$$

El coeficiente por convección interior, h_{ic}, toma un valor entre 2 y 3 Btu/(h-pie^2-°F), que es típico dentro de la cámara de radiación[3].

El coeficiente ficticio de radiación, h_{or}, entre la superficie externa del horno y el medio ambiente, también se puede utilizar la Ec. 2.43, sustituyendo T_G por la temperatura de la superficie, T_S, T_i por la temperatura del ambiente, T_A; y la emisividad del gas, e_G, por la emisividad de la superficie, e_S.

El coeficiente de película por convección exterior, h_{oc}, se puede obtener con una correlación que permita calcular el coeficiente para convección forzada, libre o combinada, lo cual queda determinado por la relación entre el módulo de Grashof, $Gr = (\rho^2 g \beta \Delta T L^3)/\mu^2$, y el módulo de Reynolds, $Re = GL/\mu$. Si la relación $Gr/Re^2 < 0{,}7$, hay predominio de la convección forzada; si $Gr/Re^2 > 10$, predomina la convección libre; si $0{,}7 < Gr/Re^2 < 10$, hay que considerar la convección combinada.

Para convección libre[30] sobre paredes planas o cilindros verticales, se recomienda la correlación siguiente,

$$Nu_{oc} = (h_{oc}L/k) = 0{,}13(GrPr)^{1/3} \qquad (2.104)$$

Donde $Nu_{oc} = (h_{oc}L/k)$ es el módulo de Nusselt, L la altura de la pared plana o del cilindro vertical; k es la conductividad térmica del aire en la superficie externa del horno, $Gr = (\rho^2 g \beta \Delta T L^3)/\mu^2$ es el módulo de Grashof y $Pr = \mu C_p/k$ el módulo de Prandtl. Las propiedades, densidad ρ, viscosidad μ, capacidad calorífica C_p y conductividad térmica k, corresponden al aire, obtenidas a la temperatura de película de aire sobre el cuerpo del horno, $T_f = (T_S + T_A)/2$, donde T_S es la temperatura en la superficie y T_A la temperatura del aire. El factor $\beta = 1/T_f$, es el coeficiente de expansión volumétrica del aire, con T_f en °K. $\Delta T = (T_S - T_A)$.

Para convección forzada de aire sobre cilindros[27], se recomienda,

$$Nu_{oc} = 8{,}9436 + 0{,}0026Re - 2\times10^{-9}Re^2 \qquad (2.105)$$

Para convección forzada de fluidos fluyendo perpendicular a cilindros[30],

$$Nu_{oc} = cRe^m Pr^n (Pr/Pr_s)^{0{,}25} \qquad (2.106)$$

Donde $n = 0{,}37$ para $Pr<10$ y $n = 0{,}36$ para $Pr>10$; c y m se pueden leer en la Tabla 2.4.

Para convección forzada[15] de fluidos con $Pr>0{,}6$, fluyendo paralelo a superficies planas con longitud característica igual la longitud de la superficie, o fluyendo perpendicular a cilindros, de diámetro externo d_o,

$$Nu_{oc} = cRe^m Pr^{0{,}33} \qquad (2.106.a)$$

Para paredes planas, $10^3 < Re < 10^5$, c = 0,648 y m = 0,5. Para cilindros, c y m se leen en la Tabla 2.4.a.

Tabla 2. 4. Constantes Ec. (2.106)		
Rango de Re	c	m
1 a 40	0,75	0,4
40 a 1×10^3	0,51	0,5
1×10^3 a 2×10^5	0,26	0,6
$> 2 \times 10^5$	0,076	0,7

Tabla 2.4.a Constantes Ec. (2.106.a)		
Rango de Re	c	m
1 a 4	0,99	0,33
4 a 40	0,91	0,39
40 a 4.000	0,68	0,47
$4 \times 10^3 < Re < 4 \times 10^3$	0,193	0,62
$Re > 10^4$	0,0266	0,81

Para convección combinada sobre cilindros[27] se recomienda,

$$Nu_{oc} = 1,75(\mu_b/\mu_w)^{0,14}[Gz + 0,012(GzGr^{1/3})^{4/3}]^{1/3} \qquad (2.107)$$

Donde $Gz = RePr(d/L)$ es el módulo de Graetz; μ_b es la viscosidad a la temperatura promedio del fluido, que en este caso es aire a T_A; y μ_w es la viscosidad a la temperatura de la pared

La pérdida total de calor, por convección más radiación, desde la superficie externa del cuerpo del horno hacia el medio ambiente, se puede calcular con las ecuaciones siguientes, considerando que, para diseño, la temperatura de superficie T_S se puede definir con la recomendación API 560 [11] descrita anteriormente, y que, para evaluar un horno en servicio, T_S se puede medir en campo con instrumentos.

Para convección libre (cl) desde la superficie externa del cuerpo del horno, se puede usar la ecuación siguiente[4],

$$q_{cl} = [0,53 \times C \times (1/T_f)^{0,18}] \times (T_S - T_A)^{1,27} \qquad (2.108)$$

Donde $q_{cl} = (Q/A_o)$, es la densidad de flujo de calor en la superficie, Btu/(h-pie^2); T_S y T_A las temperaturas de la superficie externa del horno y la del ambiente, respectivamente, en °R; $T_f = (T_S + T_A)/2$, es la temperatura de la película de aire sobre la superficie en °R; C es una constante que depende de la superficie: para las paredes, C = 1,39, para el techo, C = 1,79 y para el piso, C = 0,92.

Para convección forzada (cf) desde la superficie externa del cuerpo del horno, considerando velocidad del viento mayor de cero, $v_A > 0$, se puede utilizar la ecuación siguiente[4],

$$q_{cf} = (1+0{,}225v)(T_S - T_A) \tag{2.109}$$

Donde $q_{cf} = (Q/A_o)$, es la densidad de flujo de calor en la superficie, Btu/(h-pie^2); v es la velocidad del viento en pie/s; T_S y T_A son las temperaturas de la superficie y del ambiente, respectivamente, en °R.

Para radiación térmica desde la superficie exterior del cuerpo del horno, el flujo de calor se puede calcular con la ecuación de Stefan-Boltzmann, Ec. 2.37 para obtener el flujo por radiación. De la Tabla 2.3 se obtiene que $F_A = 1$, y $F_e = e_S$, que es la emisividad de la lámina protectora, que se ha considerado de hierro con $e_S = 0{,}95$, quedando la Ec. 2.17 en términos de $q_R = (Q/A_E)$ Btu/(h-pie^2) como,

$$q_R = \sigma e \left[T_S^4 - T_A^4 \right] = 0{,}173 e_S \left[\left(\frac{T_S}{100} \right)^4 - \left(\frac{T_A}{100} \right)^4 \right] \tag{2.110}$$

Con T_S y T_A en °R.

Bajo las consideraciones anteriores, el flujo total de calor desde la superficie externa del horno es la suma del flujo por convección libre, q_{cl} o forzada, q_{cf}, más el flujo por radiación, q_R, $q = q_c + q_R$.

La pérdida total de calor, $q = q_c + q_R$, por convección más radiación, desde la superficie externa del cuerpo del horno hacia el medio ambiente, también se puede calcular utilizando la Fig. 8-13 que presenta la GPSA E08 Fired Equipment[15], en la que se grafica el coeficiente combinado $h_c + h_r$, en términos de la velocidad del viento y la diferencia de temperatura entre la superficie y el medio ambiente.

Pérdida de Calor desde la Chimenea. Los gases de combustión, al salir de la sección de convección, entran a la chimenea y si no hay una recuperación adicional del calor contenido en estos gases, toda su energía se considera como pérdida, la cual tiene dos componentes: uno que sale con los gases por el tope de la chimenea (la mayor parte), y otro que sale por radiación y convección (la menor parte) desde la superficie externa del cuerpo del conducto de la chimenea.

Las pérdidas de energía que salen por el cuerpo de la chimenea hacia el ambiente, se pueden calcular considerando que fluye por:
- Radiación y convección desde los gases de combustión hasta la pared interna de la chimenea.
- Conducción a través de las capas de aislante y la pared el tubo.
- Convección y radiación desde la superficie externa de la chimenea hacia el medio ambiente.

Considerando que la chimenea es un conducto de sección transversal cilíndrica, el flujo de calor Q se calcula con la Ec. 2.101 adaptada al cuerpo de la chimenea,

$$Q = \frac{T_{MCh} - T_A}{\frac{1}{h_{icr}A_i} + \frac{Ln(D_{oa}/D_{ia})}{2\pi k_a H} + \frac{Ln(D_o/D_i)}{2\pi k_t H} + \frac{1}{h_{ocr}A_o}} \qquad (2.111)$$

Donde $T_{MCh} = (T_{ECh} + T_{SCh})/2$ y T_A son la temperatura promedio de los gases de combustión dentro de la chimenea y la temperatura promedio del ambiente respectivamente; h_{icr} y h_{ocr} son los coeficientes combinados de transferencia de calor por radiación y convección dentro y fuera de la chimenea respectivamente; $A_i = \pi D_{ia} H$ y $A_o = \pi D_o H$ son las superficies medidas en las caras interna y externa del conducto de la chimenea respectivamente; D_{oa}, D_{ia}, D_o y D_i son los diámetros externos e internos de la capa de protección interna y del tubo respectivamente; k_a y k_t las conductividades térmicas de la capa protectora y del tubo respectivamente, y H es la altura de la chimenea. Los coeficientes h_{icr} y h_{ocr} se obtienen de igual forma que la descrita anteriormente para evaluar los mismos coeficientes en el cálculo de Q en la pared del cuerpo del horno.

Al igual que para el cuerpo del horno, la pérdida total de calor por convección más radiación, desde la superficie externa del cuerpo de la chimenea, hacia el medio ambiente, se puede calcular con las ecuaciones siguientes, considerando que, para diseño, la temperatura de superficie T_S se puede definir con la recomendación API 560 [11] descrita anteriormente, y que, para la evaluación de una chimenea existente, T_S se puede medir en campo con instrumentos.

Para convección libre desde la superficie externa de la chimenea[4],

$$q_{cl} = 0{,}7367(T_S - T_A)^{1,27}(1/T_f)^{0,18} \qquad (2.112)$$

Donde $q_c = (Q/A_o)$, es la densidad de flujo de calor, Btu/(h-pie^2); T_S y T_A las temperaturas de la superficie exterior de la chimenea y del ambiente, respectivamente, en °R. $T_f = (T_S + T_A)/2$, es la temperatura de la película de aire sobre la superficie en °R.

Para convección forzada desde la superficie exterior de la chimenea[4], considerando velocidades del viento mayor de cero, $v_A > 0$.

$$q_{cf} = (1 + 0{,}225v)(T_S - T_A) \qquad (2.113)$$

Donde $q_{cf} = (Q/A_o)$, es la densidad de flujo de calor, Btu/(h-pie^2); v es la velocidad del viento en pie/s; T_S y T_A son las temperaturas de la superficie y del ambiente, respectivamente, en °R.

Para radiación térmica desde la superficie externa de la chimenea, el flujo de calor se puede calcular con la ecuación de Stefan-Boltzmann, Ec. 2.37. De la

Tabla 2.3 se obtiene que $F_A = 1$, y $F_E = e_S$, que es la emisividad de la lámina protectora, que se ha considerado de hierro con $e_S = 0,95$, quedando la Ec. 2.37 en términos de $q_R = (Q/A_E)$ Btu/(h-pie^2), con T_S y T_A en °R, como,

$$q_R = \sigma e\left[T_S^4 - T_A^4\right] = 0,173 e_S \left[\left(\frac{T_S}{100}\right)^4 - \left(\frac{T_A}{100}\right)^4\right] \tag{2.114}$$

Bajo las consideraciones anteriores, el flujo total de calor desde la superficie externa de la chimenea, es la suma del flujo por convección libre, q_{cl} o forzada, q_{cf}, más el flujo por radiación, q_R.

La pérdida total de calor desde la superficie de la chimenea, $q = q_c + q_R$, por convección más radiación, hacia el medio ambiente, también se puede calcular utilizando la Fig. 8-13 que presenta la GPSA E08 Fired Equipment[15], en la que se grafica el coeficiente combinado $h_c + h_r$, en términos de la velocidad del viento y la diferencia de temperatura entre la superficie y el medio ambiente

Pérdida de Calor en los Gases Saliendo de la Chimenea. Los gases salen por el tope de la chimenea con temperatura T_{SCh} y un contenido de energía Q_G, la cual se puede calcular por diferencia entre la energía que ingresa a la chimenea, Q_{GC}, y la energía que sale por el cuerpo de la chimenea evaluada con la Ec. 2.111. Adicionalmente, Q_G se puede obtener con la Ec. 2.115, que es una adaptación de la Ec. 2.24,

$$Q_G = W_G C_{PG}(T_{SCh} - T_R) \tag{2.115}$$

Donde W_G es el flujo de los gases de combustión; C_{PG} es la capacidad calorífica de los gases de combustión a la temperatura promedio calculada entre la temperatura de salida de la chimenea, T_{SCh}, y la temperatura de referencia, T_R. Para calcular C_{PG}, se puede usar la correlación propuesta en el apéndice A, Tabla A.12, o la propuesta en otra fuente confiable.

Otra opción es calcular la entalpía de los gases de combustión saliendo de la chimenea a la temperatura T_{SCh}; para esto se debe conocer la composición, flujo y entalpía específica de cada componente, y calcular la entalpía de la mezcla. La entalpía específica de cada componente se puede obtener, con buena aproximación, utilizando las correlaciones presentadas en la Tabla A.15, o utilizar otra fuente confiable.

2.3.8 Balance de Energía en Hornos de Procesos.

La Fig. 2.11 muestra el esquema típico de un horno vertical, que se ha tomado como referencia para aplicar un balance global de energía asociado algunos factores claves en estos equipos, y considerando las entradas y salidas de energía mostradas en el esquema, el balance viene dado por,

$$Q_E + (Q_L + Q_A + Q_V) = Q_S + Q_{GC} + Q_W \tag{2.116}$$

$$Q = (Q_S - Q_E) = (Q_L + Q_A + Q_V) - Q_W - Q_{GC} \tag{2.117}$$

Donde,
Q es la energía transferida al fluido de proceso al horno.
Q_E es la energía con la que entra el fluido de proceso al horno.
Q_L es la energía que libera el combustible durante la combustión.
Q_A es la energía (calor sensible) que entra con el aire requerido para la combustión, cuando se precalienta por encima de la temperatura de referencia considerada.
Q_V es la energía sensible que entra con el fluido requerido para atomizar el combustible no gaseoso (cuando se usa vapor de agua como fluido de atomización, un valor típico es 0,3 lb de vapor por lb de combustible).
Q_S es la energía con la que sale el fluido de proceso del horno.
Q_{GC} es la energía que sale de la sección de convección con los gases de combustión y entra a la chimenea.
Q_W es la energía que se pierde al ambiente por el cuerpo del horno.

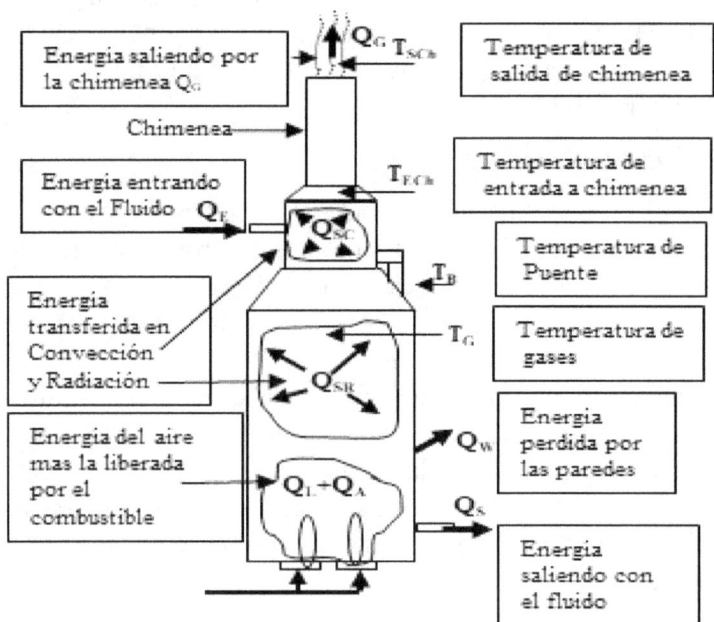

Fig. 2.11 Balance de Energía en un Horno

A continuación, se definen y describen cada uno de los factores que intervienen, directa o indirectamente, en el balance de energía expresado con las ecuaciones Ec. 2.116 y la Ec. 2.117.

Energía Total Requerida, Q. Es la cantidad neta de energía que se transfiere a un flujo M de fluido en las secciones de convección y radiación del horno, para incrementar su energía de entrada Q_E hasta su energía de salida Q_S, las cuales pueden expresarse en términos de las entalpías específicas de entrada h_E y de salida h_S:

$$Q = Q_S - Q_E = M (h_S - h_E) \qquad (2.118)$$

Con la ayuda de un simulador de procesos se puede obtener la curva Entalpía-Temperatura-Presión, H-T-P, Fig. 2.12, para el calentamiento del fluido en el horno y obtener las entalpías específicas o totales referidas en la ecuación anterior. Por otro lado, manualmente, se puede ejecutar cálculo flash isotérmico a cada una de las condiciones de entrada y salida al horno y de entrada y salida a las secciones de Convección y Radiación, para obtener esos valores de las energías referidas anteriormente.

Energía Liberada, Q_L. La energía Q_L es la que se libera durante la combustión de un flujo W_C de combustible de Poder Calorífico Bajo PCB, y puede calcularse con la Ec. 2.22.

Energía del Aire de Combustión, Q_A. Es la cantidad de energía sensible que entra con el flujo, W_A, de aire requerido para la combustión, y se puede calcular con la Ec. 2.23, en base a la diferencia entre la temperatura del aire T_A y la temperatura de referencia T_R. El valor de Q_A va a depender de si el horno dispone de un sistema de precalentamiento de aire como los descritos en el apartado 1.2, según la recomendación API 560 [E].

Energía del Fluido de Atomización, Q_V. Cantidad de energía sensible Q_V, referida a la temperatura T_R, que entra con el flujo W_V del fluido requerido a la temperatura T_V, para atomizar el combustible no gaseoso:

$$Q_V = W_V C_{PV} (T_V - T_R) \qquad (2.119)$$

Cuando se utiliza un combustible no gaseoso en los quemadores, es necesario atomizarlo utilizando un fluido para asegurar la dispersión uniforme del combustible y así garantizar la óptima combustión. Para combustibles hidrocarburos líquidos, con viscosidad entre 15 y 20 cSt, se recomienda utilizar[2] la relación (W_V/W_C) entre 0,1 y 1,0 kg de vapor de agua por kg de combustible, (W_V/W_C). Para combustible gaseoso, (W_V/W_C) = 0.

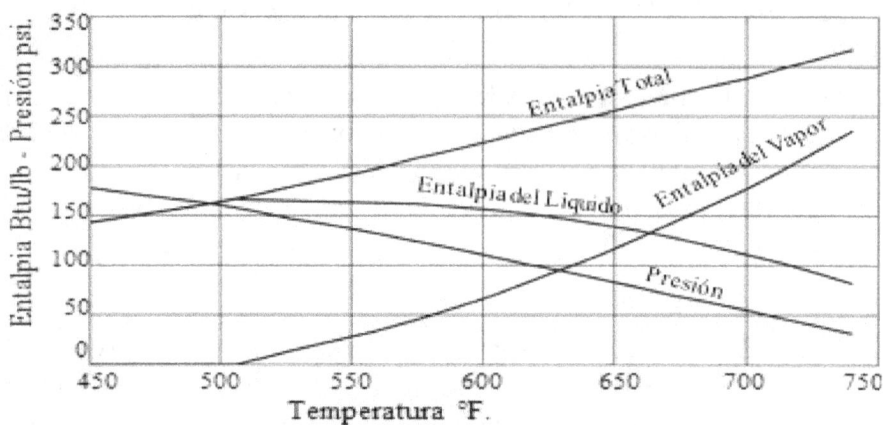

Fig. 2.12. Curva de Calentamiento de fluido, H-T-P.

Energía Perdida por las Paredes del Horno, Q_W. Como se describió en el apartado 2.2.5, la API 560 [11] recomienda que la magnitud de esta energía perdida debe estar en el rango de 1,5% a 2,5% de la energía Q_L liberada por el combustible. Si se designa β como el porcentaje a utilizar, Q_W viene dado por,

$$Q_W = (\beta\ Q_L)/100 \tag{2.120}$$

Esta energía perdida también se puede calcular con la ecuación general de transferencia de calor expresada como la Ec. 2.101 y la Ec. 2.102, que fueron definidas para para calcular el flujo de calor desde el interior del horno, pasando por la pared compuesta por: refractario, aislante y lamina protectora exterior, hasta salir al medio ambiente.

Energía Perdida desde la Chimenea, Q_G. De la cantidad de energía que sale de la sección de convección, Q_{GC}, y entra a la chimenea, una pequeña parte fluye por radiación y convección desde la superficie externa del conducto, y la mayor parte sale con el flujo W_G de los gases de combustión a la temperatura de salida de la chimenea T_{SCH}, y se puede calcular con la Ec. 2.115, adaptada de la Ec. 2.24 descrita en el apartado 2.3.7. La API 560 [14.4.10] recomienda que la temperatura de los gases en la salida de la chimenea sea igual a la temperatura de los gases obtenidos por balance, más 140 °C (250 °F).

Energía Transferida en la Sección de Convección, Q_{SC}. Entre la entrada y la salida de M lb/h del fluido de proceso en la sección de Convección, se transfiere la cantidad de energía Q_{SC}, para incrementar su energía de entrada Q_E hasta la energía de salida Q_B, y puede calcularse con las ecuaciones: Ec. 2.61, Ec. 2.62, Ec. 2.72, Ec. 2.73 y Ec. 2.77, descritas en la sección 2.3.3.

Energía Transferida en la Sección de Radiación, Q_{SR}. Durante su paso por el interior de los tubos de la sección de Radiación, al fluido se le transfiere la cantidad de energía Q_{SR} para incrementar su contenido energético de Q_B hasta Q_S, y puede calcularse con las ecuaciones: Ec. 2.91, Ec. 2.92, Ec. 2.95, Ec. 2.96 y. Ec. 2.97, descritas en la sección 2.3.4.

Eficiencia Térmica, $\mathcal{E}$. La eficiencia térmica del horno[23-26] es la relación entre la energía neta transferida al fluido y la energía total que ingresa al horno:

$$\mathcal{E} = (Q_L + Q_A + Q_V - Q_W - Q_{GC}) / (Q_L + Q_A + Q_V) \tag{2.121}$$

Cada uno de los términos fue definido anteriormente. Como se observa, la eficiencia está afectada por el tipo de combustible que se utiliza y también si al horno se le instala sistema de precalentamiento de aire.

Sustituyendo $(Q_L + Q_A + Q_V - Q_W - Q_{GC})$ por $Q = (Q_S - Q_E)$, la Ec. 2.121 se puede expresar como,

$$\mathcal{E} = Q / (Q_L + Q_A + Q_V) \tag{2.122}$$

Combustible Requerido, W_C. Partiendo de las definiciones de calor liberado, $Q_L = W_C (PCB)$, Ec. 2.22, y de la eficiencia del horno, $\mathcal{E}$, Ec. 2.122, se puede obtener una expresión para calcular el flujo de combustible W_C. Reordenando la Ec. 2.122 se tiene,

$$Q_L = (Q/\mathcal{E}) - Q_A - Q_V \tag{2.123}$$

Combinando la Ec. 2.22 con las expresiones definidas anteriormente para Q_L, se obtiene la expresión siguiente, que permite calcular el flujo de combustible W_C.

$$W_C = (Q/\mathcal{E})/[PCB + (W_A/W_C)C_{PA}(T_A - T_R) +$$
$$(W_V/W_C)(C_{PV}(T_V - T_R)] \tag{2.124}$$

Donde, PCB, (W_A/W_C) y (W_V/W_C) se obtienen como Factores de Combustión; y las capacidades caloríficas, C_{PA} y C_{PV} se obtienen con las correlaciones apropiadas para el aire de combustión y el fluido de atomización. Observar que, despreciando las energías aportadas por el aire de combustión, Q_A, y por el fluido de atomización, Q_V, la Ec 2.124 se reduce a:

$$W_C = Q/(\mathcal{E} \times PCB) \tag{2.125}$$

Densidad de Flujo de Energía, q. Cantidad de energía por unidad de tiempo que cae sobre los tubos, por unidad de superficie, en la sección de radiación, q_R.

$$q_R = Q_{SR} / A_R \tag{2.126}$$

La densidad de flujo de energía, q, es un valor básico en el diseño de los hornos[1,3,4], ya que determinan la vida útil de los tubos sometidos al proceso de transferencia de calor, y los diseñadores tienen sus propios criterios para definir los rangos a utilizar para estos factores. En la Tabla A.7 se presentan algunos valores de referencia, y se recomienda que la cantidad de energía por unidad de tiempo que cae por unidad de superficie, q_C, sobre los tubos en la sección de convección, debe ser menor o igual a q_R.

La API 560 [3.1.8] recomienda que la densidad de flujo de calor promedio para tubos con superficie extendida, se calcule sobre la base de la superficie lisa, pero indicando la relación entre la superficie total extendida de los tubos y la superficie lisa o sin extensión, la cual se define como la Relación de Extensión A_{of}/A_o.

Ejercicio 2.3. Balance global de energía en un horno. Un horno de proceso cilíndrico vertical fue diseñado con una eficiencia térmica de 85% para calentar un flujo de 560.000 lb/h de aceite térmico de 21,7 °API. Las dimensiones principales del horno son las siguientes: altura de la sección de radiación, H = 42,43 pie; diámetro del círculo de la cara interna del refractario. D_{iR} = 17,22 pie; alto, ancho y largo de la sección de convección, A = 9,65 pie, W = 6,75 pie y L= 14,50 pie respectivamente; alto y diámetro externo de la chimenea, H= 37,25 pie y D_o = 4,90 pie respectivamente.

El aceite entra al horno con temperatura de 268 °F y presión de 94,7 psia y sale a 450 °F y 81,7 psia. Como combustible se utiliza gas natural cuyo PCB es 20.562,35 Btu/lb y para la combustión se usa un 15% de exceso de aire, cuya temperatura es 80 °F. De los cálculos previos de combustión para este horno, se tiene que: la temperatura de referencia es 60 °F; la relación Aire/combustible, (W_A/W_C) es 19,37 lb/lb; la relación Gases de Combustión/combustible, (W_G/W_C) es 20,09 lb/lb; la relación Vapor/combustible, (W_V/W_C) es 0 lb/lb, el flujo de gases de combustión es de 65.352,05 lb/h, y la temperatura de llama es T_F =3.334,45 °F. Adicionalmente se tiene que la temperatura de los gases de combustión es T_G = 1.483,98 °F; y que las temperaturas de los gases entrando y saliendo de la chimenea son de T_{ECh} = 488,09 °F y T_{SCh} = 481,19 °F, respectivamente.

Con la información anterior, calcular: a) Calor transferido al aceite. b) Calor liberado por el combustible. c) Calor que entra con el aire de combustión. d) Calor que sale por las paredes de radiación y convección. e) Calor que ingresa con los gases de combustión a la chimenea. f) Calor que sale por las paredes de la chimenea. g) Calor que sale con los gases de chimenea.

Solución. En base a los datos de la curva de calentamiento del aceite térmico, Tabla 2.1.1, desde la entrada hasta la salida, el aceite se mantiene en estado líquido.

a) Calor transferido al aceite, Q. La energía recibida durante el calentamiento, entre la entrada y la salida, se puede obtener con la siguiente ecuación:

$Q = M C_{PM}(T_S - T_E)$

Flujo de aceite, M = 560.000 lb/h.
Temperatura de entrada y de salida, $T_E = 268$ °F y $T_S = 450$ °F, respectivamente. La capacidad calorífica promedio, entre la entrada y la salida, se puede calcular con la correlación siguiente, obtenida en la Tabla 2.1.1.

$C_{PM} = 0,3732 + 0,0005 \times T$
$T_b = ((268+450)/2 = 359$ °F.
$C_{PM} = 0,3732 + 0,0005 \times 359 = 0,5527$
$Q = 560.000 \times 0,5527 \times (450-268)$
$Q = 56,33$ MMBtu/h.

Por otro lado, la energía transferida al aceite también se puede calcular con la Ec. 2.118,

$$Q = Q_S - Q_E = M(h_S - h_E) \qquad (2.118)$$

Con la ayuda de Tabla. 2.1.1, Ejercicio 2.1, se obtiene que la energía entrando con el aceite es, $Q_E = 59,26$ MMBtu/h y la energía saliendo con el aceite es $Q_S = 115,63$ MMBtuh

Sustituyendo en la Ec. 2.118, la energía transferida al aceite, viene dada por,

$Q = Q_S - Q_E = 115,63 - 59,26 = 56,37$ MMBtu/h.

Los resultados obtenidos son casi iguales.

b) Calor liberado por el combustible, Q_L.
Durante la quema del combustible, la energía liberada, Q_L, se puede calcular empleando la siguiente expresión,

$$Q_L = W_C (PCB) \qquad (2.22)$$

El flujo de combustible utilizado, W_C, se puede calcular con la Ec. 2.124,

$$W_C = (Q/\varepsilon)/[PCB + (W_A/W_C)C_{PA}(T_A - T_R) + (W_V/W_C)(C_{PV}(T_V - T_R)] \quad 2.124).$$

La capacidad calorífica promedio del aire, C_{PA}, se evalúa aplicando la correlación propuesta en la Tabla A.12, a la temperatura promedio entre $T_A = 80$ °F y $T_R = 60$ °F, obteniendo $C_{PA} = 0,2822$ Btu/(lb-°F).

Poder Calorífico Bajo del combustible, PCB = 20.562,35 Btu/lb.

Energía que ingresa al horno,
$Q/\varepsilon = 56,37/0,85 = 66,32$ MMBtu/h
Flujo de gas combustible, W_C.
$W_C = 66,32 \times 10^6 / [20.562,35 + (19,37)0,2822(80-60)]$

$W_C = 3.208,25$ lb/h

Aplicando la Ec. 2.22, la energía liberada por el combustible es,

$Q_L = 3.208,25 \times 20.562,35 = 65,97$ MMBtu/h.

c) Calor que ingresa con el aire de combustión, Q_A.
De la Ec. 2.122, la energía que ingresa con el aire, Q_A,

$Q_A = (Q/\varepsilon) - Q_L - Q_V = 66,32 - 65,97 = 0,35$ MMBtu/h.

Por otro lado, la energía que ingresa con el aire de combustión también se puede calcular con la Ec. 2.23

$$Q_A = W_A C_{PA} (T_A - T_R) \qquad (2.23)$$

El flujo de aire viene dado por,
$W_A = W_C(W_A/W_C) = 3.208,25 \times 19,37 = 62.143,80$ lb/h.

$Q_A = W_A C_{PA}(T_A - T_R) = 62.143,80 \times 0,2822 \times (80-60)$
$Q_A = 0,35$ MMBtu/h.

d) Calor que se pierde por las paredes del horno, Q_W. Este factor se puede obtener con la Ec. 2.120,

$$Q_W = \beta (Q_L + Q_A + Q_V)/100 \qquad (2.120)$$

Para $\beta = 2\%$ y $(Q_L + Q_A + Q_V) = 66,32$ MMBtu/h,

$Q_W = (2 \times 66,32) / 100 = 1,33$ MMBtu/h.

e) Calor que ingresa con los gases de combustión a la chimenea, Q_{ECh}.

La energía que ingresa con los gases de combustión a la chimenea, es la diferencia entre la energía total que ingresa al horno, menos la energía que se transfiere al fluido en las secciones de radiación y convección, y menos la energía que sale por las paredes o cuerpo del horno, como se expresa en la relación siguiente:

$Q_{ECh} = (Q_L + Q_A + Q_V) - Q - Q_W$

En el punto a) se tiene, $Q = 56,37$ MMBtu/h.
En el punto b) se tiene, $(Q_L + Q_A + Q_V) = Q/\varepsilon = 66,32$ MMBtu/h.
En el punto d) se tiene que $Q_W = (2 \times 66,32) / 100 = 1,33$ MMBtu/h

Sustituyendo para Q_{ECh},

$Q_{ECh} = 66,32 - 56,37 - 1,33 = 8,62$ MMBtu/h.

f) Calor que sale por las paredes de la chimenea, Q_{PCh}.

La API 560 [11] recomienda que la temperatura de la superficie externa de las paredes del horno no debe exceder de 180 °F, considerando temperatura ambiente de 80 °F. En base a esta recomendación, Q_{PCh} se puede calcular aplicando la ecuación Ec. 2.112 o Ec. 2.113 para densidad de flujo de calor por convección libre o forzada, lo que va a depender de la velocidad del viento alrededor de la chimenea; y la Ec. 2.114 para densidad de flujo de calor por radiación desde la superficie de la chimenea.

Se aclara que, al considerar convección libre, se tendría una alta resistencia al flujo de calor convectivo y por consiguiente un menor flujo de calor que en el caso de convección forzada. En todo caso, la energía que no sale por las paredes, saldrá con los gases por el tope de la chimenea.

En base a la API 560 [11], y aplicando la Ec. 2.112, la densidad de flujo de calor por convección desde cualquier superficie externa del horno, viene dada por,

$$q_{cl} = 0{,}7367(T_S - T_A)^{1{,}27}(1/T_f)^{0{,}18} \text{ Btu/(h-pie}^2) \tag{2.112}$$

$T_S = 180+460 = 640 \text{ °R}$, y $T_A = 80 + 460 = 540 \text{ °R}$.
$T_f = (T_S + T_A)/2 = 590 \text{ °R}$.

$q_{cl} = 0{,}7367(640 - 540)^{1{,}27}(1/590)^{0{,}18} = 81{,}01 \text{ Btu/(h-pie}^2)$.

Igualmente, aplicando la Ec. 2.114, la densidad de flujo de calor por radiación desde cualquier superficie externa del horno, viene dada por,

$$q_R = \sigma e\left[T_s^4 - T_A^4\right] = 0{,}173 e\left[\left(\frac{T_s}{100}\right)^4 - \left(\frac{T_A}{100}\right)^4\right] \tag{2.114}$$

$q_R = 0{,}173 \times 0{,}95 \times [(640/100)^4 - (540/100)^4] = 135{,}99 \text{ Btu/(h-pie}^2)$

Para la chimenea con diámetro externo $D_o = 5{,}02$ pie y altura $H = 29{,}39$ pie, la superficie externa, A_o, expuesta al aire es,

$A_o = \pi D_o H = \pi(5{,}02)(31{,}97) = 504{,}19 \text{ pie}^2$.

El flujo total por convección más radiación, Q_{PCh}, desde la superficie externa de la chimenea sería,

$Q_{PCh} = A_o(q_{cl} + q_R) = 504{,}19(81{,}01 + 135{,}99) = 0{,}11 \text{ MMBtu/h}$.

g) Energía que sale con los gases por el tope de la chimenea, Q_G.

Toda la energía que entra a la chimenea, $Q_{ECh} = 8{,}62$ MMBtu/h, se pierde hacia el medio ambiente. Una pequeña parte, sale por radiación y convección desde la superficie externa de la chimenea, $Q_{PCh} = 0{,}11$ MMBtu/h, y la mayor parte, Q_G MMBtu/h, sale con el flujo de los gases de combustión a la temperatura de salida de la chimenea $T_{SCh} = 481{,}19$ °F.

En base a la descripción anterior, la energía que sale con los gases por el tope de la chimenea, se puede obtener con el balance siguiente,

$Q_G = Q_{ECh} - Q_{PCh} = 8,62 - 0,11 = 8,51$ MMBtu/h.

2.4 Hidráulica en Hornos de Procesos.

Como en todo proceso industrial donde ocurren los fenómenos de transferencia de calor, de masa y de cantidad de movimiento, la hidráulica asociada al proceso, es clave para la operación óptima del sistema y, particularmente en los hornos de proceso, tiene especial relevancia, ya que está muy ligada a la eficiencia y a la continuidad y seguridad operacional de estos equipos. En los hornos de proceso se identifican dos circuitos hidráulicos que definen el comportamiento global del horno y donde aplican las ecuaciones que formulan los balances de calor, masa y cantidad de movimiento, conocidas como Ecuaciones de Variación. Estos dos circuitos son:

El circuito hidráulico del fluido de procesos que está interconectado con el proceso al cual está integrado el horno. Este circuito está conformado por el movimiento del fluido de proceso, desde que entra al interior de los tubos de convección, pasa a los tubos de radiación y luego sale del horno para continuar con la siguiente fase del proceso.

El circuito hidráulico de los gases de combustión, está asociado al sistema de suministro de combustible y aire. Este circuito es el que conforma el movimiento de los gases de combustión por el interior del horno, desde que se generan en los quemadores y fluyen por las secciones de radiación, convección y chimenea, hasta que salen hacia el medio ambiente.

2.4.1 Movimiento de los Gases de Combustión.

Para la operación normal de un horno, es esencial el movimiento de los gases de combustión desde que se generan en los quemadores hasta que salen por la chimenea. Este movimiento de los gases de combustión se debe al perfil de presión localizada entre la zona de combustión donde se localizan los quemadores y la chimenea, lo que permite que el flujo de gas de combustión logre vencer todas las resistencias que encuentre a su paso, hasta que salga por la parte alta de la chimenea y logre dispersarse satisfactoriamente en el medio ambiente. Este perfil de presión está íntimamente relacionado con el Tiro del horno, normalmente expresado en plg de agua, el cual puede ser Natural, Forzado, Inducido o Balanceado, como se describió en la sección 1.2. De aquí en adelante, se harán consideraciones y formulaciones relativas al Tiro Natural.

La API 560 [6.2], recomienda que los sistemas de chimenea y gases de combustión se diseñen para que se mantenga una presión negativa mínima de 0,10 plg de agua (25 Pa) en un punto localizado justo en la entrada de los gases de combustión a la sección de convección. Punto C en la Fig. 2.13. En los hornos que operan con Tiro Natural, la chimenea debe tener diámetro y altura suficiente para asegurar que en el interior del horno se mantenga una presión ligeramente menor que la presión atmosférica, y por esta razón, el diseño de la chimenea, debe estar dirigido a cumplir con este requerimiento operacional, aunque hay normativas ambientales que exigen una altura de chimenea mínima en base a su localización respecto a las edificaciones circundantes.

Dimensionamiento de la Chimenea. En la Fig. 2.13 se muestra un esquema típico para un horno con tiro natural, donde se muestra el conducto de la chimenea con una altura H y diámetro D, la cual tiene que lograr una ganancia de tiro que resulte en una presión ligeramente negativa en el punto C, antes del banco de los tubos de convección, y en todo el interior del horno, para asegurar que los gases de combustión salgan al medio ambiente y se dispersen adecuadamente, después de vencer todas las restricciones hidráulicas localizadas en su línea de flujo, las cuales son: el banco de tubos de convección, la reducción o contracción de sección de flujo para entrar a la chimenea, el damper, la fricción en el tramo recto correspondiente a la altura H de la chimenea, y la expansión brusca para salir hacia el medio ambiente.

Altura de la chimenea. Consideremos que la chimenea mostrada en la Fig. 2.13, es un conducto circular vertical de diámetro D y altura H, contiene en su interior una columna de gases calientes, y que está rodeada de aire a presión atmosférica y temperatura ambiente menor que la temperatura de los gases calientes. Debido a la diferencia entre la densidad del aire en el ambiente y la densidad de los gases calientes en la chimenea, se genera una diferencia de presión, que produce un movimiento ascendente de los gases de combustión, hasta alcanzar un flujo en condiciones estacionarias dentro de la chimenea, y salir con velocidad suficiente para dispersarse adecuadamente en el ambiente[47,48].

Considerando los bajos niveles de presión en los gases de combustión, en los que la densidad puede considerarse constante, el movimiento ascendente de estos gases se puede modelar adaptando la ecuación, Ec. 2.14, la cual se obtuvo en el apartado 2.1, combinando la Ecuación de Continuidad, Ec. 2.1 y la Ecuación de Euler, Ec. 2.9, cuya integración se obtuvo bajo la consideración de densidad constante,

$$\rho\left(\frac{v_2^2}{2g_c}\right) - \rho\left(\frac{v_1^2}{2g_c}\right) = -(p_2 - p_1) - \rho(g/g_c)(z_2 - z_1) \qquad (2.127)$$

La deducción de esta ecuación considera como única fuerza externa, a la ejercida por el peso de la masa de gas contenida en el elemento de volumen en movimiento, y se expresa como $(g/g_c)\rho_G$. Si aplicamos esta ecuación al flujo ascendente de gases de combustión, desde el punto de ingreso a la chimenea, punto 1, hasta el tope del ducto, punto 2, donde al salir los gases de combustión desplazan a un volumen igual de aire que rodea a la chimenea, entonces hay que considerar también la fuerza de flotación o de empuje del elemento de volumen de gas, propiciada por la diferencia de densidades entre ambos fluidos. Considerando como positiva la fuerza de empuje o de flotación del gas, que es igual a la fuerza ejercida por el peso de la masa de aire contenida en el elemento de volumen desalojado, expresada como $(g/g_c)\rho_A$; y como negativa la fuerza ejercida por el peso de la masa de gas contenida en el elemento de volumen de la chimenea, expresado como $(g/g_c)\rho_G$, la resultante entre ambas fuerzas es $(g/g_c)(\rho_A - \rho_G)$, la cual se incluye en la Ec. 2.127, reemplazando al término $\rho(g/g_c)$ que solo considera la fuerza ejercida por el peso de la masa de gas.

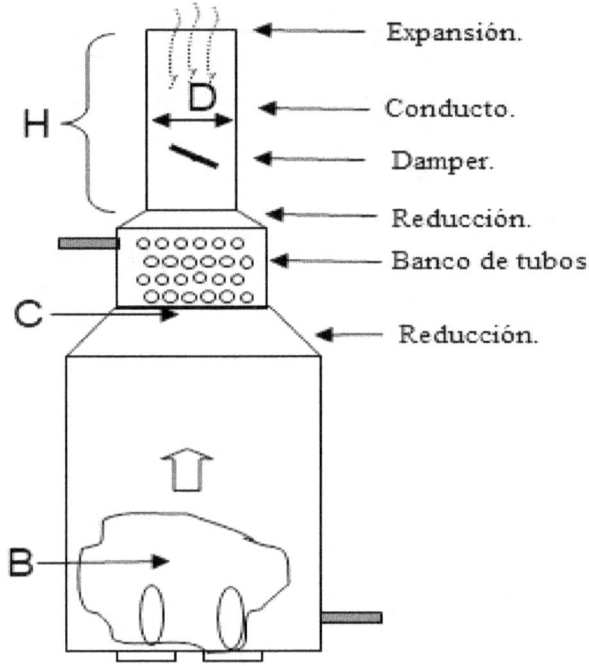

Fig. 2.13. Altura y diámetro de chimenea

Por otro lado, entre la entrada y la salida de la chimenea, la sección transversal al flujo permanece constante, y la velocidad no varía en la dirección del flujo, y en consecuencia el primer miembro de la Ec. 2.127 se hace igual a cero. En base a las consideraciones anteriores, se obtiene la expresión siguiente,

$$\Delta P = (p_2 - p_1) = (g/g_c)(\rho_A - \rho_G)(z_2 - z_1) \qquad (2.128)$$

Donde $\Delta P = (p_2 - p_1)$, también conocido como Tiro, es la diferencia de presión entre el punto 2 y el punto 1, en lb_f/pie^2 (Pascal en SI); $(z_2 - z_1)$ es la altura H de la chimenea en pies (m en SI); ρ_A y ρ_G en lb/pie^3 (kg/m^3 en SI), son la densidad del aire a la temperatura ambiente, y la densidad del gas a la temperatura promedio del gas en la chimenea; g = 32,174 pie/s² (9,80665 m/s² en SI), es la aceleración de gravedad, y g_c = 32,174 (lb$_m$-pie)/(lb$_f$-s²) es el factor de conversión gravitacional (1,0 kg$_m$-m/(N-s²) en SI).

Debido a que el tiro viene dado en presión de baja magnitud, generalmente se expresa en unidades de plg de agua o en Pascal, entre otros, y en base a esto, el tiro calculado con la Ec. 2.128 en lb$_f$/pie² se puede expresar en plg de agua según la ecuación siguiente[4],

$$\Delta P = 0{,}1923(\rho_A - \rho_G)H \tag{2.129}$$

Es oportuno señalar que la Ec. 2.128 está acorde con el principio de Arquímedes, el cual establece que "Cualquier cuerpo total o parcialmente sumergido en un fluido experimenta una fuerza de empuje de abajo hacia arriba igual al peso del volumen del fluido desalojado". En nuestro caso, el "cuerpo" es un elemento de volumen del gas de combustión que sale de la chimenea.

Otras ecuaciones equivalentes a la Ec. 2.129 son las siguientes:

$$\Delta P = 9{,}81(\rho_A - \rho_G)H \tag{2.130}$$

Donde ΔP, en Pascal, es la ganancia de Tiro; H, en metros, es la altura de la chimenea; ρ_A y ρ_G en kg/m³, son la densidad del aire a la temperatura ambiente, y la densidad del gas a la temperatura promedio del gas en la chimenea[2].

$$\Delta P = 0{,}52 P_A \left(\frac{1}{T_A} - \frac{1}{T_G} \right) H \tag{2.131}$$

Siendo ΔP, en plg de agua, es la ganancia de Tiro; P_A en psia, es la presión del medio ambiente; H, en pies, es la altura de la chimenea; T_A y T_G en °R, son las temperaturas del aire y del gas[56].

$$\Delta P = 0{,}1923 \rho_A \left(1 - \frac{T_A}{T_G} \right) H \tag{2.132}$$

Donde ΔP, en plg de agua, es la ganancia de Tiro; ρ_A en lb/pie³, es la densidad del aire; H, en pies, es la altura de la chimenea; T_A y T_G en °R, son respectivamente, las temperaturas del aire y del gas[57].

Las ecuaciones Ec. 2.131 y Ec. 2.132 se han obtenido expresando ambas densidades, con la ecuación de estado para un gas ideal, considerando la igualdad del peso molecular de ambos gases. Las ecuaciones anteriores se pueden utilizar durante el diseño o adecuación de un horno de proceso para calcular la altura necesaria de una chimenea, que garantice el Tiro requerido en un horno. También se emplea durante la evaluación de un horno para verificar que la altura de la chimenea instalada esté acorde con el Tiro que se está registrando durante la operación del horno.

Diámetro de la chimenea. Generalmente la chimenea es un conducto de sección transversal circular, y es bien conocido que se dispone de una variedad de ecuaciones, fórmulas y gráficos para estimar el diámetro de tubos para manejar fluidos, y toda esa información disponible está basada en la ecuación de Continuidad. Por razones didácticas, en este texto no haremos uso directo de esas ecuaciones, fórmulas y gráficos disponibles, sino que, llegaremos a una de esas expresiones, partiendo de la ecuación de Continuidad, expresada en la Ec. 2.1,

$$\frac{D\rho}{Dt} = -(\nabla\rho\bullet v) \tag{2.1}$$

Considerando, que los gases con densidad constante fluyen en estado estacionario por el interior de un tubo, con lo que se obtiene que $(D\rho/Dt)=0$, y que predomina el componente axial v_z del vector velocidad, o sea que son nulos los componentes radial y angular del vector velocidad, $v_r=v_\theta=0$, se puede expresar a la la Ec. 2.1 como,

$$\rho(dv_z/dz) = \rho(dv/dz) = 0. \tag{2.133}$$

Al integrar la Ec. 2.133, entre dos puntos en la línea de flujo, y considerando sección transversal constante para el flujo, resulta que,

$$\rho v = \text{Constante} = G_G = W_G/A \tag{2.134}$$

Siendo ρ, lb/pie^3, la densidad promedio de los gases; v, en pie/s, la velocidad de los gases y G_G, en $lb/(s\text{-}pie^2)$, la velocidad másica o densidad de velocidad de flujo de masa, y A, en pie^2, la sección transversal de flujo considerada como constante, que para tubos circulares se expresa como $A_i = (\pi D_i^2)/4$, siendo D_i el diámetro interno de la chimenea.

Considerando que los gases de combustión fluyen en estado estacionario, con velocidad de magnitud predominante solo en la dirección axial del tubo, y que adicionalmente, en los hornos con tiro natural, para asegurar la operación segura y eficiente del horno, las chimeneas deben estar en capacidad de manejar hasta un 25% adicional del flujo de gas combustible generado en la combustión. En base a esto, aplicando la Ec. 2.134, con $A_i=(\pi D_i^2)/4$ y despejando el diámetro se tiene,

$$D_i = 0{,}2257\sqrt{\frac{1{,}25 W_G}{\rho_m v}} \tag{2.135}$$

Donde D_i, en plg, es el diámetro interno de la chimenea; ρ_m, lb/pie^3, es la densidad promedio de los gases; v, en pie/s, la velocidad de los gases en la salida de la chimenea y W_G, en lb/h, la velocidad de flujo de masa de los gases generados en la combustión. La velocidad mínima de salida de los gases por el tope de la chimenea suele estar fijada por la normativa ambiental correspondiente a la zona donde se vaya a instalar. Sin embargo, se recomienda que, para asegurar excelente dispersión en el ambiente, la velocidad de los gases de combustión en la salida de la chimenea, puede estar entre 16 y 55 pie/s (5 y 17 m/s), Apéndice A, Tabla A.6. Una velocidad promedio de 30 pie/s (9,14 m/s) se considera adecuada.

Pérdida de Presión en los Gases de Combustión. En base a que el tiro de la chimenea debe vencer todas las pérdidas de presión en el sistema, al combinar la Ec. 2.128 con la Ec. 2.18, se tiene,

$$(p_2 - p_1) = (g/g_c)(\rho_A - \rho_G)H + \sum_1^n (K_i V_{Ci}) \qquad (2.136)$$

La sumatoria en el segundo término del miembro de la derecha de esta última ecuación, corresponde a las pérdidas de presión en las restricciones hidráulicas indicadas anteriormente, cuyos respectivos valores del coeficiente de resistencia K, se pueden ubicar en el Apéndice A, Tabla A.8.

En el caso particular del flujo de gases de combustión descrito anteriormente, para el cálculo de la pérdida de presión, utilizando el cabezal de velocidad V_C expresado por la Ec. 2.16, en la primera columna de la Tabla 2.6 se muestran los elementos que motivan resistencias hidráulicas al tiro disponible en el horno, y en la segunda columna se muestran los respectivos valores del coeficiente de resistencia K, recomendados para cada uno de esos elementos.

Pérdida de presión en el banco de tubos de convección. La mayor pérdida de presión de los gases de combustión se tiene al cruzar el banco de tubos de la sección de convección, el cual consta de una cantidad de tubos, con o sin superficie extendida, colocados en filas o hileras en línea o alternados, según los esquemas mostrados en las figuras Fig. 2.7 y Fig. 2.8. De estas hileras, en concordancia con la API 560 [6.3.7], al menos las tres primeras, en la dirección del flujo de los gases de combustión, corresponden a las filas de choque o de protección (shield), y están conformadas por tubos que no presenta elementos para superficie extendidas. En el resto de las filas de la sección de convección, los tubos generalmente están provistos de elementos para superficie extendida.

Como se puede observar en las figuras Fig. 2.7 y Fig. 2.8, el área proyectada del banco de tubos, A_P, perpendicular al flujo de los gases de combustión, corresponde a la primera fila. No toda el área proyectada, A_P, está disponible como área de flujo para los gases de combustión, ya que se le debe restar el área proyectada por los tubos, A_{PT}, y la superficie extendida, A_{PA}, si la hay, obteniendo así el área neta disponible, A_N, para el flujo de los gases de combustión, la cual permite obtener la densidad de flujo de masa (velocidad de masa) G en los rangos recomendados[61] que se muestran en la Tabla 2.6. Esta velocidad de masa es clave en los cálculos hidráulicos para la caída de presión de los gases de combustión cuando cruzan el banco de tubos y para el dimensionamiento de la chimenea. La velocidad de masa a utilizar va a depender de la altura requerida en la chimenea la cual está condicionada por requerimiento de tiro en el horno o por restricciones ambientales.

Tabla 2.6. Máxima Velocidad de Masa de los gases de combustión sobre banco de tubos[55]

Combustible	Velocidad de Masa, G	
	lb/(s-pie^2)	kg/(s-m^2)
Gas natural o liquido limpio	0,3 a 0,6	2,5 a 3,0
Liquido bajo contenido de metales y acidez	0,4 a 0,5	2,0 a 2,5
Liquido alto contenido de metales	0,3 a 0,4	1,5 a 2,0

Actualmente, en la literatura (referencias 1 a 4, 15, 31 a 36) hay disponible una diversidad de métodos (analíticos y gráficos) para calcular la caída de presión de gases fluyendo sobre banco de tubos; sin embargo, para el diseño preliminar o evaluación de hornos de proceso, se puede obtener buen resultado con la relación entre la velocidad de cabezal, Vc, y el coeficiente de resistencia, K, obtenido con la aplicación de la Ec. 2.18, a las restricciones que motivan pérdida de presión.

En la Tabla 2.7 se tiene que, en un banco de tubos, la pérdida de presión es proporcional al número de filas de tubos instaladas en el banco, y en forma general viene dada por:

$$\Delta P_{BT} = 0{,}5 N_F V_{CBT} \qquad (2.137)$$

Donde ΔP_{BT} es la caída de presión en el banco de tubos, N_F el número de filas de tubos y V_{CBT} el cabezal de velocidad en el banco de tubos.

El cabezal de velocidad, V_{CBT} en plg de agua, viene dado por la Ec. 2.17,

$$V_{CBT} = 0{,}00298 \left(\frac{G^2}{\rho} \right) \qquad (2.17)$$

Donde $G = W_G/A_N$, siendo W_G el flujo de gas de combustión que fluye a través del área neta libre, A_N, del banco de tubos, que puede obtenerse con las ecuaciones definidas en la Fig. 2.7 y en la Fig. 2.8, cuyo valor va a depender de cómo están arreglados los tubos y de si presentan superficie extendida. Cuando se tiene tubos con superficies extendidas y tubos lisos (tubos de choque), se debe aplicar la Ec. 2.137 por separado debido a que hay diferencias en el área neta libre, A_N, y por consiguiente en el cabezal de velocidad, V_{CBT}.

Pérdida de presión en la entrada a la chimenea. En la Tabla 2.6 se tiene que, debido a la reducción súbita del área seccional en la entrada del gas a la chimenea, la pérdida de presión se puede estimar con la ecuación siguiente,

$$\Delta P_E = 0{,}34\, V_C. \qquad (2.138)$$

Tabla 2.7. Resistencia al flujo de Gases de Combustión

Elemento	Coefi K
Filas de tubos de convección (N_F)	$0,5N_F$
Reducción súbita entrada a chimenea	0,34
Damper	0,25
Fricción en chimenea (factor de fricción f, altura H y diámetro D)	4fH/D
Expansión súbita salida de chimenea	1,0

Pérdida de presión en el Damper. Por el choque con la plancha deflectora del damper, la pérdida de presión se puede calcular con la siguiente ecuación, según la recomendación API 560

$$\Delta P_D = 0,25 \, V_C \qquad (2.139)$$

Pérdida de presión por fricción en la chimenea. Por el roce del gas con la superficie de la cara interna del ducto de la chimenea, la pérdida de presión viene dada por,

$$\Delta P_F = (4fH/D) \, V_C. \qquad (2.140)$$

Se ha observado que, en un amplio rango para el módulo de Reynolds, el factor 4f es aproximadamente igual a 1/50, y esto permite expresar a ΔP_F como,

$$\Delta P_F = (H/50D) \, V_C. \qquad (2.140.a)$$

Pérdida de presión por salida de la chimenea. Por el ensanchamiento súbito a la salida del gas desde la chimenea hacia el ambiente, la pérdida de presión se puede calcular con la siguiente ecuación,

$$\Delta P_E = 1,0 \, V_C. \qquad (2.141)$$

Ejercicio 2.4. Pérdida de presión en gases de combustión. Considerar el horno de proceso descrito en el Ejercicio 2.1, con la sección de convección dotada de un banco 72 tubos de acero al carbón Grado B, norma 40, en arreglo triangular, con diámetro externo d_o = 4,5 plg, diámetro interno d_i = 4,026 plg, diámetro nominal d_n = 4 plg y 13 pies de longitud efectiva, con separación P_T, entre los centros de tubos adyacentes, igual a 2,5 veces el diámetro nominal, $P_T = 2,5d_n$. El banco consta de 12 filas de tubos, de las cuales 3 son de tubos lisos o tubos de choque y 9 son de tubos con superficie extendida. Al banco de tubo ingresan 560.000 lb/h de aceite térmico, 21,7 °API, a 268 °F y 94,7 psia y se distribuye por igual en 6 pasos paralelos. Un flujo de 65.352,05 lb/h de gases de combustión, con 18,13%v de vapor da agua, 8,52%v de CO_2,

70,89%v de N_2 y 2,46%v de O_2, y peso molecular de 27,70 lb mol/lb entra a la sección de convección a 1.483,89 °F, fluye sobre los tubos, enfriándose hasta 488,09 °F, para luego entrar a la chimenea, de donde sale hacia el ambiente a 481,19 °F. Los elementos para extender la superficie de los tubos son aletas sólidas transversales con espesor e_f = 0,05 plg, altura de h_f = 0,75 plg y colocadas en grupo de n_f = 3 por plg.

Si los gases dentro de la chimenea deben mantener una velocidad de 30 pie/s, y la temperatura del ambiente es T_A = 80 °F, calcular: a) El diámetro interno de la chimenea; b) La pérdida de presión en el flujo ascendente de los gases de combustión, desde el banco de tubos hasta la salida al ambiente. c) La altura de la chimenea.

Solución.

a) Diámetro de la chimenea, D_i. Aplicando la Ec. 2.135 se puede determinar el diámetro interno de la chimenea en plg,

$$D_i = 0,2257 \sqrt{\frac{1,25 W_G}{\rho_m v}} \qquad (2.135)$$

W_G es el flujo de los gases de combustión, W_G = 65.352,05 lb/h; v es la velocidad de los gases dentro de la chimenea, v = 30 pie/s; ρ_m es la densidad promedio de los gases dentro de la chimenea, calculada a la presión atmosférica y la temperatura promedio, T_b, entre la temperatura de entrada, T_{ECh} = 488,09 °F, y la temperatura de salida T_{SCh} = 481,19 °F.

$T_b = (T_{ECh} + T_{SC})/2 = (488,09 + 481,19)/2 = 484,64$ °F = 944,64 °R

Peso molecular del gas, PM = 27,70 lb/lbmol.

Constante de los gases, R = 10,73 (psi pie³)/(lbmol °R)

Presión, P = 14,7 psia

$\rho_m = (PM \times P)/(R \times T) = (27,70 \times 14,7)/(10,73 \times 944,64) = 0,0402$ lb/pie³.

Sustituyendo para D_i,

$$D_i = 0,2257 \sqrt{\frac{1,25 W_G}{\rho_m v}} = 0,2257 \sqrt{\frac{1,25 \times 65.352,05}{0,0402 \times 30}} = 58,74 \, plg$$

La sección transversal de la chimenea es,

$A_{SCh} = \pi(D_i)^2/4 = \pi(58,74/12)^2/4 = 18,82$ pie².

La velocidad de masa de gas (densidad de flujo) en el ducto de la chimenea, G,

$G = W_G / A_{SCh} = 65.352,05/(3600 \times 18,82) = 0,965$ lb/(s-pie²).

El cabezal de velocidad en el ducto de la chimenea se puede calcular con le Ec. 2.17, utilizando la densidad promedio de los gases de combustión ρ_m = 0,0402 lb/pie³ y la densidad de flujo G = 0,965 lb/(s-pie²)

$V_C = 0,00298(G^2/\rho_m) = 0,00298(0,965)^2/0,0402 = 0,069$ plg de agua.

b) Pérdidas de presión, ΔP. Las pérdidas de presión se pueden estimar con las relaciones siguientes:

Pérdida en el banco de tubos de choque, ΔP_{BP}. En este caso aplica la Ec. 2.137, expresada como,

$\Delta P_{BP} = 0,5 V_{CP} (N_{FP})$.

V_{CP} es el cabezal de velocidad en el banco de tubos de choque y viene dado por la Ec. 2.17, $V_{CP} = 0,00298(G^2/\rho)$. La densidad de flujo de masa, G, viene dada por $G = W_G/A_{NL}$. El área neta de flujo, A_{NL}, viene dado por la relación presentada en la Fig. 2.7.b para tubos lisos no alineados,
Ancho del banco de tubos, $W = (N_{TF} + 0,5)P_T$
Área proyectada por el banco de tubos, $A_P = W \times L_{eT}$
Área proyectada por los tubos, $A_{PT} = L_T(d_o/12) N_{TF}$
Área neta de flujo, $A_{NP} = A_P - A_{PT}$
$A_{NP} = L_{eT} (N_{TF} + 0,5)P_T - L_{eT} (d_o/12) N_{TF}$.

Sustituyendo los valores suministrados en el enunciado del ejercicio para longitud de tubos $L_{eT} = 13$ pies, $N_{TF} = 6$ tubos por fila, $P_T = 10$ plg y $d_o = 4,5$ plg, se obtiene,

$W = (6+0,5) \times (10/12) = 5,42$ pies.
$A_P = 5,42 \times 13 = 70,46$ pie^2.
$A_{PT} = 13 \times (4,5/12) \times 6 = 29,25$ pie^2
$A_{NP} = 70,46 - 29,25 = 41,21$ pie^2
$G = W_G/A_{NP} = 65.352,05/(3.600 \times 41,21) = 0,44$ lb/(s-pie^2)

La densidad de los gases en el banco de tubos, se calcula a la presión atmosférica, 14,7 psia, y a la temperatura promedio entre la temperatura de entrada y de salida de los gases al banco, $T_G = 1.483,89$ °F y $T_{ECh} = 488,09$ °F respectivamente.

$T_{GM} = (1.483,89 + 488,09)/2 = 985,99$ °F
$\rho = (14,7 \times 27,70)/(10,73*(985,99 + 460)) = 0,0262$ lb/pie^3
Con la información anterior, el cabezal de velocidad V_{CP} viene a ser,
$V_{CP} = 0,00298((0,44)^2/0,0262) = 0,022$ plg de agua

Al sustituir $V_{CP} = 0,022$, y $N_{FP} = 3$, la pérdida de presión en el banco de tubos de choque resulta,

$\Delta P_{BP} = 0,5 V_{CP}(N_{FP}) = 0,5 \times 0,022 \times 3 = 0,033$ plg de agua.

Pérdida en el banco de tubos con superficie extendida, ΔP_{BE}. En este caso aplica la Ec. 2.137, expresada como,

$\Delta P_{BE} = 0,5 V_{CE}(N_{FE})$.

V_{CE} es el cabezal de velocidad en el banco de tubos con superficie extendida, y viene dado por la Ec. 2.17, $V_{CE} = 0,00298(G^2/\rho)$. Con la densidad de flujo de masa, $G = W_G/A_{NE}$. El área neta de flujo, A_{NE}, se obtiene con la relación presentada en la Fig. 2.8.b para tubos con superficies extendidas no alineados, y consiste en restar al área neta para tubos lisos, A_{NP}, el área proyectada por la superficie extendida, A_{PE}.

Área extendida proyectada, $A_{PE} = L_{eT}(2h_f e_{nf.})N_{TF}$.

Sustituyendo los valores suministrados en el enunciado del ejercicio para L_{eT} = 13 pies, N_{TF} = 6 tubos por fila, h_f = 0,75 plg, e_f = 0,05 plg y n_f = 3 aletas por plg, se obtiene,

$A_{PE} = 13[2x((0,75/12)x(0,05/12)x(12x3)]6 = 1,46$ pie^2

$A_{NE} = A_{NP} - A_{PE} = 41,21 - 1,46 = 39,75$ pie^2.

$G = W_G/A_{NE} = 65.352,05/(3600x39,75) = 0,46$ lb/(s-pie^2).

La densidad de los gases en el banco de tubos con superficie extendida, se toma similar a la usada en los tubos de choque, $\rho = 0,0262$ lb/pie^3.

Con la información anterior, el cabezal de velocidad V_{CE} viene a ser,

$V_{CE} = 0,00298((0,46)^2/0,0262) = 0,024$ plg de agua.

Al sustituir $V_{CE} = 0,024$, y $N_{FE} = 9$, la pérdida de presión en el banco de tubos con aletas resulta,

$\Delta P_{BE} = 0,5 V_{CE}(N_{FE}) = 0,5x0,024x9 = 0,108$ plg de agua.

Pérdida en la entrada a la chimenea, ΔP_E. Para estimar esta pérdida se aplica la Ec. 2.138, utilizando el cabezal de velocidad para el gas fluyendo por dentro de la chimenea, $V_C = 0,069$ plg de agua.

$\Delta P_E = 0,34 V_C = 0,34(0,069) = 0,0235$ plg de agua.

Pérdida en el damper, ΔP_D. Para el flujo sobre el damper, la pérdida de presión se puede calcular con la Ec. 2.139, con un cabezal de velocidad de $V_C = 0,069$ plg de agua.

$\Delta P_D = 0,25 V_C = 0,25(0,069) = 0,0173$ plg de agua

Pérdida por fricción en la chimenea, ΔP_F. En el interior del conducto de la chimenea, la pérdida de presión se puede calcular con la Ec. 2.140,

$\Delta P_F = (4fH/D_i) V_C$.

Cabezal de velocidad, $V_C = 0,069$ plg de agua.
Diámetro interno de la chimenea, $D_i = (58,74/12) = 4,89$ pie.
El factor de fricción f, Ec. 2.139.a, $f=0,0035 + 0,264/(Re)^{0,42}$.
El Reynolds, $Re = GD_i/\mu$,
La densidad de flujo de gas en la chimenea, $G= 0,965$ lb/(s-pie^2).

La viscosidad promedio de los gases de combustión dentro de la chimenea, se calcula a la temperatura promedio $T_b = 484,64$ °F $= 524,62$ °K, obtenida anteriormente. Con esta temperatura y la composición suministrada para el gas de combustión y las correlaciones para calcular la viscosidad de cada componente presente en el gas de combustión, tomadas del apéndice A, Tabla A.22, la viscosidad promedio resultante para el gas de combustión, es $\mu = 0,0251$ cP o $\mu = 0,0607$ lb/(h-pie). Sustituyendo valores para el Reynolds, factor de fricción y ΔP_F,

$Re = (0,965 \times 3600) \times (4,89)/0,0607 = 279.866$.

Factor de fricción $f = 0,0035 + 0,264/(279.866)^{0,42} = 0,00486$

$\Delta P_F = (4fH/D_i)V_C = (4 \times 0,00486 \times 0,069H)/(4,89)$

$\Delta P_F = 0,000274H$ plg de agua.

Pérdida por salida de la chimenea, ΔP_S. Al salir de la chimenea hacia el ambiente, la pérdida de presión se puede calcular con la Ec. 2.141,

$\Delta P_S = 1,0 V_C = 0,069$ plg de agua.

La pérdida total viene dada por,

$\Delta P = \Delta P_E + \Delta P_{BP} + \Delta P_{BE} + \Delta P_D + \Delta P_F + \Delta P_S$

$\Delta P = 0,0235 + 0,033 + 0,108 + 0,0173 + 0,000277 \times H + 0,069$

$\Delta P = 0,2508 + 0,000274 \times H$, plg de agua

c) Altura de la chimenea, H. Con la Ec. 2.129 se puede calcular la altura necesaria de la chimenea, para garantizar una presión negativa mínima de 0,10 plg de agua (25 Pa) en concordancia con la recomendación de la API 560 [6.2].

$$\Delta P = 0,1923(\rho_A - \rho_G)H \tag{2.129}$$

Donde H es la altura de la chimenea en pie. La densidad de aire, ρ_A, se calcula a la presión atmosférica y temperatura del medio ambiente $T_A = 80$ °F, teniendo que $\rho_A = 0,0764$ lb/pie^3. La densidad de los gases de combustión, ρ_G, se puede tomar como la densidad promedio entre la entrada y salida de la chimenea, calculada anteriormente, $\rho_{mG} = 0,0402$ lb/pie^3. Al reemplazar en la Ec. 2.129 se obtiene,

$\Delta P = 0,00696 \times H$, plg agua

Al igualar esta relación de ΔP con la obtenida en el punto b) y despejar H, se tiene que la altura requerida en la chimenea es,

$H = 0,2508/(0,00696 - 0,000274) = 37,51$ pie.

La chimenea con altura de 37,51 pie (11,43 m) y diámetro interior de 58,74 plg (1,49 m), debe generar el Tiro suficiente, para compensar la pérdida de presión en el flujo de gas.

2.4.2 Movimiento del Fluido de Proceso.

El fluido de proceso ingresa al horno por el interior de los tubos instalados en la sección de convección, recibiendo un flujo de energía desde los gases de combustión, a través de la pared de los tubos que integran el banco de tubos, y luego fluye por el puente (Bridgewall) hacia el interior de los tubos de la sección de radiación, donde recibe un flujo constante de energía por radiación y convección, desde los gases de combustión, para luego salir del horno a las condiciones requeridas por el proceso posterior.

En base a los criterios de diseño aplicables a un horno de procesos y según la magnitud del flujo total M, el horno puede tener más de un paso por los tubos, siendo el flujo por paso $M_P = M/N_P$. Esto está acorde con la recomendación de la API 560 [6.1], para garantizar la uniformidad y simetría hidráulica y térmica en el horno.

El movimiento del fluido de proceso dentro de los tubos, en las secciones de convección y radiación, se debe a la diferencia total de presión, $\Delta P = (P_E - P_S)$, que existe entre la presión de entrada, P_E, al horno en la sección de convección y la presión de salida, P_S, del horno en la sección de radiación. El fluido de proceso, impulsado por un sistema de bombeo, llega a la entrada del horno con una presión P_E, y si el horno presenta más de un paso, esa presión será la de entrada a cada paso. El fluido de proceso, con el flujo dividido por igual entre el número de pasos, fluye por idéntico número de circuitos hidráulicos en paralelo, venciendo todas las resistencias que encuentre a su paso en cada circuito, hasta que salga del horno por los tubos en la sección de radiación. Las resistencias típicas que puede conseguir el fluido de proceso son: ensanchamiento o reducción de sección en la entrada y la salida del circuito; interconexiones entre tubos en ambas secciones; válvulas, accesorios e instrumentos instalados en la línea de flujo entre la entrada y la salida al horno.

El comportamiento del circuito hidráulico para el fluido de proceso va a depender del servicio del horno; por ejemplo, no es igual la hidráulica en un horno donde el fluido de proceso solo recibe calor sensible y no está sometido a un cambio parcial o total de fase, a otro donde el fluido de proceso adicional, a recibir calor sensible, presenta un cambio parcial de fase. En resumen, el flujo por los tubos puede ser monofásico y/o bifásico. En este sentido, es clave lograr el dimensionamiento y distribución adecuado de los tubos y accesorios, para manejar el fluido en el servicio que preste el horno.

Las propiedades de transporte del fluido de proceso que fluye por los tubos de un horno, son extremadamente importantes para los cálculos térmicos e hidráulicos durante el diseño o evaluación de estos equipos. Para flujos monofásicos, líquido o vapor, normalmente se puede suponer que las propiedades presentan cambios lineales desde la entrada hasta la salida del calentador. Por lo tanto, para diseñar o evaluar un horno, con las propiedades del fluido de proceso calculadas entre las condiciones de entrada y salida al horno, normalmente será suficiente. La única excepción a esto es la viscosidad, y más aún cuando esta propiedad se evalúa a temperaturas cercanas a la superficie de los tubos, cuyo valor se sale del rango comprendido entre la entrada y la salida al horno.

Cuando el flujo es bifásico, obtener las propiedades de transporte del fluido, en diferentes puntos dentro de los tubos de un horno, es más difícil que en flujo monofásico. Cuando al horno entra un fluido como líquido (flujo monofásico), la vaporización comienza en un punto en el interior de los tubos, a una determinada presión y temperatura, y la obtención de las propiedades se hace mucho más difícil. Una forma de hacer esto más fácil, es utilizando un simulador de procesos que permita generar la curva de calentamiento (HTP) del fluido, en los rangos de temperatura y presión en los que va a operar el horno. Con la información generada, se puede elaborar una tabla de las variaciones de cada propiedad con temperatura y presión, de donde se podría obtener directamente o por interpolación, el valor de cada propiedad a una P y T determinada, o también se podría obtener una correlación empírica para cada propiedad, en función de temperatura y/o presión. De esta forma, se obtienen buenos resultados, y se debe asegurar que el punto donde ocurre el cambio de fase, esté incluido en el rango seleccionado. Sin embargo, cuando a un horno entra un flujo bifásico, se puede considerar que las propiedades presentan cambios lineales desde la entrada hasta la salida y se puede ejecutar el cálculo similar a como se ejecutan para flujo monofásico, sin mucha pérdida de fiabilidad de los resultados.

Especificación de los Tubos y Accesorios. Especificar los tubos y accesorios para las secciones de convección y radiación de un horno, consiste en definir su longitud, diámetro, espesor y metalurgia. Seleccionar estas especificaciones en el diseño de un horno, definitivamente requiere de experiencia y conocimientos adquiridos como producto del continuo y sostenido trabajo con hornos para diferentes servicios; sin embargo es bueno disponer de algunas guías generales que permitan la selección preliminar de esas especificaciones, lo más acertado posible, aunque por razones de garantía, la decisión final siempre la tendrá el ingeniero diseñador de hornos ("Furnace Man") del fabricante, quienes podrán avalar, mejorar o modificar alguna selección preliminar.

En ocasiones muy específicas, los tubos a utilizar en el diseño de un horno se seleccionan en base a la disponibilidad de alguna especificación existente en inventario y que adicionalmente se use en otros hornos de la misma instalación, y obviamente, tiene que ser avalado por la empresa fabricante del horno.

Selección del diámetro de los tubos. Siempre se debe seleccionar el diámetro de los tubos en base a los criterios para definir la velocidad del fluido dentro de los tubos de un horno, los cuales están dirigidos a:

- Impedir la degradación térmica del fluido.
- Que el fluido no supere la velocidad del sonido dentro del tubo.
- Que la caída de presión del fluido no supere a la permitida.

Considerando que el fluido de proceso en un horno, fluye por los tubos, tanto de la sección de convección como de la sección de radiación, en estado estacionario y con velocidad de magnitud predominante solo en la dirección axial del tubo, se adapta la Ec. 2.135 para seleccionar el diámetro de los tubos y se tiene,

$$d_i = 12\sqrt{\frac{4M_P}{\pi \rho v}} = 12\sqrt{\frac{4M_P}{\pi G}} \qquad (2.142)$$

Donde d_i, en plg, es el diámetro interno de los tubos; M_P, en lb/s, flujo de fluido por cada paso que tenga el horno; ρ, en lb/pie^3, la densidad del fluido; v, en pie/s, la velocidad del fluido; y G, lb/(s-pie^2), la velocidad de masa o densidad de flujo de masa del fluido en los tubos.

El diámetro calculado con la Ec. 2.142, debe estar en concordancia con la API 560 [7.1.6], donde se recomienda que el diámetro externo de los tubos debe ser seleccionados entre los siguientes diámetros externos (en pulgadas): 2,375, 2,875, 3,50, 4,00, 4,50, 5,563, 6,625, 8,625, o 10,75. Sin embargo, en los hornos de procesos, los diámetros de tubos más utilizados están entre 4 y 6 pulgadas. Otros diámetros podrían usarse solamente si se justifican por alguna condición especial de proceso. En el apéndice A, Tabla A.6 y Tabla A.7, se muestran rangos típicos recomendados de velocidad de fluidos, y de velocidad de masa o densidad de flujo de masa (velocidad espacial), para diferentes servicios, los cuales se dan como referencia para el cálculo preliminar del diámetro interior de los tubos.

Espesor de la pared de los tubos. Para calcular el espesor requerido en la pared de los tubos, en la API RP 530 [5][11] recomiendan las dos opciones siguientes: Utilizando el esfuerzo de ruptura permitido para 100.000 horas de vida útil por diseño, con la ecuación siguiente,

$$e = \left(\frac{P_r d_o}{2S_r + P_r}\right) + F(CA) \qquad (2.143)$$

Utilizando el esfuerzo elástico permitido, utilizando la ecuación siguiente,

$$e = \left(\frac{P_e d_o}{2S_e + P_e}\right) + CA \tag{2.144}$$

Donde, e, es el espesor mínimo en plg; P_r, es la presión de ruptura por diseño en psi; P_e es la presión elástica por diseño en psi; S_e es el esfuerzo elástico permitido a la temperatura de diseño; S_r, es el esfuerzo de ruptura permitido a la temperatura de diseño en psi; CA es la corrosión permitida (Corrosion Allowance) en plg; F es la fracción de corrosión.

En la API RP 530 hay suficiente información detallada sobre los factores requeridos para calcular el espesor de la pared de un tubo de material definido, utilizando las ecuaciones anteriores.

Selección del material de los tubos. El material de los tubos se puede preseleccionar en base a experiencias previas en servicios similares, y deben estar en concordancia con las especificaciones recomendadas en la API 560 [7.3]. Un factor clave a considerar es la temperatura que podrían llegar a alcanzar los tubos en la superficie, basados en la densidad de flujo de calor, $q = Q/A_o$ Btu/(h-pie^2), que se seleccione para el servicio del horno.

Siguiendo el procedimiento recomendado en la API RP 530 [5][11], con la temperatura estimada en la superficie del tubo, y las curvas de esfuerzo de materiales en función de temperatura (presentadas en la misma API 530 [5] se hace la preselección del material que soporte la temperatura estimada. Se debe tener presente que, entre los materiales disponibles para tubos, es posible preseleccionar más de uno, y como hay una relación directa entre el costo, el espesor del tubo y el material, es aconsejable explorar con cálculos para varios materiales y espesores para comparar costos y decidir.

La temperatura en la superficie externa de los tubos se puede estimar utilizando la ecuación Ec. 2.58, considerando el flujo de calor desde la superficie de la pared externa de los tubos, con temperatura T_o, hasta el fluido de proceso, con temperatura promedio T_b. Después de eliminar la resistencia térmica externa, entre los tubos y los gases de combustión, y reordenar la Ec. 2.58, se tiene que la temperatura en la superficie externa del tubo se puede estimar con la ecuación siguiente,

$$T_o = T_b + Q\left(\frac{\text{Ln}(d_o/d_i)}{2\pi kL} + \frac{1}{h_{ic}A_i} + R_{Di}\right) \tag{2.145}$$

Longitud de los tubos. La longitud total de los tubos y el número de tubos requeridos en la sección de convección y en la sección de radiación, dependen del área de transferencia de calor, en cada una de esas secciones, y para esa longitud de tubos requerida, se debe satisfacer que la caída de presión total entre la entrada y la salida del fluido de proceso, debe cumplir con el rango de caída de presión permitido para el horno; adicionalmente, la relación Longitud/Diámetro (L/D) debe estar en los rangos recomendados para las secciones de convección y radiación, y la longitud de cada tubo debe garantizar el uso de la mínima cantidad de interconexiones (conectores en U o tipo cabezote), soportes y guías. La API 560 [6.3.10] recomienda que, para hornos con tubos en posición vertical, la máxima longitud recta de tubos a usar en la sección de radiación es de 60 pie (18,3 m); y para hornos con tubos en posición horizontal, la máxima longitud a usar en la sección de radiación es de 40 pies (12,2 m). En ambas secciones, los tubos están unidos por conexiones en U o cabezotes, para lograr la longitud total requerida en los tubos.

Pérdida de Presión en el Fluido de Proceso. En el caso más general, el flujo dentro de los tubos puede ser monofásico y/o bifásico, y en cualquiera de los casos, el fluido está sometido a cambios progresivos de temperatura y presión, definidos y modelados por los principios de la Termodinámica y las tres leyes de conservación de propiedades: la ley de conservación de masa, la ley de conservación de energía térmica y la ley de conservación de cantidad de movimiento.

En este texto vamos a referirnos a un fluido de proceso que entra en estado líquido a un horno, donde recibe cierta cantidad de energía para salir solo como líquido o como líquido parcialmente vaporizado. Bajo esta premisa, durante la operación estable de un horno, el circuito hidráulico del fluido de proceso se puede analizar con la Ec. 2.3 para movimiento forzado, que, como ya vimos en la Sección 2, Definiciones, se transforma en la ecuación de Navier-Stokes, Ec. 2.8, al considerar constante la densidad y la viscosidad. Adicionalmente, si no se considera el efecto de las fuerzas viscosas, la ecuación de Navier-Stokes, se simplifica a la Ec. 2.9, conocida como la ecuación de Euler, la cual bajo régimen estacionario y con flujo en una sola dirección, se puede integrar y obtener la ecuación de Bernoulli, la cual se copia a continuación.

$$(p_1 - p_2) = \alpha_2 \left(\frac{\rho v_2^2}{2g_c} \right) - \alpha_1 \left(\frac{\rho v_1^2}{2g_c} \right) + \rho (g/g_c)(z_2 - z_1) + h_f \qquad (2.19)$$

La Ec. 2.19 se puede aplicar a los tubos unidos por conexiones en U o por cabezotes, en cada paso de las secciones de convección y radiación. Se aclara que el término $\rho(g/g_c)(z_2-z_1)$ se anula tanto en los tubos en posición horizontal como en los tubos en posición vertical. En el primer caso porque z_2 y z_1 están al mismo nivel, y en el segundo caso porque habría un balance en presión hidrostática del fluido dentro de los tubos, por el cambio de dirección del fluido. La Ec. 2.19 puede simplificarse aún más, al considerar que los tramos rectos de los tubos, y las uniones en U o cabezotes, en cada paso, mantienen la sección transversal constante, con lo que $\alpha_1 = \alpha_2$, y por la ley de continuidad $v_1 = v_2$. Con estas simplificaciones, la Ec. 2.19 queda como,

$$(p_1 - p_2) = h_f \tag{2.146}$$

Donde h_f está definida por la Ec. 2.18, y en la aplicación particular a los tubos que conforman un paso, representa la pérdida de presión por la fricción en los tramos rectos de los tubos, y la pérdida de presión por los cambios de dirección en las conexiones en U o en los cabezotes. Si entre la entrada y la salida de cada paso se localizan otros elementos que motiven caída de presión, se debe ubicar su correspondiente coeficiente de resistencia K e incorporarlos en el cálculo de la caída de presión total.

En el Apéndice A, Tabla A.8 se observa que el coeficiente de resistencia K, correspondiente a un tramo recto de tubería, está dado por $K_L = (4fL/d_i)$, el cual se obtiene en base a la definición del factor de fricción de Fanning[1,32,33], en una tubería de diámetro interior d_i y tramo recto de longitud L. Para las uniones con cambio de dirección de 180 grados[33], $K_U = 1,5$.

Factor de fricción f. La expresión del factor de fricción de Fanning se puede formular en base a su definición aplicada a un fluido que fluye, con velocidad v, por el interior de un conducto de longitud L y diámetro interior d_i. En condiciones estacionarias, y asociada a su velocidad, el fluido ejerce una fuerza F sobre la pared interior del conducto, que es proporcional al área de la superficie interior (húmeda), y a su energía cinética ($\rho v^2/2g_c$), según la ecuación siguiente,

$$F = A_s \left(\frac{\rho v^2}{2g_c}\right) f = \pi d_i L \left(\frac{\rho v^2}{2g_c}\right) f \tag{2.147}$$

Donde $A_s = \pi d_i L$ es el área de la superficie interior del conducto, v la velocidad, ρ la densidad del fluido, $g_c = 32{,}174$ lbm-pie/(lbf-s^2) el factor de conversión gravitacional y f es la constante de proporcionalidad conocida como factor de fricción de Fanning. La fuerza F se ejerce en la dirección del flujo y se expresa como,

$$F = (\Delta P) A_f = (\Delta P)\left(\frac{\pi d_i^2}{4}\right) \tag{2.148}$$

Donde ΔP es la caída de presión en la longitud L y A_f es el área de la sección transversal del conducto. Igualando las ecuaciones para F, ordenando y despejando f, se tiene,

$$f_F = \left(\frac{d_i}{4L}\right)\left(\frac{\Delta P}{\rho(v^2/2g_c)}\right) \tag{2.149}$$

La Ec. 2.149 es la definición del factor de fricción de Fanning, f_F, y es oportuno señalar que en mecánica de fluidos es muy utilizado otro factor de fricción, conocido como factor de fricción Moody, f_M, cuyo valor es cuatro veces el de Fanning, $f_M = 4f_F$. El empleo de estos factores va a depender de cuál de ellos fue la base para definir la ecuación donde se vaya a utilizar. Despejando ΔP en la Ec. 2.149, se tiene que la caída de presión en el tramo recto L, viene dada por,

$$\Delta P = \left(\frac{4f_F L}{d_i}\right)\left(\frac{\rho v^2}{2g_c}\right) = K_L V_C \qquad (2.150)$$

Siendo $K_L = (4f_F L/d_i)$ el coeficiente de resistencia en el tramo recto L y V_C el cabezal de velocidad en el tramo recto.

Al sustituir los coeficientes K, correspondientes a tramo recto de tubería y las conexiones en U, en la Ec. 2.146, la caída de presión, entre la entrada y la salida de un paso queda como,

$$(p_1 - p_2) = (4fN_{TP}L_{eT}/d_i)V_C + (N_{TP}-1)(1,5V_C) \qquad (2.151)$$

Donde, N_{TP} es el número de tubos por paso, L_{eT} la longitud efectiva de cada tubo; $(N_{TP}-1)$ el número de conexiones entre tubos; V_C el cabezal de velocidad en el tramo recto y en las conexiones con cambio de dirección, aclarando que, si la sección trasversal de flujo cambia, entre tramos rectos y conexiones, estas velocidades de cabezal serían diferentes.

Una vez que el fluido de proceso ingresa al interior de los tubos de cada paso del horno, en su recorrido va a recibir un flujo constante de calor Q, y va a presentar cambios de presión ΔP, de temperatura ΔT y a partir de cierto punto en el recorrido, puede también presentar cambio de fase, teniéndose así flujo monofásico en un tramo del paso y, al final de ese tramo, inicia el flujo bifásico hasta la salida del horno. Si no ocurre el cambio de fase, entonces se trata de un flujo monofásico en todo el recorrido, desde la entrada hasta la salida. Para flujo monofásico y/o bifásico, los cambios de presión ΔP, de temperatura ΔT y el estado del fluido a lo largo de los tubos, en cada paso, se pueden calcular en varios intervalos de longitud ΔL, seleccionados en base a la longitud de cada paso, desde la entrada hasta la salida.

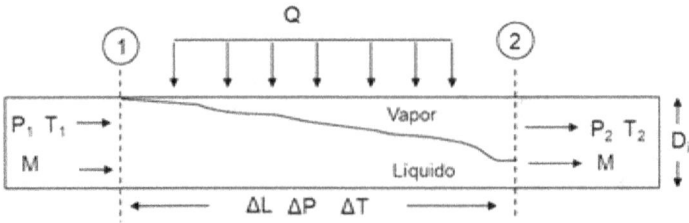

Fig. 2.14. Tramo de tubería con flujo bifásico.

La Fig. 2.14 muestra un esquema generalizado donde se ilustra un tramo de tubería con flujo bifásico que recibe un flujo constante de calor Q, en un incremento de longitud ΔL, con el correspondiente cambio en presión y temperatura. Debido a lo laborioso y riguroso de estos cálculos, cuando el flujo es bifásico, lo recomendable es usar un simulador de procesos que permita seleccionar un número de tramos suficiente, para ejecutar el cálculo en cada uno de los tramos seleccionados en todo el recorrido del fluido. Si no se dispone de simulador, es posible organizar las ecuaciones que se describen a continuación y con la ayuda de correlaciones para estimar propiedades de transporte, elaborar una hoja de cálculo que cubra el mayor número de intervalos de temperatura y presión, entre la entrada y la salida del horno.

Pérdida de Presión en Flujo Monofásico. Para el cálculo de la caída de presión de un flujo monofásico, en un tramo recto de tubería, se puede utilizar la Ec. 2.151 considerando solamente el primer término del miembro de la derecha, que corresponde a la caída de presión por efectos de fricción. Si adicionalmente se sustituye el cabezal de velocidad V_C, definido con la Ec. 2.16, y ($N_{TP}L_{eT}$) por L_P, después de algunas operaciones, se obtiene la Ec. 2.152, con la que se puede calcular la caída de presión ΔP en psi, conocido el diámetro interior d_i en plg., flujo G en lb/(s-pie^2), densidad promedio ρ_m en lb/pie^3, y la longitud recta L_P, en pies, la cual puede ser la longitud total del trayecto recto recorrido por el fluido o varios incrementos entre la entrada y la salida del fluido.

$$\Delta P = \left(\frac{f_F (L_P) G^2}{193{,}42 \rho_{ML} d_i} \right) \qquad (2.152)$$

La ecuación anterior se puede expresar para obtener, la caída de presión por unidad de longitud, ($\Delta P/L$), en psi/pie.

$$(\Delta P/L) = \left(\frac{f_F G^2}{193{,}42 \rho_{ML} d_i} \right) \qquad (2.153)$$

El factor de fricción de Fanning, f_F, se puede evaluar para flujo laminar, Re < 2.100, con la ecuación de Hagen-Poiseuille, Ec. 2.154,

$$f_F = \frac{16}{Re} \qquad (2.154)$$

Para flujo turbulento, Re > 2.100, en la bibliografía de referencias técnicas, se han presentado una diversidad de ecuaciones para calcular el factor de fricción de Fanning entre las que destacan las siguientes: McAdams[3] y colaboradores, proponen la Ec. 2.155 para tubos lisos y la Ec. 2.156 para tubos comerciales.

$$f_F = 0,0014 + \frac{0,125}{Re^{0,32}} \tag{2.155}$$

$$f_F = 0,0035 + \frac{0,264}{Re^{0,42}} \tag{2.156}$$

El factor f_F también se puede obtener con la ecuación de Colebrook modificada por Churchill[1], con Re>4.000, expresada como,

$$\left(\frac{1}{\sqrt{f_F}}\right) = -4Log\left[\frac{0,27\varepsilon}{d_i} + \left(\frac{7}{Re}\right)^{0,9}\right] \tag{2.157}$$

En la Ec. 2.157, el factor ε es la rugosidad del conducto y para tuberías comerciales se ha considerado $\varepsilon=0,0035$.
La densidad promedio del fluido, ρ_{ML}, puede calcularse como el promedio aritmético o la media logarítmica entre la densidad en la entrada, ρ_E y la densidad en la salida ρ_S:

$$\rho_{ML} = \frac{(\rho_E - \rho_S)}{Ln\left(\frac{\rho_E}{\rho_S}\right)} \tag{2.158}$$

La viscosidad promedio del fluido, μ_{ML}, se puede calcular como el promedio aritmético o la media logarítmica entre la viscosidad de entrada μ_E y la viscosidad de salida μ_S.

$$\mu_{ML} = \frac{(\mu_E - \mu_S)}{Ln\left(\frac{\mu_E}{\mu_S}\right)} \tag{2.159}$$

Como se indicó a principios de este apartado 2.4.2, la viscosidad no presenta variación lineal con temperatura, y si no se dispone de una correlación para calcular la viscosidad en función de la temperatura, se puede utilizar la Ec. 2.160 para calcular la viscosidad μ, a una temperatura T entre T_E y T_S. Los factores A y B se pueden obtener, con al menos dos valores de viscosidad y temperatura, aplicando las ecuaciones Ec. 2.161 y Ec. 2.162,

$$\mu = Ae^{(B/T)} \tag{2.160}$$

$$A = \mu_E e^{(-B/T_E)} \tag{2.161}$$

$$B = \frac{\text{Ln}(\mu_E/\mu_S)T_E T_S}{T_S - T_E} \tag{2.162}$$

La capacidad calorífica promedio del fluido, Cp_{ML}, puede calcularse como el promedio aritmético o la media logarítmica entre la entrada, Cp_E y la salida Cp_S:

$$Cp_{ML} = \frac{(Cp_E - Cp_S)}{\text{Ln}\left(\dfrac{Cp_E}{Cp_S}\right)} \tag{2.163}$$

La conductividad térmica promedio del fluido, k_{ML}, puede calcularse como el promedio aritmético o la media logarítmica entre la conductividad a la entrada, k_E y la conductividad a la salida k_S:

$$k_{ML} = \frac{(k_E - k_S)}{\text{Ln}\left(\dfrac{k_E}{k_S}\right)} \tag{2.164}$$

Por otro lado, la API 560 [F.8.4.2] recomienda la ecuación siguiente para calcular la caída de presión, ΔP en plg de agua por cada 100 pie, en tramos rectos de conductos,

$$(\Delta P/100) = 3{,}587 f_M G^2/(\rho d_i) \tag{2.165}$$

Donde f_M es el factor de fricción Moody, que puede obtenerse con la figura F.7 de la API 560 y también se puede estimar como $f_M = 4 f_F$.

Ejercicio 2.5. Pérdida de presión en el fluido de proceso. A un horno de procesos, cilíndrico vertical, ingresa un flujo de 560.000 lb/h de aceite térmico cuya gravedad es 21,7 °API, con temperatura de 268 °F y presión de 94,7 psia, y recibe calor en la sección de convección y radiación para salir con temperatura de 450 °F y presión de 81,7 psia. La sección de convección está dotada de un banco de 72 tubos, distribuidos en 6 pasos paralelos, y colocados en posición horizontal, arreglados en triángulo equilátero (18 tubos de choque y 54 tubos con superficie extendida). La sección de radiación consta de 78 tubos distribuidos en 6 pasos paralelos, colocados verticalmente en una sola hilera. En ambas secciones, los tubos son de acero al carbón Grado B, norma 40, diámetro externo d_o = 4,5 plg, diámetro interno d_i = 4,026 plg, diámetro nominal d_n = 4 plg, con longitud efectiva de 13 pies en convección y 41,1 pies en radiación. La temperatura del aceite térmico saliendo de convección y entrando a radiación es de 334 °F. Como información adicional, se puede utilizar la Tabla 2.1.1, Ejercicio 2.1, donde se muestran los datos H-T-P para el aceite

térmico, entre las condiciones de entrada y de salida, y las correlaciones empíricas obtenidas para cada una de las propiedades de transporte.
Calcular: a) La caída de presión del aceite en los tubos de la sección de convección y b) La caída de presión del aceite en los tubos de la sección de radiación.

Solución. En la Tabla. 2.1.1, se observa que durante el calentamiento del aceite no hay vaporización, por lo que el flujo es monofásico y la caída de presión por paso se puede calcular con la Ec. 2.152,

$$\Delta P = \left(\frac{f(L_P)G^2}{193{,}42 \rho_{ML} d_i} \right) \qquad (2.152)$$

Esta ecuación se puede aplicar por separado a un paso en la sección de convección y a un paso en la sección de radiación. L_P es la longitud de los tramos rectos de los tubos L_{TP}, más la longitud equivalente, L_U, de los elementos en U que conectan a los tubos en cada paso, siendo $L_P = L_{TP} + L_{UP}$.

a) Caída de presión en la sección de convección.
Aplicando la Ec. 2.152 al flujo de aceite en los tubos y conexiones en un paso, por la sección de convección, queda como,

$$\Delta P_C = \left(\frac{f_C(L_{PC})(G_P)^2}{193{,}42 \rho_{MC} d_i} \right)$$

Donde ΔP_C es la caída de presión, en psi, en un paso por convección; f_C es el factor de fricción de Fanning para el aceite dentro de los tubos; L_{PC} en pie, es la longitud recta de los tubos más la longitud equivalente de las conexiones U entre los tubos en el paso; G_P es la densidad de flujo de masa o velocidad de masa del aceite en los tubos, en lb/(s-pie^2); ρ_{MC} es la media logarítmica de la densidad, en lb/pie^3, entre la entrada y la salida de un paso; y d_i el diámetro interno de los tubos en plg.
Según la información suministrada, en la sección de convección se tiene lo siguiente:
Número de tubos, $N_{TC} = 72$. Número de pasos, $N_P = 6$
Número de tubos por fila N_{TF} = Número de pasos N_P = 6.
Número de filas de tubo $N_F = N_{TC}/N_{TF} = 72/6 = 12$ filas.
Número de tubos por paso, $N_{TP} = N_F = 12$
Diámetro interno de los tubos, $d_i = 4{,}026$ plg.
Número de conexiones entre tubos, $N_U = (N_{TP} - 1) = 11$.
De la Tabla A.8 se tiene que la longitud equivalente de una conexión en U, viene dada por, $L_e = 75(d_i/12) = 75 \times (4{,}026/12) = 25{,}16$ pies.
Longitud efectiva de un tubo, $L_{eT} = 13$ pies.
Longitud total de tubos por paso, $L_{TP} = N_{TP} \times L_{eT} = 12 \times 13 = 156$ pie.
Longitud equivalente de las conexiones U por paso, $L_{UP} = L_e \times N_U$.

$L_{UP} = 11 \times 25{,}16 = 276{,}76$ pie.
Longitud total de un paso, $L_{PC} = 156 + 276{,}76 = 432{,}76$
Flujo total de aceite. $M = 560.000$ lb/h
Flujo por paso, $M_P = M/N_P = 560.000/6 = 93.333{,}33$ lb/h
Diámetro interno de los tubos, $d_i = 4{,}026$ plg
Sección transversal de los tubos, $a_s = \pi(d_i/12)^2/4 = 0{,}088$ pie².
Densidad de flujo de masa, $G_{PC} = M_P/a_s$
$G_{PC} = 93.333{,}33/(3600 \times 0{,}088) = 293{,}28$ lb/(s-pie²).
Propiedades promedio del aceite, calculadas como la media logarítmica entre la propiedad a la temperatura de entrada y a la temperatura de salida. Con las propiedades leídas o interpoladas directamente en la Tabla 2.1.1, o aplicando las correlaciones para cada propiedad, mostradas en la misma tabla, se obtienen resultados similares.
Temperatura de entrada y de salida: 268 °F y 334 °F.
Leyendo directamente o interpolando en la Tabla 2.1.1, se tiene,
Densidad entrando y saliendo: 52,88 lb/pie³ y 51,28 lb/pie³.
Densidad promedio logarítmico: 52,08 lb/pie³.
Viscosidad entrando y saliendo: 0,624 cP y 0,455 cP.
Viscosidad promedio logarítmico: 0,5351 cP o 1,295 lb/(hr-pie).
Módulo de Reynolds, $Re = (G_{PC} \, d_i)/\mu = 293{,}28 \times 3600 \times (4{,}026/12)/1{,}295$
$Re = 273.531{,}7$
El factor de fricción se calcula con la Ec. 2.156,
$f_C = 0{,}0035 + 0{,}264/(273.531{,}7)^{0,42} = 0{,}00487$.
Aplicando la ecuación Ec. 2.152, adaptada a un paso en convección, la caída de presión por paso es,
$\Delta P_C = 0{,}00487 \times 432{,}76 \times (293{,}28)^2/(193{,}42 \times 52{,}08 \times 4{,}026) = 4{,}47$ psi.

b) Caída de presión en la sección de radiación.
Siguiendo el mismo procedimiento que para la sección de convección, la caída de presión en el aceite fluyendo por los tubos de un paso en la sección de radiación, viene dada por,

$$\Delta P_{PR} = \left(\frac{f(L_{PR})(G_P)^2}{193{,}42 \, \rho_{MR} \, d_i} \right)$$

Número de tubos en radiación, $N_{TR} = 78$.
Número de pasos, $N_P = 6$
Número de tubos por paso, $N_{TP} = N_{TR}/N_P = 13$
Longitud efectiva de un tubo, $L_{eT} = 41{,}1$ pie.
Longitud de tubos por paso, $L_{TP} = N_{TP} \times L_{eT} = 13 \times 41{,}1 = 534{,}3$ pie
Número de conexiones U, $N_U = (N_{TP} - 1) = 13 - 1 = 12$
Longitud equivalente de las conexiones por paso, $L_{UP} = N_U \times L_{EU}$
$L_{UP} = 12 \times 25{,}16 = 301{,}92$ pie.

Longitud total, $L_{PR} = L_{TP} + L_{UP} = 534{,}3 + 301{,}92 = 836{,}22$
Flujo total de aceite. $M = 560.000$ lb/h
Flujo por paso, $M_P = M/N_P = 560.000/6 = 93.333{,}33$ lb/h
Diámetro interno de los tubos, $d_i = 4{,}026$ plg
Sección transversal de los tubos, $a_s = \pi(d_i/12)^2/4 = \pi(4{,}02/12)^2/4$
$a_s = 0{,}0884$ pie^2
$G_{PC} = M_P/a_s = 93.333{,}33/(3600 \times 0{,}0884) = 293{,}28$ lb/(s-pie^2).
Propiedades promedio del aceite, calculadas como la media logarítmica entre los valores de la propiedad a la temperatura de entrada y a la temperatura de salida en el paso de radiación.
Temperatura de entrada, 334 °F.
Temperatura de salida, 450 °F.
Leyendo directamente o interpolando en la Tabla 2.1.1, se tiene,
Densidad entrando, obtenida en el punto anterior, 51,28 lb/pie^3.
Densidad saliendo, 48,16 lb/pie^3.
Densidad promedio 49,70 lb/pie^3
Viscosidad entrando, obtenida en el punto anterior, 0,455 cP.
Viscosidad saliendo, 0,292 cP.
Viscosidad promedio, 0,3676 cP, o 0,8896 lb/(hr-pie).
Reynolds, $Re = (G_{PC}\, d_i)/\mu = 293{,}28 \times 3600 \times (4{,}026/12)/0{,}8896$
$Re = 398.183$
El factor de fricción de Fanning se calcula con la Ec. 2.155,
$f = 0{,}0035 + 0{,}264/(398.183)^{0{,}42} = 0{,}00467$.
$\Delta P_{TR} = 0{,}00467 \times 836{,}22 \times (293{,}28)^2/(193{,}42 \times 49{,}70 \times 4{,}026) = 8{,}68$ psi.
Caída de presión en el horno, $\Delta P = \Delta P_C + \Delta P_R$
$\Delta P = 4{,}04 + 8{,}68 = 12{,}72$ psi.
La caída de presión permitida en el horno es $\Delta P = P_E - P_S = 13$ psi.

Pérdida de Presión en Flujo Bifásico. Los sistemas de flujo bifásicos son complejos y requieren de soluciones rigurosas, debido a las variables de flujo asociadas con las dos fases y también debido a la naturaleza compleja de la diversidad de patrones de flujo que se pueden presentar[35,51]. Por esta razón se ve natural que los primeros modelos desarrollados para sistemas bifásicos fueran patrones de flujo independiente. Estos modelos simplemente ignoran la compleja configuración de flujo bifásico y tratan el flujo con herramientas desarrolladas para el flujo monofásico.

En sistemas de flujo bifásico[51,52], el líquido tiende a ir hacia la pared y el gas a concentrarse en el centro, pero en base a las condiciones de flujo y naturaleza de los fluidos, se pueden presentar varios grados de dispersión de cada fase, generando diversos patrones de flujo, lo que dificulta la unificación de la formulación de modelos para análisis y evaluación hidráulica y térmica. En un flujo bifásico se considera la presencia de la fase vapor, cuya fracción en peso es x, y la fase líquida cuya fracción en peso es (1-x). Generalmente, en la entrada del fluido de proceso a un horno, el flujo es monofásico con x = 0, y si las condiciones lo permiten, a la salida puede ser bifásico. Cuando esto último ocurre, el cambio de fase se inicia en un punto, entre la entrada y la salida, que puede ser determinado mediante cálculos de equilibrio termodinámico, entre el líquido y el vapor, lo que hace algo difícil precisar, con exactitud, el punto donde se inicia el cambio de fase.

Se han propuesto varios modelos para estudiar el comportamiento de flujo bifásico, y entre ellos los que más se conocen y se utilizan, y han sido objeto de estudios y evaluaciones, son el Modelo Homogéneo y el Modelo de Flujo Separado. El primero será presentado y descrito a continuación.

Modelo Homogéneo. Este método consiste en adoptar propiedades promedio para la mezcla de ambas fases y utilizarlas en la ecuación de flujo monofásico para calcular la caída de presión del flujo bifásico. Mac Adams y colaboradores[35], presentaron un método que se ubica dentro de este modelo, y produce muy buenos resultados. Para obtener las propiedades de transporte del flujo bifásico, este modelo considera la mezcla de líquido y vapor, afectada por la fracción vaporizada x, y se pueden utilizar las ecuaciones siguientes:

Volumen específico de la mezcla en pie^3/lb, V_{EGL}.

$$V_{EGL} = xV_G + (1-x)V_L \tag{2.166}$$

Densidad de la mezcla en lb/pie^3, ρ_{GL}.

$$\frac{1}{\rho_{GL}} = \frac{x}{\rho_G} + \frac{1-x}{\rho_L} \tag{2.167}$$

Viscosidad de la mezcla, μ_{GL}.

$$\frac{1}{\mu_{GL}} = \frac{x}{\mu_G} + \frac{1-x}{\mu_L} \tag{2.168}$$

Con la Ec. 2.152 se puede calcular la caída de presión en psi, conocido el diámetro interno de los tubos, d_i en plg; el flujo G en lb/(s-pie^2), la densidad promedio del fluido, ρ_{GL} en lb/pie^3, y la longitud L_P en pie.

$$\Delta P = \left(\frac{f(L_P) G^2}{193,42 \rho_{GL} d_i}\right) \tag{2.152}$$

El factor de fricción se puede obtener, con buena aproximación, utilizando las ecuaciones Ec. 2.154, Ec. 2.155 y Ec. 2.156.

El cálculo se hace para toda la longitud L_P, o se puede seleccionar intervalos de longitud de la tubería, y al final obtener la caída de presión total. Se recomienda tomar la media logarítmica de las propiedades, entre el inicio y final de la longitud utilizada, bien sea para L_P o para cada intervalo seleccionado. En el Ejercicio 3.6 se aplica este modelo.

3 Cálculos.

El diseño o la evaluación de un horno de proceso, son actividades basadas en cálculos térmicos e hidráulicos, soportados con la información obtenida del proceso de combustión. Estos cálculos, se fundamentan en la aplicación de los principios de transferencia de calor, de cantidad de movimiento y de masa, soportados con las leyes de la Termodinámica. A continuación, se resumen y presentan metodologías y secuencias de cálculos básicos, soportados por ecuaciones, fórmulas, correlaciones e información técnica, que son de dominio público, y que pueden utilizarse como material de enseñanza o aprendizaje para la introducción al diseño y evaluación de hornos de procesos utilizados en las plantas de procesamiento de hidrocarburos, y que son de fácil adaptación a hornos de otros procesos industriales.

Existe una variedad de publicaciones, textos y sistemas computarizados (simuladores), fundamentados en los conceptos y principios señalados anteriormente, que facilitan el cálculo de estos equipos; sin embargo, ante la importancia que el funcionamiento de los hornos de procesos tienen en una planta, solamente los ingenieros diseñadores de hornos ("Furnace Man") están calificados para decidir sobre la aplicación de procedimientos de cálculos para el diseño de un horno para un servicio en particular.

3.1 Diseño.

Un nuevo horno es una inversión importante, con una vida de diseño típica de 20 años y una vida útil de operación al menos 40 años, por lo que todas las decisiones tomadas durante la fase de diseño tendrán importantes implicaciones por décadas para sus propietarios. Durante el diseño de un horno hay dos fases principales: la de *diseño de proceso* y la *de diseño mecánico*. Se debe tener presente, que la fase de diseño mecánico se sustenta en la fase de diseño de proceso. Este texto está centrado en el diseño de proceso y cuando sea necesario, se hará referencia a algunos criterios y detalles mecánicos, ya que, en la fase de diseño mecánico, se deben generar dibujos y planos detallados listos para fabricación, que se deben suministrar al propietario, quien los entregará a la empresa o taller que construirá el horno.

El diseño de proceso de un horno, tiene sus bases en los balances preliminares de masa y energía, los cuales contemplan las entradas y salidas del fluido de proceso y la entrada del combustible y el aire para la combustión, y la salida de los gases de combustión. Con la información obtenida del balance de masa y energía, el diseño de proceso comprende la ejecución de cálculos de combustión, cálculos térmicos y cálculos hidráulicos, los cuales requieren de información detallada del fluido de proceso y sus condiciones de entrada a la sección de convección y las condiciones requeridas a la salida de la sección de radiación. Adicionalmente se requiere de: tipo y condiciones del combustible disponible, condiciones del aire del medio ambiente y la densidad de energía radiante a utilizar en los tubos de radiación y de convección.

3.1.1 Cálculos de Combustión.

Los gases de combustión son los portadores de la energía liberada durante la quema del combustible en los quemadores, y por esta razón son un factor de suma importancia en el diseño de un horno de proceso. En base a esto, en el apartado 2.2.2, factores de interés en combustión, se han identificado algunos factores[3,17], que se deben conocer para poder ejecutar los cálculos asociados al diseño de un horno, entre los que destacan:

- Porcentaje de Aire en Exceso.
- Poder Calorífico del combustible.
- Relación aire / combustible, W_A/W_C
- Relación gas de combustión / combustible, W_G/W_C
- Composición y propiedades de los gases de combustión.
- Temperatura estimada de la llama, T_F.

Los valores de cada uno de los factores de interés en combustión, dependen de: el tipo y composición del combustible utilizado, de la estequiometría de las reacciones de oxidación de cada componente del combustible y de las condiciones del ambiente de donde se toma el aire para la combustión. Para obtener los factores de interés en la combustión, se recomienda proceder con la secuencia de cálculos que se muestra a continuación. Es recomendable elaborar una hoja de cálculo electrónico para procesar toda la información requerida y facilitar la obtención de los factores.

a) **Bases de cálculo**. En primer lugar, se deben definir las premisas y las bases que servirán de soporte a los cálculos de los factores de combustión, destacando, entre otras.

- Tipo, condiciones y composición del combustible.
- Flujo base de combustible.
- Condiciones y composición del aire.
- Condiciones estándar de temperatura y presión.
- Información estequiométrica de las reacciones de combustión.

b) **Estequiometría de combustión**. En base a los componentes presentes en el combustible, obtener en la Tabla 2.1, para combustible gaseoso, o en la Tabla 2.2, para combustible líquido, o en otra fuente disponible, las reacciones de combustión que apliquen y con ellas los moles estequiométricos de Oxígeno para combustión completa de cada componente, OEC, y los moles para la formación de agua, H_2O, Dióxido de Carbono, CO_2, y Dióxido de Azufre, SO_2.

c) **Oxígeno total requerido en la combustión.** Para obtener la cantidad de oxígeno requerido, multiplicar la fracción molar de cada componente en el combustible, por los moles estequiométricos de Oxígeno para combustión completa de cada componente, OE_i, y así obtener la cantidad de moles de Oxígeno requerido por componente para la combustión, OR_i. Con la suma de los moles requeridos por cada componente, se obtiene el Oxígeno total requerido, OR, para la combustión completa,

$OR = \Sigma(\%C_i/100)(OE_i) = \Sigma OR_i$

Siendo $\%C_i$, el porcentaje molar de cada componente en el combustible.

d) **Productos formados en la combustión.** Multiplicar la fracción molar de cada componente presente en el combustible, por los moles estequiométricos de cada producto formado en la reacción de combustión, y así obtener los moles de cada producto formado por componente, con cuya suma se obtienen los moles totales producidos. Así se obtienen los moles de agua, W_{H2O}, de Dióxido de Carbono, W_{CO2}, y de Dióxido de Azufre, W_{SO2}, referidos a la base tomada para el flujo de gas combustible.

$W_{H2O} = \Sigma(\%C_i/100)(\text{Moles de } H_2O)$
$W_{CO2} = \Sigma(\%C_i/100)(\text{Moles de } C_{O2})$
$W_{SO2} = \Sigma(\%C_i/100)(\text{Moles de } S_{O2})$

e) **Aire requerido en la combustión.** Calcular el aire requerido para la combustión, AR, dividiendo el Oxígeno total requerido, OR, obtenido en c), entre el porcentaje de Oxígeno en el aire (%vol O_2), definido en las premisas y bases de cálculo,

$AR = OR/(\%vol\ O_2/100)$.

Se aclara que el aire así calculado también se le llama aire seco, ya que no se incluye la humedad presente en el aire tomado del ambiente.

f) **Aire en exceso (AE), Oxígeno en exceso (OE).** Aplicar el porcentaje de aire en exceso (PAE) seleccionado, según lo indicado por el propietario del horno o en base a los rangos descritos en el apartado 2.2.2 según la recomendación de la API 560 [F.3.2.2].

$AE = (PAE/100)(AR)$

El Oxígeno en exceso, OE, se calcula multiplicando el aire en exceso, AE, por el contenido porcentual de Oxígeno en el aire, definido en las premisas y bases de cálculo (% vol O_2.),

$OE = (AE)(\%vol\ O_2/100)$.

El total de aire seco utilizado en la combustión, AS, es igual al aire requerido, AR, más el aire en exceso AE,

$AS = AR + AE$.

El aire total, W_A, que ingresa al horno es igual al aire seco, AS, más la humedad que contiene el aire, y se puede calcular con la expresión siguiente,

$W_A = AS + AS(Y^*) = AS(1+Y^*)$.

Donde Y^* es la humedad absoluta del aire en moles de humedad por mol de aire seco. Si la humedad disponible está expresada en masa de humedad por masa de aire seco, que generalmente se simboliza como Y, entonces $Y^* = 1,61Y$. Donde 1,61 es la relación entre el peso molecular del aire y el peso molecular del agua ($29/18 = 1,61$).

g) **Relación aire total/combustible W_A/W_C.** Dividir el aire total utilizado, W_A, entre el total de combustible quemado, W_C. La relación puede presentarse en moles, kilogramos o en libras.

h) **Relación gas de combustión / combustible W_G/W_C.** En d) se describió como calcular la cantidad total de cada producto formado (H_2O, CO_2 y SO_2) durante la reacción, que pasan a formar parte de los gases de combustión. Adicional a estos gases formados, también se debe incluir en los gases de combustión a los componentes presentes en el combustible que no reaccionan; y los elementos presentes en el aire total utilizado, W_A, tales como el Oxígeno en exceso OE, el vapor de agua y el Nitrógeno.

Humedad en el aire. La humedad presente en el aire, se calcula como,

$W_{Hum} = (1,611Y)\ AS$.

Nitrógeno que ingresa con el aire. El Nitrógeno que ingresa con el aire, W_{N2}, se calcula en base al contenido porcentual de Nitrógeno, definido en las premisas y bases de cálculo, y viene dado por,

$W_{N2} = (\%\ vol.\ N_2/100)AS$.

Oxígeno en exceso. El Oxígeno que ingresa con el exceso de aire, no reacciona y pasa a formar parte de los gases de combustión, y viene dado por,

$W_{O2} = OE = (AE)(\%vol\ O_2/100)$.

Los moles totales de gas de combustión, W_G, se puede calcular como,

$W_G = (W_{H2O} + W_{CO2} + W_{SO2}) + W_{Hum} + W_{N2} + W_{O2}$

i) **Composición del gas de combustión**. Como se refirió en h), el gas de combustión es la mezcla de elementos formados durante la reacción (H_2O, CO_2 y SO_2), y elementos que ingresan con el combustible o el aire y no participan en la reacción (H_2O, CO_2, N_2 y O_2).

j) **Poder calorífico del combustible**. Obtener en la Tabla 2.1, para combustible gaseoso, o en la Tabla 2.2, para combustible líquido, o en otra fuente disponible, el poder calorífico de cada elemento y calcular el aporte de cada uno de ellos al poder calorífico del combustible, multiplicando el contenido porcentual de cada componente en el combustible, por su correspondiente poder calorífico.

Otra opción es seleccionar en la Tabla A.11.2, la correlación generalizada que aplique para calcular el poder calorífico del combustible.

Se debe tener presente que el poder calorífico que se utiliza en los cálculos de combustión es el Poder Calorífico Bajo, PCB; si el poder calorífico disponible por componente, es el Poder Calorífico Alto, PCA, una forma de obtener el PCB es utilizar la Ec. 2.20.

$$PCB = PCA - \lambda W \tag{2.20}$$

Donde W es la relación entre la cantidad de vapor de agua formado en la combustión y la cantidad de combustible quemado; λ es el calor latente de vaporización del agua que podría tomarse como 1.074 Btu/lb (597 kcal/kg) como un valor representativo para las condiciones de proceso.

k) **Temperatura de llama, T_F**. Estimar la temperatura de llama, T_F, utilizando las ecuaciones Ec.2.25. y Ec. 2.26, que se copian a continuación.

$$T_F = T_R + \frac{W_C PCB + W_A C_{PA}(T_A - T_R)}{W_G C_{PG}} \tag{2.25}$$

$$W_G C_{PG} = \sum_{1}^{n}(WC_P)_i \tag{2.26}$$

Debido a la variación de la capacidad calorífica de los gases de combustión, con la temperatura T_F, el cálculo se ejecuta en forma iterativa como se ilustra en el Ejercicio 3.1.

Basado en la secuencia de actividades anteriormente descritas, se elaboró una hoja de cálculo electrónico para obtener los factores de combustión y fue aplicada en el Ejercicio 3.1, cuyos resultados se muestran en las tablas, Tabla 3.1.2, Tabla 3.1.3 y Tabla 3.1.4.

Ejercicio 3.1. Factores de combustión. Para el diseño preliminar de un horno, se dispone de un gas combustible, cuya composición se muestra en la Tabla 3.1.1, y para la combustión se utilizará aire, con temperatura T_A = 80 °F, 60%

de humedad relativa y humedad absoluta Y = 0,015 lb de humedad por lb de aire seco.

Tabla 3.1.1 Composición del gas combustible

Comp.	CO_2	CH_4	C_2H_6	C_3H_8	C_4H_{10}	C_5H_{12}	Total
% Mol	1,4	88	9,96	0,6	0,02	0,02	100

Considerando combustión completa de 1 mol/h de gas combustible, calcular:

- Oxígeno requerido y Aire requerido, OR, AR.
- Aire en exceso y Oxígeno en exceso, AE, OE.
- Gas de combustión producido, W_G, y su composición.
- Relación entre aire total y el gas combustible, W_A/W_C.
- Relación entre gas de combustión y gas combustible W_G/W_C.
- Poder calorífico bajo (neto) del gas combustible, PCB.
- Temperatura de llama, T_F.

Solución.

Se aplica la hoja de cálculo elaborada en base a la secuencia de actividades para obtener los factores de combustión, cuya plantilla se muestra en la Tabla 3.1.2. En la columna A de esta tabla se insertaron los componentes del gas combustible y en las columnas B y C, los respectivos porcentajes (%mol/vol) y pesos moleculares.

Tabla 3.1.2. Cálculos de Combustión - Base: 1 mol/hr de combustible gaseoso

	A	B	C	D	E	F	G	H	I	J	K	L	M	N	O
	\multicolumn{3}{c}{Combustible gaseoso}		\multicolumn{2}{c}{Moles de O_2}	\multicolumn{2}{c}{Moles de H_2O}	\multicolumn{2}{c}{Moles de CO_2}	\multicolumn{2}{c}{Moles de SO_2}	Masa de Combustible	\multicolumn{2}{c}{Poder Calorífico Neto}
	Gas	% Mol	Peso Mol	Reacciones	Teor.	Requer.	Teor.	Form.	Teor.	Form.	Teor.	Form.	lb	Btu/lb	kJ/kg
		Y	M		A	B =YxA	C	D =YxC	E	F =YxE	G	H=YxG			
1	CO_2	1,40	44							0,014			0,616	0	0
2	CH_4	88,00	16	$CH_4 + 2 O_2$	2,00	1,760	2,0	1,760	1,0	0,880			14,08	21.500	50.009
3	C_2H_6	9,96	30	$C_2H_6 + 3,5 O_2$	3,50	0,349	3,0	0,299	2,0	0,199			2,988	20.420	47.497
4	C_3H_8	0,60	44	$C_3H_8 + 5 O_2$	5,00	0,030	4,0	0,024	3,0	0,018			0,264	19.930	46.357
5	C_4H_{10}	0,02	58	$C_4H_{10} + 6,5 O_2$	6,50	0,0013	5,0	0,001	4,0	0,001			0,0116	19.670	45.752
6	C_5H_{12}	0,02	72	$C_5H_{12} + 8 O_2$	8,00	0,0016	6,0	0,001	5,0	0,001			0,0144	19.500	45.357
7	Total	100	17,974			2,142		2,085		1,113			17,97	20.558	47.817

a) Bases de cálculo:

- Composición del gas combustible en la Tabla 3.1.1.
- Flujo base de combustible, W_C = 1,0 mol/h de gas combustible.
- Condiciones y composición del aire: Temperatura T_A = 80 °F, Humedad relativa, 60%, Humedad absoluta Y = 0,015 lb de agua por lb de aire seco. 21%vol de O_2 y 79%vol de N_2.

- Condiciones estándar, 25°C (298,15 °K), 101,325 kPa (1 atm, 14,696 psi).
- Temperatura de referencia, $T_R = 60$ °F.
- Reacciones de combustión, disponible en la Tabla 2.1.

b) Estequiometría de combustión. Para combustible gaseoso y con la composición dada, se ubicaron en la Tabla 2.1 las reacciones de combustión que apliquen y se insertan en la columna D de la Tabla 3.1.2. También se ubicaron los correspondientes moles estequiométricos (teóricos) de O_2, H_2O, CO_2 y SO_2 y se insertaron en las columnas E, G, I. y K.

c) Oxígeno total requerido en la combustión (OR). En la columna F de la Tabla 3.1.2, se muestran los moles de Oxígeno requerido para la combustión de cada componente, y en F-7 se observa que se requiere un total 2,142 moles de Oxígeno (OR = 2,142 moles).

d) Productos formados en la combustión. Los moles totales formados de: agua, (W_{H2O}), Dióxido de Carbono, (W_{CO2}) y Dióxido de Azufre, (W_{SO2}), por mol de gas combustible, se muestran en las columnas H, J y L respectivamente.

W_{H2O} = 2,085 moles de agua.
W_{CO2} = 1,113 moles de Dióxido de Carbono.
W_{SO2} = 0,0 moles de Dióxido de Azufre.

e) Aire requerido en la combustión (AR). El aire requerido para la combustión se obtuvo dividiendo el Oxígeno total requerido, OR, entre la fracción de Oxígeno presente en el aire, definido en las premisas y bases de cálculo; obteniendo que los moles de aire requeridos en la combustión son,

AR = OR/(%O_2/100) = 2,142/0,21 = 10,2 moles.

Se aclara que el aire así calculado también se le llama aire seco, o en base seca, ya que no se incluye la humedad presente en el aire tomado del ambiente.

f) Aire en exceso (AE), Oxígeno en exceso (OE) y Aire total (W_A). En base a la API 560 [F.3.2.2], se toma 15% como porcentaje de aire en exceso (PAE), con lo que se tiene que la cantidad de moles de *aire en exceso* (AE) es,

AE = AR (PAE/100) = (10,2)(0,15) = 1,53 moles de aire

El Oxígeno en exceso, OE, se obtiene multiplicando el exceso de aire, AE, por el contenido porcentual de Oxígeno en el aire, definido en las premisas y bases de cálculo, (21%vol de O_2.),

OE = (AE)(%vol O_2/100) = (1,53)(0,21) = 0,321 moles de O_2.

El total de aire seco utilizado en la combustión, AS, es igual al aire requerido, AR, más el aire en exceso AE,

AS = AR + AE = 10,2 + 1,53 = 11,73 moles de aire seco

La humedad que ingresa con el aire viene dada por,

Humedad = 1,61(Y)(AS) = (1,61)(0,015)(11,73) = 0,283 moles.

El aire total, W_A, que ingresa al horno es igual al aire seco, AS, más la humedad que contiene el aire.

W_A = AS + AS(Y*) = 11,73+0,283 = 12,013 moles.

Donde Y* es la humedad absoluta del aire en moles de humedad por mol de aire seco. Si la humedad disponible está expresada en masa de humedad por masa de aire seco, que generalmente se simboliza como Y, entonces Y* = 1,61Y. Donde 1,61 es la relación entre los pesos moleculares del aire y el agua (29/18 = 1,61).

g) Relación aire total / gas combustible (W_A/W_C). En f) se obtuvo que el aire total a utilizar en la combustión es W_A = 12,013 moles. En a) se definió como base de cálculo W_C = 1 mol de combustible. La relación entre ambos factores viene dada por,

W_A/W_C = (12,013) / (1) = 12,013 moles aire/mol combustible.

h) Relación gas de combustión / combustible, (W_G/W_C). Como se indicó en las bases de cálculo, W_C = 1 mol de combustible. Por otro lado, los moles de gas de combustión, W_G viene dados por,

W_G = (W_{H2O} + W_{CO2} + W_{SO2}) + W_{Hum} + W_{N2} + W_{O2}

Teniendo que,
W_{H2O} = 2,085 moles de agua.
W_{CO2} = 1,113 moles de Dióxido de Carbono.
W_{SO2} = 0,0   moles de Dióxido de Azufre.
W_{Hum} = 0,283 moles de humedad
W_{N2} = (AS)(% vol. N_2/100).= (11,73) (0,79)
W_{N2} = 9,267 moles de Nitrógeno.
W_{O2} = (AE)(%vol O_2/100) = (1,53)(0,21)
W_{O2} = 0,321 moles de Oxígeno de exceso.
W_G = 13,07 moles de gas de combustión.
Obteniendo que,

W_G/W_C = 13,07 moles de gas de combustión/mol de combustible.

i) Composición del gas de combustión. Como se refirió en h), el gas de combustión es la mezcla de elementos formados durante la reacción (H_2O, CO_2

y SO_2), y elementos que ingresan con el combustible o el aire y no participan en la reacción (H_2O, CO_2, N_2 y O_2). En la Tabla 3.1.3 se presenta el resumen de flujo molar y % mol de cada componente.

Tabla 3.1.3 Composición del gas de combustión						
Comp.	H_2O	CO_2	SO_2	N_2	O_2	Total
Moles/h	2,368	1,113	0,00	9,267	0,321	13,07
% Mol	18,12	8,52	0	70,90	2,46	100,00

j) Poder calorífico del combustible. En la Tabla 2.1, para combustible gaseoso, se obtuvo el valor del Poder Calorífico Bajo (Neto) de cada componente y se introdujeron en la columna N de la Tabla 3.1.2. En la columna M se obtuvo la masa en libras de cada uno de los componentes en el gas combustible, al multiplicar los moles de cada uno por su peso molecular. En el total de la columna M (celda M-7) se encuentra la masa total de gas combustible, igual a 17,97 lb; y en el total de la columna N (celda N-7) se encuentra el Poder Calorífico Bajo ponderado igual a 20.558 Btu/lb.

k) Temperatura de llama. La temperatura de llama, T_F, se puede estimar usando las ecuaciones Ec. 2.25. y Ec. 2.26, descritas en el apartado 2.1.2, Factores de interés en combustión,

$$T_F = T_R + \frac{W_C PCB + W_A C_{PA}(T_A - T_R)}{W_G C_{PG}} \qquad (2.25)$$

$$W_G C_{PG} = \sum_{1}^{n}(WC_P)_i \qquad (2.26)$$

La información requerida para calcular T_F es la siguiente:

- Flujo de combustible, $W_C = 1$ mol/h.
- Poder calorífico bajo, PCB = 205.260 Cal/mol (20.558 Btu/lb).
- Flujo de aire para la combustión, $W_A = 12,013$ moles/h.
- Flujo molar y composición del gas de combustión, $W_G = 13,07$ moles/h, y composición en la Tabla 2.7.3.
- Temperatura del aire, $T_A = 299,82$ °K (80°F).
- Temperatura de referencia, $T_R = 288,70$ °K (60 °F).

Para calcular la capacidad calorífica del gas de combustión, C_{PG}, se necesita la capacidad calorífica de cada uno de sus componentes, a la temperatura promedio entre la temperatura de llama, T_F, y la temperatura de referencia T_R. Por esta razón, la Ec. 2.25 tendrá más de una incógnita y se resolverá por ajuste y error. A continuación, se describe un procedimiento para calcular T_F.

- Suponer un valor para la temperatura de llama, T_F.
- Establecer un nivel de precisión aceptable para la diferencia entre T_{FS} supuesto y T_F que se calculará con la Ec. 2.25.
- Calcular la temperatura $T_m = (T_{FS} + T_R)/2$.
- A la temperatura T_m calcular la capacidad calorífica de cada componente (usando las correlaciones presentadas en la Tabla A.12), y con estos resultados y la composición del gas combustión dado en la Tabla 3.1.3, obtener la capacidad calorífica promedio del gas combustible, C_{PG}.
- A la temperatura promedio $(T_A + T_R)/2$, calcular la capacidad calorífica del aire, para incluirla en la Ec. 2.25.
- Con la información requerida, descrita anteriormente, y la Ec. 2.25, calcular la temperatura de llama T_F.

Tabla 3.1.4. Temperatura de llama y Capacidad Calorifica de Gases. Ejercicio 3.1.

Gas	% Mol	Peso Molecular	$Cp = A + BxT + CxT^2 + DxT^3$, T en °K				Cp Cal/(mol-°K)
			A	$Bx10^{-3}$	$Cx10^{-6}$	$Dx10^{-9}$	
H_2O	18,12	18	8,1	-0,72	3,63	-1,16	10,35
CO_2	8,52	44	5,14	15,4	-9,94	2,42	13,42
SO_2	0,00	64	7,07	-1,32	3,31	-1,26	8,03
N_2	70,90	28	6,92	-0,65	2,8	-1,14	8,16
O_2	2,46	32	6,22	2,71	-0,37	-0,22	8,53
Total / Prom.	100	27,65					9,01
Aire		29	8,1	0,2901			8,10

Combustible, W_C, mol/hr	1,000	PCB del combustible, Cal/mol	205.260
Gas de combustion, W_G, mol/hr	13,069	C_{PG} gas de combustion, Cal/(mol-°K)	9,01
Aire para la combustion, W_A, mol/hr	12,013	Temperatura del aire, T_A, °K	299,82
Temperatura de llama, T_F, °K	2.040	Temperatura de referencia, T_R °K	288,70
Temperatura de llama, T_F, °F	3.213	$T_F - T_R - \dfrac{W_C PCB + W_A C_{PA}(T_A - T_R)}{W_G C_{PG}}$	0,0000

Si la diferencia entre T_F calculada y T_{FS} supuesta cumple con el nivel de precisión aceptable, detener el cálculo, tomar el último valor supuesto de T_F como la temperatura de llama, y reportar resultados en el formato seleccionado. Si la diferencia entre T_F calculada y T_{FS} supuesta no cumple con el nivel de precisión aceptable, suponer otro valor de T_F y repetir el cálculo desde el cuarto punto de este procedimiento (cálculo de T_m), hasta que se cumpla el nivel de tolerancia aceptable.

En la Tabla 3.1.4 se muestran los resultados obtenidos con los cálculos iterativos ejecutados por la hoja de cálculo desarrollada para estimar la temperatura de llama, cuyo valor obtenido es de $T_F = 3.213$ °F, (2.040 °K). Esta hoja de cálculo se basa en las ecuaciones Ec. 2.25, Ec. 2.26 y las correlaciones para capacidad calorífica de gases en función de temperatura, presentadas en la Tabla A.12, y fue alimentada con la información requerida y definida anteriormente, y utiliza el programa Solver, que es un complemento de Microsoft Excel para el cálculo iterativo de T_F, hasta que la diferencia entre la temperatura de llama supuesta y la calculada sea igual a cero, $(T_{FS} - T_F) = 0,00$, o cumpla con el nivel de precisión establecido.

3.1.2 Cálculos Térmicos en Diseño.

En el apartado 2.3, Transferencia de Calor en Hornos de Procesos, se presentaron y describieron las definiciones y principios básicos de Transferencia de Calor y sus aplicaciones, para la formulación de las ecuaciones que soportan los cálculos térmicos en un horno de procesos. Estas formulaciones están dirigidas fundamentalmente a modelar el balance global de energía en el horno, y también a modelar el proceso de transferencia de calor desde los gases de combustión hacia el fluido de procesos, en las secciones de convección y radiación. Con esas definiciones, también se puede modelar las pérdidas de calor desde el horno hacia el medio ambiente, aunque, por diseño, a estas pérdidas se les ha considerado rangos de porcentajes en base a la energía liberada por el combustible. En base a lo anterior, podemos dividir los cálculos térmicos en diseño para un horno de procesos en:

- Balance global de energía.
- Diseño de la sección de radiación.
- Diseño de la sección de convección.
- Flujo de calor hacia el medio ambiente.

Para desarrollar los cálculos térmicos anteriores, es necesario disponer de la información de procesos que se describe a continuación.

- Tipo, composición y flujo, del fluido de proceso.
- Condiciones de temperatura y presión del fluido entrando al horno.
- Condiciones de temperatura y presión del fluido saliendo del horno.
- Curva de calentamiento del fluido, H-T-P, en base a la temperatura y presión del fluido de proceso entrando y saliendo del horno.
- Tipo, condiciones y composición del combustible disponible.
- Condiciones del aire del medio ambiente: temperatura, humedad y velocidad promedio.
- Regulaciones locales para las emisiones de gases de combustión.
- Rango de la densidad de energía radiante, q_R, a utilizar en la sección de radiación.
- Porcentaje de eficiencia térmica del horno, ε, y porcentaje de pérdida de calor por las paredes del horno, β.

- Especificaciones de tubos disponibles (si los hay).
- Rango de velocidad del fluido dentro de los tubos y de los gases de combustión en la chimenea.
- Temperatura de referencia.

Balance Global de Energía. El balance global de energía en el horno, viene dado por la Ec. 2.116, la cual se copia a continuación,

$$Q_E + Q_L + Q_A + Q_V = Q_S + Q_{GC} + Q_W \qquad (2.116)$$

De la ecuación anterior, la energía transferida al fluido, Q, viene dada por,

$$Q = Q_S - Q_E = (Q_L + Q_A + Q_V) - Q_{GC} - Q_W \qquad (2.117)$$

Todos los términos de las ecuaciones anteriores fueron definidos, descritos y formulados en el apartado 2.3.6.

Para obtener este balance se propone la siguiente secuencia de cálculos:

a) *Energía transferida al fluido de proceso*. La energía Q, requerida por el fluido de proceso, se puede calcular con la Ec. 2.118, la cual se copia a continuación,

$$Q = Q_S - Q_E = M(h_S - h_E) \qquad (2.118)$$

Con el flujo M del fluido de proceso, la temperatura y presión de entrada, T_E y P_E, la temperatura y presión de salida, T_S y P_S y la ayuda de un simulador de procesos, o con un cálculo manual, se genera la curva Entalpía-Temperatura-Presión, H-T-P, como la mostrada en la Fig. 2.12, para el fluido de proceso en el horno. De la curva H-T-P, obtener las energías totales, Q_E y Q_S o las entalpías específicas h_E, h_S, y calcular la energía requerida por el fluido de procesos,

$$Q = Q_S - Q_E$$

b) *Energía liberada por el combustible*. Para calcular la energía liberada por el combustible, Q_L, aplicar la Ec. 2.22,

$$Q_L = W_C (PCB) \qquad (2.22)$$

El Poder Calorífico Bajo, PCB, del combustible se obtiene con los factores de combustión, como se describió en el apartado 3.1.1.

El flujo de combustible utilizado, W_C, se calcula con la Ec. 2.124 o la Ec. 2.125, según se describe en el apartado 2.3.7.

$$W_C = (Q/\varepsilon)/[PCB + (W_A/W_C)C_{PA}(T_A - T_R) +$$
$$+ (W_V/W_C)(C_{PV}(T_V - T_R)]. \qquad (2.124)$$

$$W_C = Q/(\varepsilon \times PCB) \qquad (2.125)$$

La Ec. 2.125 aplica cuando se pueden despreciar las energías Q_A y Q_V, aportadas por el aire de combustión y por el fluido de dispersión respectivamente.

Q es la energía transferida al fluido y calculada según el punto a).

ε es la eficiencia del horno, definido en información de proceso.

PCB, (W_A/W_C) se obtienen como Factores de Combustión, según se describe en el apartado 3.1.1, Cálculos de Combustión.

Cuando el fluido de atomización es vapor de agua, se considera como valor típico para (W_V/W_C) = 0,5 lb de vapor de agua por lb de combustible, es decir que $W_V = 0,5\ W_C$

Las capacidades caloríficas, C_{PA} y C_{PV} se obtienen con las correlaciones apropiadas para el aire de combustión y el fluido de atomización.

c) ***Energía en el aire de combustión Q_A***. Esta energía se puede calcular con la Ec. 2.23 descrita en apartado 2.2.2, en base a la diferencia entre la temperatura del aire T_A y la temperatura de referencia T_R. El valor de Q_A va a depender de si el horno dispone de un sistema de precalentamiento de aire.

Para obtener Q_A proceder como sigue:

i. Calcular el flujo total de aire requerido para la combustión, W_A, en base a la relación aire total/combustible, W_A/W_C, obtenida en el apartado 3.1.1, Cálculos de combustión, y el flujo de combustible W_C obtenido en el punto b).

$W_A = W_C(W_A/W_C)$

ii. La temperatura del aire, T_A y la temperatura de referencia, T_R, fueron definidas en la información de procesos.

iii. Usando una correlación apropiada, obtener la capacidad calorífica del aire, a la temperatura promedio entre $T_m = (T_A + T_R)/2$. En la Tabla A.12, se encuentran correlaciones recomendadas para gases, y para aire recomienda,

$C_{pA}(T) = 8,1 + (0,2901 \times 10^{-3})\ T$ Cal/(gmol-°K)

Para convertir cal/(gmol-°K) a Btu/(lb-°F) dividir entre el PM.

iv. Con W_A, C_{PA}, T_A y T_R, calcular Q_A con la Ec. 2.23.

$$Q_A = W_A C_{pA}(T_A - T_R) \tag{2.23}$$

d) ***Energía del fluido de atomización, Q_V***. Cuando aplique, calcular la cantidad de energía sensible Q_V, que entra con el flujo W_V del fluido requerido a la temperatura T_V y referido a la temperatura T_R, para atomizar el combustible no gaseoso. Cuando el fluido de atomización es vapor de agua, se considera como valor típico para $(W_V/W_C) = 0{,}5$ lb de vapor de agua por lb de combustible, es decir que $W_V = 0{,}5\ W_C$.

$$Q_V = W_V\ C_{PV}\ (T_V - T_R) \tag{2.119}$$

e) **Energía perdida por las paredes del horno, Q_W.** Esta energía se puede calcular con la Ec. 2.120, la cual se copia a continuación,

$$Q_W = Q_L(\beta/100) \tag{2.120}$$

En concordancia con la recomendación de la API 560 [11], el factor β, definido en la información de procesos, se selecciona entre 1,5% y 2,5% del calor liberado por el combustible.

Q_L, energía liberada por el combustible, se obtiene como se describe en el punto b).

f) **Energía que entra a la chimenea, Q_{GC}.** Despejar Q_{GC} en la Ec. 2.117 y, en la ecuación resultante, sustituir los valores obtenidos para Q_L, Q_A, Q_V, Q, y Q_W.

$$Q_{GC} = (Q_L + Q_A + Q_V) - Q - Q_W$$

Diseño de la Sección de Radiación. Los cálculos térmicos en la sección de radiación, permiten obtener el número y distribución de los tubos, y el dimensionamiento requerido de la cámara de radiación, para transferir calor desde los gases de combustión hacia el fluido de procesos que fluye por dentro de los tubos. Para estos cálculos se propone la secuencia siguiente:

a) **Definir las Bases de cálculo.** Con la información de procesos y con criterios de diseño disponibles, definir las premisas y las bases que servirán de soporte para los cálculos en la sección de radiación del horno.

b) **Determinar el número de pasos por los tubos.** Para definir el número de pasos por los tubos, se propone el procedimiento siguiente:

Opción 1. Preseleccionada la especificación de los tubos,

  i. Definir el flujo total, M lb/h, del fluido de proceso que ingresará al horno.

  ii. En la Tabla A.7, u otra fuente confiable, según el servicio del horno, seleccionar la velocidad de masa del fluido en los tubos, G lb/(s-pie^2).

  iii. Con el área seccional, a_s pie^2, de los tubos preseleccionados, y la velocidad de masa seleccionada, calcular el flujo $M_P = G \times a_s$, que fluirá por cada paso o circuito hidráulico formado por varios tubos conectados en serie.

  iv. El número de pasos será $N_P = M/(3600 M_P)$.

Opción 2. Sin preselección de la especificación de los tubos.

i. En base al servicio del horno, seleccionar en la Tabla A.7, o en otra fuente confiable, la velocidad de masa, G lb/(s-pie^2), recomendada para el fluido de proceso en los tubos.

ii. Tomar de la información de procesos, el flujo total de fluido, M lb/h, entrando al horno.

iii. Seleccionar un número de pasos por los tubos, N_P.

iv. Calcular el flujo por paso, $M_P = M/(3.600 \times N_P)$, en lb/s.

v. Aplicar la Ec. 2.142 para calcular el diámetro interno de los tubos, d_i, en plg.

$$d_i = 12\sqrt{\frac{4M_P}{\pi G}} \qquad (2.142)$$

vi. Con el diámetro calculado, ir a la tabla de especificaciones de tubos para hornos, y seleccionar el diámetro, en concordancia a la recomendación de la API 560 [7.1.6].

c) **Energía transferida a la superficie de los tubos Q_{SR}.** Aplicar la Ec. 2.95 para calcular el flujo de calor por radiación y convección en la sección de radiación, y combinarla con la Ec. 2.117, adaptada al balance global de energía en la sección de radiación.

$$Q_{SR} = \sigma F A_{ER}\left[T_G^4 - T_o^4\right] + h_{oc} A_o (T_G - T_o) \qquad (2.95)$$

$$Q_{SR} = (Q_L + Q_A + Q_V) - Q_W - Q_{GR} \qquad (2.117)$$

Donde Q_{GR} es el contenido de energía de los gases de combustión a la temperatura T_G, saliendo de la sección de radiación hacia la sección de convección, expresada con la ecuación siguiente,

$Q_{GR} = W_G C_{PG} (T_G - T_R)$.

Para obtener Q_{SR} con la Ec. 2.117, se requiere la temperatura T_G de los gases de combustión en la sección de radiación; y para obtenerlo con la Ec. 2.95, adicional a la temperatura T_G, se requiere: la temperatura de la superficie de los tubos de radiación, T_o, el factor de Intercambio F, el área efectiva de transferencia en los tubos de radiación, A_{ER}, el coeficiente local de transferencia de calor por convección sobre los tubos h_{oc} y el área total de transferencia de calor, A_{otr}, para la convección sobre los tubos de radiación.. Habrá un valor de T_G para el cual, el valor de Q_{SR} calculado con la Ec. 2.117 y el calculado con la Ec. 2.95, sean iguales o la diferencia entre ellos sea muy cercana a cero.

Debido a que, en la Ec. 2.117 y en la Ec. 2.95 hay varios factores que dependen de la temperatura T_G, la solución se puede lograr mediante un cálculo iterativo que consiste en suponer valores de T_G (para obtener T_o, F, A_{ER} y h_{oc}) hasta que la diferencia entre el valor de Q_{SR} calculado con ambas ecuaciones, se aproxime a cero o cumplan con un nivel de precisión definido. Una opción es utilizar el programa Solver, que es un complemento de Microsoft Excel para cálculos iterativos, en la que se define como función objetivo a la diferencia entre la Ec. 2.95 y la Ec. 2.117, tomando como parámetro de decisión a la temperatura T_G, a la cual se le asigna un valor inicial, para ejecutar los cálculos, y se establece una iteración, hasta que se obtenga un valor de T_G, para el cual la función objetivo sea igual a cero o cumpla con el nivel de precisión establecido.

Es oportuno comentar que lo anteriormente descrito también aplica si en lugar de utilizar la Ec. 2.95, se utiliza la Ec. 2.100 propuesta por Lobo y Evans, considerando F= 0,57 y h_{oc} = 2 Btu/(h-pie^2-°F).

A continuación, se propone un procedimiento iterativo que puede ser fácilmente programado en una hoja de cálculo Excel, que permita obtener la cantidad de calor, Q_{SR}, transferida al fluido en la sección de radiación.

i. Temperatura de los gases de combustión, T_G. En base a la temperatura de llama, T_F, suponer un valor inicial para la temperatura de los gases de combustión, T_G.

ii. Energía en los gases de combustión Q_{GR}. Con la ecuación siguiente, calcular el contenido de energía de los gases de combustión a la temperatura T_G.

$$Q_{GR} = W_G C_{PG} (T_G - T_R)$$

W_G, el flujo de gases de combustión, se calcula sumando los flujos de aire W_A y de combustible W_C, obtenidos según se describe en el apartado Cálculos térmicos para balance global de energía.

C_{PG}, la capacidad calorífica de los gases de combustión, se evalúa a la temperatura promedio entre T_G y T_R, utilizando las correlaciones presentadas en la Tabla A.12, o se obtienen de otra fuente disponible.

Q_{GR} también se puede obtener con la ecuación siguiente,

$$Q_{GR} = \sum_{i=1}^{n}(W_i h_i)$$

En esta última ecuación, W_i y h_i son el flujo de masa y la entalpía específica de cada componente del gas combustible. Las entalpías específicas, h_i, se evalúan a la temperatura T_G, y se pueden obtener con las correlaciones presentadas en la Tabla A.15 o con información de otra fuente disponible.

iii. Energía transferida en radiación, Q_{SR}. Calcular la energía, Q_{SR}, transferida en la sección de radiación, con la Ec. 2.117,

$$Q_{SR} = (Q_L + Q_A + Q_V) - Q_W - Q_{GR} \qquad (2.117)$$

Los valores para: Q_L, Q_A, Q_V y Q_W, se obtienen según procedimientos descritos en el apartado *Cálculos térmicos para balance global de energía*.
El valor de Q_{GR} se obtiene según lo descrito en el punto ii, de este apartado.

iv. Energía del fluido entrando a radiación, Q_B. Con la energía transferida al fluido en la sección de radiación, Q_{SR}, y la energía del fluido saliendo del horno, Q_S, calcular la energía del fluido de proceso entrando a la sección de radiación, Q_B, despejándola de la Ec. 2.91.

$$Q_{SR} = Q_S - Q_B = M (h_S - h_B) \qquad (2.91)$$
$$Q_B = Q_S - Q_{SR}$$

v. Condiciones y propiedades del fluido entrando a radiación. Para obtener esta información, se requiere evaluar la temperatura T_B y presión P_B del fluido entrando a radiación y aplicar una de las opciones siguientes:

Opción 1, en la tabla de datos generados para la curva de calentamiento, H-T-P, ubicar el valor de Q_B, calculado en el punto iv, en la columna que contiene los valores de entalpía, H. Si no hay un valor de H que coincida con Q_B, ubicar el valor menor más cercano y el valor mayor más cercano a Q_B. Una vez ubicados ambos valores, proceder a interpolar y obtener los valores correspondientes a: la temperatura T_B; la presión P_B; la fracción vaporizada x_B, y las propiedades de transporte (densidad, ρ, viscosidad, μ, capacidad calorífica, C_P, y conductividad térmica, k.).

Opción 2, con los datos tabulados de la curva H-T-P, obtener correlaciones en función de temperatura para la energía, H(T), la fracción vaporizada, x(T), y las propiedades de transporte: densidad, $\rho(T)$, viscosidad, $\mu(T)$, capacidad calorífica, $C_P(T)$, y conductividad térmica, k(T). Estas correlaciones se pueden utilizar para el cálculo directo aproximado, y son muy útiles en cálculos iterativos o mecanizados.

Opción 3, si se dispone de la curva de calentamiento, H-T-P, leer en el gráfico, la temperatura T_B y la presión P_B, que correspondan al valor de Q_B calculado en iv. Igualmente, si se dispone de los gráficos para las propiedades en función de temperatura, se puede obtener cada propiedad a la temperatura T_B. Se aclara que, si se trata de un flujo bifásico, a cada T_B y P_B se obtienen los valores de cada propiedad para el vapor y para el líquido, y con estos valores se obtiene la propiedad de la mezcla.

vi. Propiedades del fluido saliendo del horno. Con las condiciones del fluido saliendo del horno, T_S y P_S, y la ayuda de la tabla de datos para el diagrama H-T-P, obtener la fracción vaporizada del fluido de proceso, x_S, saliendo de la sección de radiación, y las propiedades de transporte:

densidad, ρ_S; viscosidad, μ_S; capacidad calorífica C_{PS}; y conductividad térmica k_S.

vii. **Temperatura promedio del fluido de proceso, T_{MF}.** Calcular la temperatura promedio del fluido de proceso, T_{MF}, dentro de los tubos de radiación, $T_{MF} = (T_B+T_S)/2$.

viii. **Coeficiente de convección dentro de los tubos, h_{ic}.** Con la Ec. 2.98 o la Ec. 2.99, calcular el módulo de Nusselt, $Nu = h_{ic}d_i/k$, y luego, con el Nu, obtener el coeficiente local de transferencia de calor, $h_{ic} = (kNu)/d_i$. Los módulos de Reynolds, $Re = Gd_i/\mu$, y Prandtl, $Pr = \mu C_p/k$, para obtener el Nusselt, se calculan con las propiedades de transporte evaluadas a la temperatura T_{MF}. Estos valores se pueden obtener con una de las opciones descritas en el punto v.

ix. **Temperatura de la superficie de los tubos, T_o.** Calcular la temperatura en la superficie externa de la pared de los tubos, adaptando la Ec. 2.58, considerando la densidad de flujo de calor q_R seleccionada para el diseño, y solamente las tres resistencias térmicas entre la temperatura de la superficie de los tubos, T_o y la temperatura promedio del fluido en el interior de los tubos, T_{MF}.

$$\frac{Q}{A_o} = \frac{T_1-T_2}{\frac{1}{h_{ocr}}+R_{Do}+\frac{r_o Ln(d_o/d_i)}{k}+\frac{1}{h_{ic}(d_i/d_o)}+R_{Dio}} \qquad (2.58)$$

$$q_R = \frac{Q_{SR}}{A_o} = \frac{T_o-T_{MF}}{\frac{d_o Ln(d_o/d_i)}{2k}+\frac{d_o}{h_{ic}d_i}+R_{Dio}} = \frac{T_o-T_{MF}}{R_k+R_i}$$

Despejando para T_o,

$T_o = T_{MF} + q_R(R_K + R_i)$

$R_k = d_o Ln(d_o/d_i)/(2k)$, es la resistencia térmica por conducción en la pared de los tubos, siendo d_o el diámetro externo de los tubos, d_i el diámetro interno y k la conductividad térmica del material de los tubos.
$R_i = (d_o/d_i)(1/h_{ic}+R_{Di}) = (1/h_{io} + R_{Dio})$, es la resistencia térmica entre la superficie interna de los tubos y el fluido de proceso. Donde $1/h_{io} = (d_o/d_i h_{ic})$, es la resistencia térmica por convección entre el fluido y la superficie interna del tubo; y $R_{Dio} = (d_o/d_i)R_{Di}$ es la resistencia térmica aportada por el factor de ensuciamiento, R_{Di}, recomendado para el fluido de proceso en el interior de los tubos.
Por otro lado, considerando el flujo de calor entre los gases de combustión a la temperatura T_G, y la superficie de la pared externa de los tubos, con

temperatura T_o, y la resistencia térmica en la superficie externa de los tubos, R_o, la temperatura T_o se puede calcular con la ecuación siguiente,
$T_o = T_G - q_R(R_o)$
Conocidos T_G, T_o y q_R, R_o se calcula con la ecuación siguiente,
$R_o = (T_G - T_o) / q_R$
R_o está compuesta por el inverso del coeficiente de transferencia de calor combinado, $1/h_{ocr}$, y la resistencia debido al sucio que se acumula sobre los tubos R_{Do}, cuyo valor va a depender del combustible que se utilice. Para combustibles gaseosos o líquido livianos, se puede considerar despreciable.
$R_o = R_{ocr} + R_{Do} = 1/h_{ocr} + R_{Do}$
$h_{ocr} = h_{or} + h_{oc} = 1/R_{ocr}$
Donde h_{or} es el coeficiente aparente o ficticio por radiación fuera de los tubos, y h_{oc} es el coeficiente por convección fuera de los tubos.

x. Área de transferencia de calor en los tubos de radiación, A_R. Con Q_{SR} calculado (punto iv.) en base a la temperatura T_G supuesta, y la densidad de energía radiante seleccionada, q_R, calcular el área de transferencia de calor en los tubos de radiación,
$A_R = Q_{SR}/q_R$.

xi. Número de tubos requerido en radiación, N_{TR}. Con el área A_R calculada en el punto anterior, y la superficie externa expuesta por un tubo, $a_{ot} = \pi(d_o/12) \times L_{eT}$, el número de tubos requeridos viene dado por,
$N_{TR} = A_R/a_{ot} = A_R/[\pi(d_o/12) \times L_{eT}]$.
Donde d_o es el diámetro externo de los tubos y L_{eT} la longitud efectiva de un tubo.
Es importante considerar que, si no resulta un número entero en N_{TR}, se recomienda redondear hacia el entero superior.

xii. Longitud requerida en un paso de radiación, L_{PR}. La longitud requerida en un paso, viene dada por la longitud de los tubos rectos más la longitud equivalente de las conexiones entre tubos, que puede ser cabezotes o conexiones en U.

Longitud de los tubos por paso, L_{TP}. Esta longitud viene dada por el número de tubos por paso, N_{TP}, multiplicado por la longitud efectiva de un tubo, L_{eT}. Teniendo que, $L_{TP} = N_{TP} \times L_{eT}$.
Longitud equivalente de las uniones por paso, L_{UP}. Esta longitud viene dada por el número de conexiones, N_{UP}, multiplicada por la longitud equivalente de una conexión, L_{eU}. Ver Tabla A.8.
$L_{UP} = N_{UP} \times L_{eU}$.
Longitud total por paso de radiación, $L_{PR} = L_{TP} + L_{UP}$.

xiii. Distribución de los tubos de radiación. En base al tipo de horno seleccionado, vertical o de celda rectangular, distribuir los tubos según las recomendaciones siguientes dadas en la API 560 [6].
 • Separación entre los centros de tubos adyacentes, igual a dos veces el diámetro nominal de los tubos, $P_T = 2d_n$. API 560 [6.1.3].
 • La separación mínima entre el centro de los tubos de radiación y la superficie interna del refractario o aislante, debe ser 1,5 veces el diámetro nominal de los tubos, con una separación mínima de 4 pulgadas (102 mm) entre la superficie externa de los tubos y la superficie interna del refractario. API 560 [6.3.11].
 • Para los tubos de radiación en posición horizontal, la separación mínima entre el piso o techo y la superficie externa de los tubos, debe ser de 1 pie (304,8 mm). API 560 [6.3.11].

xiv. Dimensiones del horno. Con la distribución definida en el punto xiii., definir alto, H, y diámetro, D, en caso de horno vertical; alto H, largo L y ancho W, en caso de horno tipo celda rectangular. Las dimensiones definidas deben estar en concordancia con las recomendaciones siguientes.

 • API 560 [6.3.5], para hornos verticales, la relación máxima recomendada es H/D <= 2,75. Siendo H la altura del refractario dentro del horno y D, el diámetro del círculo formado por el arreglo de los tubos dentro del horno.
 • API [6.3.6], para hornos tipo caja con tubos en pared lateral, determinar la relación H/W entre la altura del banco de tubos en la pared (o la longitud del tubo recto para los tubos verticales) y el ancho del banco de tubos, según las siguientes limitaciones.
 • Calor absorbido < 12 MMBtu/h (<3,5 MW) 1,5<H/W<2,0.
 • Calor absorbido 12-24 MMBtu/h (3,5-7 MW) 1,5<H/W<2,5.
 • Calor absorbido >24 MMBtu/h (> 7 MW) 1,5<H/W<2,75.

xv. Superficie interna del horno en la sección de radiación. Con las dimensiones obtenidas en xiv, calcular la superficie interna de la sección de radiación, que sería la superficie cubierta por el refractario, A_T, y también calcular el área proyectada del plano frío formado por los tubos, $A_{PF} = N_{TR}L_eP_T$, siendo P_T la separación entre los centros de tubos adyacentes.

xvi. Factor de efectividad α. Con la relación (P_T/d_o), obtener el factor de efectividad α en la Fig. A.1. o con la ecuación siguiente, que correlaciona al factor α con R= (P_T/d_o),

$$\alpha(P_T/d_o) = 0{,}8466 + 0{,}355R - 0{,}2311R^2 + 0{,}0326R^3$$

xvii. Área efectiva de radiación, A_{ER}. Obtener el área efectiva expuesta de los tubos de radiación, A_{ER}, y el área efectiva del refractario, A_{RE}.

$A_{ER} = \alpha A_{PF}$

$A_{RE} = A_T - \alpha A_{PF}$.

xviii. Emisividad de los gases de combustión, e_G. Obtener la emisividad del gas de combustión, usando la Fig. A.2, o con la correlación siguiente.

$e_G = [0,1348 - 8 \times 10^{-6} (T_G) + 3 \times 10^{-9} (T_G)^2] \times Ln(PL) + [0,5006 - 10^{-4}(T_G)]$

Donde T_G es la temperatura de los gases de combustión y PL el producto entre la longitud L del rayo radiante y la presión parcial $P = P_{H2O} + P_{CO2}$, del vapor de agua y del Dióxido de carbono, CO_2, en el gas de combustión, obtenidos en el apartado 3.1.1, Cálculos de combustión. La longitud L del rayo radiante se obtiene según la configuración del horno seleccionado, como se muestra en la Tabla A.9.

xix. Factor de Intercambio, F. Con la relación $R = (A_{RE}/\alpha A_{FP})$ y e_G, obtener el factor de intercambio F, con la Fig. A.3. o con la correlación siguiente,

$F = (0,0456R^2 - 0,4281R - 0,221)(e_G)^2 +$
$(-0,038R^2 + 0,2988R + 1,1121)(e_G) + (0,0652R - 0,01)$

xx. Coeficiente ficticio, o aparente, de radiación, h_{or}. Aplicando la Ec. 2.43, con $F = F_e F_A$, calcular el coeficiente ficticio (aparente) de radiación, h_{or}, sobre los tubos, en Btu/(h-pie²-°F).

$$h_{or} = \left(\frac{0,173 F A_{ER}}{A_R (T_G - T_{otr})} \right) \left[\left(\frac{T_G}{100} \right)^4 - \left(\frac{T_o}{100} \right)^4 \right] \quad (2.43)$$

F, el Factor de Intercambio, según lo descrito en el punto xix.
A_{ER}, área efectiva en radiación, pie², según procedimiento descrito en obtenida en el punto xvii.
A_R, superficie total de los tubos de radiación, pie², según procedimiento descrito en el punto x.
T_G, en °R, supuesta en el punto i.
T_o, en °R, calculada en el punto ix.

xxi. Coeficiente por convección, h_{oc}. Este es el coeficiente de transferencia de calor por convección en la superficie externa de los tubos de radiación, y se puede calcular con una correlación que aplique o con una de las opciones siguientes:

- Conocidos h_{or} y h_{ocr}, obtener $h_{oc} = h_{ocr} - h_{or}$. El coeficiente combinado h_{ocr} se calcula según el procedimiento descrito al final del punto ix. El coeficiente h_{or}, se calcula según procedimiento descrito en xx.
- Usar el factor de experiencia general, $h_{oc} = 2$ Btu/(h-pie²-°F).

- En el caso de hornos verticales, con H/D <2, h_{oc}=2 y con H/D>2, h_{oc}= 3, en Btu/(h-pie^2-°F).
- En hornos de celdas pequeña, tubos horizontales, h_{oc} = 1,5 Btu/(h-pie$_2$-°F); para celdas grande, tubos horizontales, h_{oc} = 2,8 Btu/(h-pie^2-°F)

xxii. Con T_G supuesta en el punto i; T_o obtenido en el punto ix; A_R obtenida en el punto x; A_{ER} obtenida en el punto xvii; F obtenido en el punto xix, y h_{oc} obtenido en el punto xxi, calcular Q_{SR} con la Ec. 2.95. Si en el procedimiento se utiliza la Ec. 2.100, Lobo y Evans, en lugar de la Ec.2.95, no es necesario el valor de h_{oc}, y el Factor de Intercambio se toma F = 0,57.

Si el valor de Q_{SR} calculado con la Ec. 2.95 se iguala con el valor de Q_{SR} calculado en el punto ii, con la Ec. 2.117, o la diferencia entre ellos cumple con un nivel de precisión establecido, se concluye el cálculo y se reportan los resultados obtenidos para los cálculos en la sección de radiación. Si no se cumple lo anterior, se supone otro valor de T_G y se repiten todos los cálculos desde el punto i, hasta lograr que se cumpla el nivel de precisión establecido entre ambos valores de Q_{SR}.

Este cálculo manual es muy laborioso y tedioso, pero con la ayuda de una hoja de cálculo Excel y el complemento Solver, el cálculo es instantáneo. Aunque también se puede usar un simulador de proceso que contemple estos cálculos.

Ejercicio 3.2. Diseño de la sección de radiación de un horno. Se requiere diseñar un horno de procesos para para calentar 23 MBD de un crudo de 32,5 °API, desde 350 °F y 180 psia, hasta 650 °F y 32 psia, para luego ser alimentado a una torre de destilación atmosférica. El horno debe ser cilíndrico vertical, con una eficiencia térmica de 85%, y el combustible disponible es el descrito en el Ejercicio 3.1, usando un 15% de exceso de aire. Considerar una densidad de energía radiante de 12.000 Btu/(h-pie^2), y la disponibilidad de tubos de acero al carbón A-106 Gr B, diámetro nominal 4 plg, diámetro externo, 4,5 plg, diámetro interno 4,026 plg, con longitud efectiva de 41,1 pie. Diseñar la sección de radiación, indicando:

Carga térmica del horno.
Calor transferido en la sección de radiación.
Número de pasos por los tubos.
Número de tubos.
Temperatura en la superficie externa de los tubos

Solución. Según el procedimiento descrito para Diseño de la Sección de Radiación, es necesario definir la Información de Proceso, y ejecutar previamente los cálculos para Balance Global de Energía en el Horno.

Información de Procesos. La información de proceso disponible es la siguiente:

- Tipo, composición y flujo, del fluido de proceso:
  Petróleo, 32,5 °API. 23MBD (289.530 lb/h).
- Temperatura y presión del fluido entrando y saliendo del horno.
  Temperatura y presión de entrada, T_E = 350 °F y P_E = 180 psia.
  Temperatura y presión de salida, T_S = 650 °F y P_S = 32 psia.
- Datos para curva de calentamiento del fluido, H-T-P.
  Datos H-T-P, propiedades termodinámicas y de transporte, generados por un simulador de proceso, entre las condiciones de entrada y de salida. Ver Tabla 3.2.1 y Tabla 3.2.2.
- Poder Calorífico Bajo del combustible. PCB = 20.562,35 Btu/lb. Ver Ejercicio 3.1.
- Temperatura de llama, T_F = 3.213 °F.
- Temperatura de medio ambiente, T_A = 80 °F.
- Rango de la densidad de energía radiante.
  $10.000 <= q_R <= 14.000$, Btu/h-pie^2. Tabla A.7.
- Porcentaje de eficiencia térmica del horno.
  ε = 85%.
- Porcentaje de pérdida de calor, β, por las paredes del horno.
  API 560 [11] recomienda entre 1,5% y 2,5% de la energía liberada por el combustible. En este ejercicio se usará β = 2%.
- Especificaciones de tubos disponibles (si los hay).
  Acero al carbón A-106 Gr B, diámetro nominal d_n = 4 plg, diámetro externo d_o=4,5 plg, diámetro interno d_i = 4,026 plg, con longitud efectiva L_{eT} = 41,1 pie.
- Rango de velocidad del fluido dentro de los tubos.
  Velocidad lineal para flujo monofásico, 5 a 10 pie/s (Tabla A.6).
  para flujo bifásico, 35 a 75 pie/s. (Tabla A.6)
  Velocidad de masa (velocidad espacial), 225 a 350 lb/(s-pie^2) (Tabla A.7).
- Rango de velocidad de los gases de combustión en la chimenea.
  Velocidad lineal entre 16 y 55 pie/s. (Tabla A.6).
- Factor de ensuciamiento recomendado para el fluido dentro de los tubos, R_{Di} = 0,0015 (h-pie^2-°F)/Btu. Para los gases de combustión sobre los tubos, R_{Do} = 0,00 (h-pie^2-°F)/Btu.
- Temperatura de referencia, T_R = 60 °F.

Balance Global de Energía. El balance global de energía en el horno, se puede resumir con la Ec. 2.117, la cual se copia a continuación,

$$Q = Q_S - Q_E = (Q_L + Q_A + Q_V) - Q_{GC} - Q_W \qquad (2.117)$$

a) Energía transferida al fluido de proceso Q. La energía Q, requerida por el fluido de proceso, se puede calcular con la Ec. 2.118, la cual se copia a continuación,

$$Q = Q_S - Q_E = M (h_S - h_E) \tag{2.118}$$

El crudo entra con temperatura $T_E = 350$ °F y sale con temperatura $T_S = 650$ °F. En la Tabla 3.2.1, se obtiene que $Q_E = 47,162$ MM Btu/h y $Q_S = 118,316$, MM Btu/h; sustituyendo valores en la Ec. 2.118,

$$Q = Q_S - Q_E = 118,316 - 47,162 = 71,154 \text{ MM Btu/h.}$$

b) Energía liberada por el combustible Q_L. Para calcular la energía liberada por el combustible, aplicar la Ec. 2.22,

$$Q_L = W_C (PCB) \tag{2.22}$$

El Poder Calorífico Bajo, PCB = 20.562,35 Btu/lb.
El flujo de combustible utilizado, W_C, se calcula con la Ec. 2.124

$$W_C = (Q/\varepsilon)/[PCB + (W_A/W_C)C_{PA}(T_A - T_R) + \\ + (W_V/W_C)(C_{PV}(T_V - T_R)]. \tag{2.124}$$

Con, Q = 71,154 MM Btu/h, ε = 85%, (W_A/W_C) = 19,39 (obtenido en el Ejercicio 3.1), (W_V/W_C) = 0. No se utiliza fluido de dispersión.
$T_A = 80$ °F, $T_R = 60$ °F.
La capacidad calorífica del aire, se obtiene con la correlación siguiente, tomada de la Tabla A.12.
$C_{PA} = (8,1 + 0,2901 \times 10^{-3} \times T)$ en Cal/(gmol-°K).
Con T = $(T_A + T_R)/2 = (80+60)/2 = 70$ °F = 294,26 °K.
$C_{PA} = (8,1 + 0,2901 \times 10^{-3} \times 294,26) = 8,1854$ Cal/(gmol-°K)
$C_{PA} = 8,1854$ [Cal/(gmol-°K)]/[29 g/gmol] = 0,2823 Btu/(lb-°F).
Sustituyendo valores en la Ec. 2.124, el flujo de combustible es,
W_C = 4.049,50 lb/h.
Sustituyendo PCB y W_C en la Ec. 2.22, el calor liberado por el combustible es,
Q_L = 4.049,50 (20.562,35) = 83,27 MM Btu/h

c) Energía en el aire de combustión Q_A. Esta energía se puede calcular con la Ec. 2.23.

$$Q_A = W_A C_{PA} (T_A - T_R) \tag{2.23}$$

Flujo total de aire requerido para la combustión, W_A,
$W_A = W_C(W_A/W_C) = 4.049,50 \times 19,39 = 78.519,80$ lb/h.
Capacidad calorífica del aire, C_{PA} = 0,2823 Btu/(lb-°F).
Con W_A, C_{PA}, T_A y T_R, calcular Q_A con la Ec. 2.23.
Q_A = 78.519,80 × 0,2823 × (80-60) = 0,44 MMBtu/h.

d) Energía del fluido de atomización, Q_V. No aplica.
e) Energía pérdida por las paredes del horno, Q_W. Aplicar la Ec. 2.120,

$Q_W = Q_L(\beta/100)$ (2.120)
$Q_L = 83{,}27$ MMBtu/h.
$\beta = 2\%$.
$Q_W = 83{,}27 \times (2/100) = 1{,}67$ MMBtu/h.

f) Energía que sale por la chimenea, Q_{GC}. Despejar Q_{GC} en la Ec. 2.117 y, en la ecuación resultante, sustituir los valores siguientes,
$Q_L = 83{,}27$ MMBtu/h.
$Q_A = 0{,}44$ MMBtu/h.
$Q_V = 0$.
$Q = 71{,}154$ MM Btu/h.
$Q_W = 1{,}67$ MMBtu/h.
$Q_{GC} = (Q_L + Q_A + Q_V) - Q - Q_W$
$Q_{GC} = (83{,}27+0{,}44) - 71{,}154 - 1{,}67 = 10{,}89$ MMBtu/h.

Se debe tener presente que esta energía Q_{GC} entra a la chimenea y sale hacia el ambiente, y es la suma de la energía Q_G que sale con los gases que se descargan hacia el ambiente, más la energía Q_{WP} que sale por convección y radiación desde la superficie externa de la chimenea, es decir que $Q_{GC} = Q_G + Q_{WP}$.

Diseño de la Sección de Radiación. A continuación, se aplica la secuencia de cálculo descrita en el apartado correspondiente a Diseño de la Sección de Radiación.

a) Definir las bases de cálculo. En base a la información de procesos y a los criterios de diseño disponibles, entra las premisas y las bases que servirán de soporte para los cálculos en la sección de radiación del horno, destacan:
   - Flujo a calentar, 289.530 lb/h de petróleo, 32,5 °API.
   - Densidad de energía radiante, $q_R = 12.000$ Btu/(h-pie^2).
   - Eficiencia del horno, 85%.
   - Energía perdida hacia el ambiente, 2% de la energía liberada.
   - Combustible a utilizar, gaseoso con PCB = 20.562,35 Btu/lb.

b) Determinar el número de pasos por los tubos.
   Aplicando el procedimiento descrito, cuando se tiene preseleccionada la especificación de los tubos, se tiene lo siguiente,
   i. Flujo total de crudo a calentar, M = 289.530 lb/h.
   ii. Para horno en destilación atmosférica, la velocidad de masa G = 227 lb/(s-pie^2). Tabla A.7.
   iii. Para los tubos de diámetro nominal 4 plg, norma 40, diámetro interno d_i = 4,026 plg, el área seccional de flujo es $a_s = 0{,}0884$ pie^2.
   iv. El flujo por paso, $M_P = G \times a_s = 227 \times 0{,}0884 = 20{,}06$ lb/s.

v. El número de pasos $N_P = M/M_P = 289.530/(3600 \times 20,06) = 4$ pasos.

c) Energía transferida a la superficie de los tubos Q_{SR}.

Para calcular la energía transferida a los tubos en la sección de radiación, se aplica el procedimiento descrito en el apartado Diseño de la Sección de Radiación. Este cálculo manual es muy laborioso y tedioso, pero con la ayuda de una hoja de cálculo Excel y el complemento Solver, el cálculo es instantáneo. Aunque también se puede usar un simulador de proceso que contemple estos cálculos.

Tabla 3.2.1. Crudo 32,5 °API - Información HTP y Propiedades de Transporte														
Temp °F	Pres psia	Entalpía MMBtu/hr			Flujo lb/hr			Cp Btu/(lb-°F)		Viscosidad cP		Densidad lb/pie^3		Cond. Térm. Btu/(hr-pie-°F)	
		Vap	Líq	Total	Vap	Líq	% Vap	Vap	Líq	Vap	Líq	Vap	Líq	Vap	Líq
350,00	180,00	0,00	47,16	47,16	0	314,71	0,000	0,0	0,5985	0,0	0,4868	0,0	46,18	0,0	0,0442
365,79	172,21	0,00	49,92	49,92	0	314,71	0,000	0,0	0,6071	0,0	0,4384	0,0	45,67	0,0	0,0414
381,58	164,42	0,00	52,71	52,71	0	314,71	0,000	0,0	0,6157	0,0	0,3809	0,0	45,14	0,0	0,0435
397,37	156,63	0,00	55,55	55,55	0	314,71	0,000	0,0	0,6243	0,0	0,3495	0,0	44,6	0,0	0,0426
413,16	148,84	0,00	58,42	58,42	0	314,71	0,000	0,0	0,6328	0,0	0,3199	0,0	44,04	0,0	0,0417
428,95	141,05	0,00	61,33	61,33	0	314,71	0,000	0,0	0,6414	0,0	0,2925	0,0	43,46	0,0	0,0405
436,30	137,16	0,00	62,70	62,70	0	314,71	0,000	0,0	0,6454	0,0	0,2809	0,0	43,19	0,0	0,0399
444,74	133,26	1,77	63,02	64,79	5,62	309,08	0,018	0,5743	0,6488	0,0142	0,2856	1,076	43,28	0,0220	0,0392
460,53	125,47	5,23	63,48	68,70	16,22	298,49	0,052	0,5804	0,6552	0,0142	0,2918	1,034	43,45	0,0224	0,0364
476,32	117,68	8,82	63,79	72,61	26,71	288	0,085	0,5864	0,6616	0,0142	0,2982	0,991	43,61	0,0228	0,0383
492,11	109,90	12,60	63,92	76,52	37,25	277,46	0,118	0,5925	0,6680	0,0137	0,3037	0,946	43,76	0,0231	0,0388
507,89	102,11	16,62	63,84	80,46	48,01	266,7	0,153	0,5985	0,6743	0,0137	0,3114	0,9	43,92	0,0235	0,0378
523,68	94,32	20,94	63,49	84,42	59,11	255,6	0,188	0,6045	0,6806	0,0137	0,3189	0,852	44,09	0,0239	0,0381
539,47	86,53	25,62	62,82	88,44	70,69	244,02	0,225	0,6107	0,6867	0,0132	0,3292	0,802	44,26	0,0241	0,0372
555,26	78,74	30,72	61,78	92,51	82,9	231,81	0,263	0,6189	0,6928	0,0128	0,3379	0,75	44,46	0,0244	0,0375
571,05	70,95	36,31	60,32	96,63	95,84	218,87	0,305	0,6252	0,6986	0,0127	0,3506	0,695	44,68	0,0247	0,0365
586,84	63,16	42,44	58,40	100,84	109,6	205,13	0,348	0,6313	0,7043	0,0125	0,3647	0,637	44,94	0,0250	0,0370
602,63	55,37	49,13	55,97	105,10	124,2	190,55	0,395	0,6373	0,7098	0,0123	0,3819	0,576	45,23	0,0252	0,0332
618,42	47,58	56,41	53,04	109,45	139,5	175,17	0,443	0,6408	0,7151	0,0122	0,4039	0,51	45,47	0,0255	0,0368
634,21	39,79	64,27	49,59	113,85	155,7	159,06	0,495	0,6467	0,7201	0,0121	0,4306	0,44	45,95	0,0257	0,0370
650,00	32,00	72,74	45,58	118,32	172,6	142,15	0,548	0,6526	0,7248	0,0120	0,4647	0,366	46,38	0,0260	0,0368

A continuación, se muestra la secuencia de cálculo, utilizando los resultados finales obtenidos, después de lograrse la convergencia de los cálculos iterativos, con el valor inicial supuesto para T_G.

i. Temperatura de los gases de combustión, T_G.

Tomando como referencia la temperatura de llama, $T_F = 3.213$ °F, se supuso un valor inicial para la temperatura de los gases de combustión en la cámara de radiación, y se logró la convergencia de la iteración para un valor en la temperatura de los gases igual a $T_G = 1.641$ °F, .

ii. Energía en los gases de combustión Q_{GR}.

Con la ecuación siguiente, se calcula el contenido de energía de los gases de combustión a la temperatura T_G.

$Q_{GR} = W_G C_{PG} (T_G - T_R)$

El flujo de los gases de combustión, W_G, se obtiene como la suma del flujo de combustible, W_C, más el flujo de aire, W_A, obtenidos en el Balance Global de Energía.

$W_G = W_C + W_A = 4.049,48 + 78.519,42 = 82.568,9$ lb/h.

La capacidad calorífica del gas de combustión, C_{PG}, se calculó a la temperatura promedio entre $T_G = 1.641$ °F y $T_R = 60$ °F, en base a la composición del gas mostrada en la Tabla 3.1.3, y con la correlación de cada componente presentada en la Tabla A.12. El resultado obtenido fue, $C_{PG} = 8,09$ Cal/(g mol-°K) = 0,2926 Btu/(lb-°F).

El contenido de energía en los gases de combustión a la temperatura $T_G = 1.641$ °F, es,

$Q_{GR} = 82.568,9 \times 0,2926 \times (1.641 - 60) = 38,20$ MMBtu/h.

Tabla 3.2.2. Correlaciones para propiedades de transporte. Ejercicio. 3.2.

Propiedad	Rango de temperatura	
	Temp. $\leq T_{EB}$	Temp. $> T_{EB}$
Densidad Vap.		$P_V = 1,05 + 0,00222T - 5 \times 10^{-6}T^2$
Densidad Liq.	$P_L = 58,37 - 0,03483T$	$\rho_L = 49,886 - 0,0326T + 4 \times 10^{-5}T^2$
Viscosidad Vap.		$M_V = 0,0078 x e^{(276,71/T)}$
Viscosidad Liq.	$M_L = 0,03 x e^{(975.43/T)}$	$\mu_L = 0,1014 x e^{(0,002342 x T)}$
Cap. Calorífica Vap		$C_{PV} = 0,3536 + 0,0006T - 2 \times 10^{-7}T^2$
Cap. Calorífica Liq.	$C_{PL} = 0,005T + 0,4084$	$C_{PL} = 0,4011 + 0,0007T - 3 \times 10^{-7}T^2$
Cond. Térmica vap.		$K_V = 0,0059 + 5 \times 10^{-5}T - 3 \times 10^{-8}T^2$
Cond. Térmica Liq.	$K_L = -0,0098 + 3 \times 10^{-4}T - 5 \times 10^{-7}T^2$	$k_L = 0,0533 - 5 \times 10^{-5}T + 4 \times 10^{-8}T^2$
ρ, lb/pie^3; μ, cPx2,42 lb/(h-pie); C_P, Btu/(lb-°F); k, Btu/(h-pie-°F)		

iii. Energía transferida en radiación, Q_{SR}.
Calcular la energía, Q_{SR}, transferida en la sección de radiación, con la Ec. 2.117,

$$Q_{SR} = (Q_L + Q_A + Q_V) - Q_W - Q_G \qquad (2.117)$$

Los valores para: Q_L, Q_A, Q_V y Q_W, se obtuvieron en el Balance Global de Energía, y Q_{GR} se obtuvo en el punto ii, de este apartado.

$Q_L = 83{,}27$ MMBtu/h.
$Q_A = 0{,}44$ MMBtu/h.
$Q_V = 0$.
$Q = 71{,}154$ MM Btu/h.
$Q_W = 1{,}67$ MMBtu/h.
$Q_{GR} = 38{,}20$ MMBtu/h
$Q_{SR} = (83{,}27 + 0{,}44 + 0) - 1{,}67 - 38{,}20 = 43{,}84$ MMBtu/h.

iv. Energía del fluido de proceso entrando a radiación, Q_B.
La energía del fluido de proceso entrando a la sección de radiación, Q_B, se despeja de la Ec. 2.91.

$$Q_{SR} = Q_S - Q_B = M(h_S - h_B) \qquad (2.91)$$

$Q_B = Q_S - Q_{SR}$
$Q_S = 118{,}316$, MM Btu/h, se obtuvo en el punto a) del Balance Global de Energía.
$Q_B = 118{,}31 - 43{,}84 = 74{,}47$ MMBtu/h.

v. Temperatura del fluido y propiedades entrando a radiación.
Para obtener esta información, se utilizó la Tabla 3.2.1 y se aplicó la interpolación descrita en el punto v, apartado c), del procedimiento de cálculo sugerido en Diseño de la Sección de Radiación.

Temperatura del fluido entrando. El valor de $Q_B = 74{,}47$ MMBtu/h, no se ubicó en la columna que contiene los valores de entalpía, H; y se procedió a interpolar entre los valores, $Q_{B1} = 72{,}61$ MMBtu/hr, con temperatura $T_{B1} = 476{,}32$ °F, y $Q_{B2} = 76{,}52$ MMBtu/hr con temperatura $T_{B2} = 492{,}11$ °F, obteniendo que para $Q_B = 74{,}47$ MMBtu/hr la temperatura del fluido entrando a la sección de radiación es $T_B = 483{,}84$ °F, y la presión $P_B = 113{,}98$ psia.

Propiedades del fluido entrando a radiación. En la misma Tabla 3.2.1, a la temperatura de 483,84 °F, se interpoló para obtener el porcentaje vaporizado, así como: la capacidad calorífica Cp, la viscosidad µ, la densidad ρ y la conductividad térmica k, del vapor y el líquido, con los resultados siguientes,

Hornos de Procesos

%	Cp, Btu/(lb-°F)		μ, cp		ρ, lb/pie³		k Btu/(h-pie-F)	
Vap	Vap	Liq	Vap	Liq	Vap	Liq	Vap	Liq
10,07	0,589	0,665	0,014	0,301	0,970	43,680	0,023	0,039

Se observa que el flujo es bifásico, con un 10,07% de vaporización, y las propiedades para el estado bifásico se pueden calcular como sigue.
La densidad total en entrando, ρ_B, se calcula con la Ec. 2.167, con la fracción vaporizada $x_B = 0{,}1007$ lb vapor/lb total, la densidad del vapor $\rho_{VB} = 0{,}97$ lb/pie³ y la densidad del líquido, $\rho_{LB} = 43{,}68$ lb/pie³.

$$\frac{1}{\rho_B} = \frac{x_B}{\rho_{VB}} + \frac{1-x_B}{\rho_{LB}} = \frac{0,1007}{0,970} + \frac{1-0,1007}{43,68} = 0,1231 \qquad (2.167)$$

$\rho_B = 8{,}1248$ lb/pie³

La viscosidad total entrando, μ_B, se calcula con la Ec. 2.168, con la viscosidad del vapor $\mu_{VB} = 0{,}0140$ cP, y la del líquido $\mu_{LB} = 0{,}301$ cP.

$$\frac{1}{\mu_B} = \frac{x_B}{\mu_{VB}} + \frac{1-x_B}{\mu_{LB}} = \frac{0,1007}{0,0140} + \frac{1-0,1007}{0,301} = 10,18 \qquad (2.168)$$

$\mu_B = 0{,}098$ cP x2,42 = 0,2347 lb/(h-pie).
La capacidad calorífica total entrando, Cp_B, se calcula con la ecuación siguiente, con la capacidad del vapor $Cp_{VB} = 0{,}589$ Btu/(lb-°F), y la del líquido $Cp_{LB} = 0{,}665$ Btu/(lb-°F).

$$\frac{1}{Cp_B} = \frac{x_B}{Cp_{VB}} + \frac{1-x_B}{Cp_{LB}} = \frac{0,1007}{0,589} + \frac{1-0,1007}{0,665} = 1,52$$

$Cp_B = 0{,}6565$ Btu/(lb-°F).
La conductividad térmica total entrando, k_B, se calcula con la ecuación siguiente, con la conductividad del vapor $k_{VB} = 0{,}023$ Btu/(h-pie-°F), y la del líquido $k_{LB} = 0{,}039$ Btu/(h-pie-°F).

$$\frac{1}{k_B} = \frac{x_B}{k_{VB}} + \frac{1-x_B}{k_{LB}} = \frac{0,1007}{0,023} + \frac{1-0,1007}{0,039} = 27,43$$

$k_B = 0{,}0364$ Btu/(h-pie-°F).

vi. Propiedades del fluido saliendo del horno.
   Con las condiciones del fluido saliendo del horno, $T_S = 650$ °F, de la Tabla 3.2.1, se obtuvo,

%	Cp, Btu/(lb-°F)		µ, cp		ρ, lb/pie³		k Btu/(h-pie-F)	
Vap	Vap	Liq	Vap	Liq	Vap	Liq	Vap	Liq
54,80	0,653	0,725	0,012	0,465	0,366	46,380	0,026	0,037

Fracción vaporizada, lb vapor/ lb total: $x_S = 0,548$.
Densidad, lb/pie³: $\rho_{LS} = 46,38$; vapor, $\rho_{VS} = 0,366$.
Viscosidad en cP: $\mu_{LS} = 0,465$; $\mu_{VS} = 0,012 / 0,0519$.
Capacidad Calorífica, Btu/(lb-°F): $Cp_{LB} = 0,725$; $Cp_{VB} = 0,653$. Conductividad térmica, Btu/(h-pie-°F): $k_{LS}\ 0,0368$; $k_{VS} = 0,0259$.

La densidad del fluido saliendo, ρ_S, se obtiene con,

$$\frac{1}{\rho_S} = \frac{x_S}{\rho_{VS}} + \frac{1-x_S}{\rho_{LS}} = \frac{0,548}{0,366} + \frac{1-0,548}{46,38} = 1,507$$

$\rho_S = 0,6635$ lb/pie³

La viscosidad del fluido saliendo se obtiene con,

$$\frac{1}{\mu_S} = \frac{x_S}{\mu_{VS}} + \frac{1-x_S}{\mu_{LS}} = \frac{0,548}{0,012} + \frac{1-0,548}{0,465} = 46,64$$

$\mu_S = 0,0214$ cPx2,42 = 0,0519 lb/(h-pie).

La capacidad calorífica del fluido saliendo se obtiene con,

$$\frac{1}{Cp_S} = \frac{x_S}{Cp_{VS}} + \frac{1-x_S}{Cp_{LS}} = \frac{0,548}{0,653} + \frac{1-0,548}{0,725} = 1,46$$

$Cp_S = 0,6849$ Btu/(lb-°F).

La conductividad térmica del fluido saliendo se obtiene con,

$$\frac{1}{k_S} = \frac{x_S}{k_{VB}} + \frac{1-x_S}{k_{LS}} = \frac{0,458}{0,0259} + \frac{1-0,458}{0,0368} = 32,41$$

$k_S = 0,0308$ Btu/(h-pie-°F).

vii. Coeficiente de transferencia de calor por convección dentro de los tubos, h_{ic}.
Para calcular este coeficiente se requiere obtener el módulo de Nusselt con la Ec. 2.98 o la Ec. 2.99, las cuales dependen de los módulos de Reynolds, Re, y Prandtl, Pr, los cuales se calculan con las propiedades de transporte evaluadas a la temperatura promedio del fluido de proceso, entre la entrada y la salida a los tubos de radiación, $T_{MF} = (T_B + T_S)/2$. Para $T_B = 483,84$ °F, y para $T_S = 650$ °F, $T_{MF} = (483,84+650)/2 = 566,92$ °F.

Para obtener las propiedades a 566,92 °F, en la Tabla 3.2.1 se interpola entre las temperaturas 555,26 °F y 571,05 °F, y se obtienen los resultados siguientes,

%	Cp, Btu/(lb-°F)		µ, cp		ρ, lb/pie^3		k Btu/(h-pie-F)	
	Vap	Liq	Vap	Liq	Vap	Liq	Vap	Liq
29,4	0,624	0,697	0,013	0,347	0,709	44,62	0,025	0,037

Fracción vaporizada, lb vapor/ lb total: $x_M = 0,294$.
Densidad, lb/pie^3: $\rho_{LM} = 44,62$; vapor, $\rho_{VM} = 0,709$.
Viscosidad en cP: $\mu_{LM} = 0,347$; $\mu_{VM} = 0,013$.
Capacidad Calorífica, Btu/(lb-°F): $Cp_{LM} = 0,697$; $Cp_{VM} = 0,624$. Conductividad térmica, Btu/(h-pie-°F): k_{LM} 0,037; $k_{VM} = 0,025$.
La densidad promedio del fluido en los tubos, ρ_M, se obtiene con,

$$\frac{1}{\rho_M} = \frac{x_M}{\rho_{VM}} + \frac{1-x_M}{\rho_{LM}} = \frac{0,294}{0,709} + \frac{1-0,294}{44,62} = 0,4305$$

$\rho_M = 2,32$ lb/pie^3.
La viscosidad promedio del fluido en los tubos se obtiene con,

$$\frac{1}{\mu_M} = \frac{x_M}{\mu_{VM}} + \frac{1-x_M}{\mu_{LM}} = \frac{0,294}{0,013} + \frac{1-0,294}{0,347} = 24,65$$

$\mu_M = 0,0405$ cPx2,42 = 0,0982 lb/(h-pie).
La capacidad calorífica promedio del fluido en los tubos se obtiene con,

$$\frac{1}{Cp_M} = \frac{x_M}{Cp_{VM}} + \frac{1-x_M}{Cp_{LM}} = \frac{0,294}{0,697} + \frac{1-0,294}{0,624} = 1,55$$

$Cp_M = 0,6438$ Btu/(lb-°F).

La conductividad térmica promedio del fluido en los tubos se obtiene con,

$$\frac{1}{k_M} = \frac{x_M}{k_{VM}} + \frac{1-x_M}{k_{LM}} = \frac{0,294}{0,025} + \frac{1-0,294}{0,037} = 30,84$$

$k_M = 0,0324$ Btu/(h-pie-°F).
Flujo total de fluido de proceso, M = 289.530 lb/h.
Número de pasos, $N_P = 4$.
Flujo por paso, $M_P = M/N_P = 289.530/4 = 72.382,5$ lb/h.
Diámetro interno de los tubos, $d_i = 4,026$ plg.
Área seccional de flujo por tubo, $a_s = 0,0884$ pie^2.
Velocidad de masa, G = 72.382,5/(3600x0,0884) = 227 lb/(s-pie^2).
Módulo de Reynolds, Re = Gd_i/μ_M.
Re = Gd_i/μ_{ML} = 227x3600x(4,026/12)/0,0982 = 2.791.961.

Módulo de Prandtl, $Pr = \mu C_p/k$.
Módulo de Prandtl, $Pr = 0,0982 \times 0,6438/0,0324 = 1,95$
Para Re>2.100 se selecciona la Ec. 2.98,
$Nu = (h_i d_i/k) = 0,027\, Re^{0,8}\, Pr^{1/3}\, (\mu/\mu_w)^{0,14}$ (2.98)
$Nu = (h_i d_i/k) = 0,027\, (2.791.961)^{0,8}\, (1,95)^{1/3}\, (1)^{0,14}$
$Nu = (h_i d_i/k) = 4.838$
El coeficiente por convección interior viene dado por,
$h_i = 4.838 \times 0,0324/(4,026/12) = 467$ Btu/(h-pie^2-°F)
$h_{io} = h_i(d_i/d_o) = 467 \times (4,026/4,5) = 418$ Btu/(h-pie^2-°F).

viii. Temperatura de la superficie de los tubos, T_o.
Adaptar la Ec. 2.58, considerando la densidad de flujo de calor q_R seleccionada para el diseño, y solamente las tres resistencias térmicas entre la temperatura de la superficie de los tubos, T_o y la temperatura promedio del fluido en el interior de los tubos, $T_{MF} = (T_B + T_S)/2$.
$T_o = T_{MF} + q_R(R_K + R_i)$
$T_{MF} = (483,84+650)/2 = 566,92$ °F.
$Q_R = 12.000$ Btu/(h-pie^2), seleccionado para el diseño.
R_K, es la resistencia térmica por conducción en la pared de los tubos, $R_k = d_o Ln(d_o/d_i)/(2k)$. Siendo $d_o = 4,5$ plg, el diámetro externo de los tubos; $d_i = 4,026$ plg, el diámetro interno y $k = 25$ Btu/(h-pie-°F), la conductividad térmica del material de los tubos, se tiene para R_K,
$R_k = (4,5/12)Ln(4,5/4,026)/(2 \times 25) = 0,0008$ (h-pie^2-°F)/Btu.
$R_i = (d_o/d_i)(1/h_{ic}+R_{Di}) = (1/h_{io} + R_{Dio})$, es la resistencia térmica entre la superficie interna de los tubos y el fluido de proceso. Donde $1/h_{io} = (d_o/d_i h_{ic})$, es la resistencia térmica por convección entre el fluido y la superficie interna del tubo; y $R_{Dio} = (d_o/d_i)R_{Di}$ es la resistencia térmica aportada por del factor de ensuciamiento, R_{Di}, recomendado para el fluido de proceso en el interior de los tubos.
$1/h_{io} = 1/418 = 0,00239$ (h-pie^2-°F)/Btu.
R_{Dio}, es la resistencia térmica aportada por del factor de ensuciamiento, R_{Di}, recomendado para el fluido de proceso en el interior de los tubos,
$R_{Dio} = (d_o/d_i)R_{Di} = (4,5/4,026) \times 0,0015 = 0,0017$ (h-pie^2-°F)/Btu.
Sustituyendo valores para obtener T_o.
$T_o = 566,92 + 12.000 \times (0,0008 + 0,00239 + 0,0017)$
$T_o = 626$ °F.
La resistencia térmica en la superficie externa de los tubos, R_o, entre la temperatura de los gases, $T_G = 1.641$ °F, y la temperatura externa de los tubos T_o, viene dada por,
$R_o = (T_G - T_o)/q_R = (1.641 - 626)/12,000$
$R_o = 0,0846$ (h-pie^2-°F)/Btu
$R_o = R_{ocr} + R_{Do} = 1/h_{ocr} + 0,0 = 1/h_{ocr}$.

El coeficiente externo combinado por convección y radiación, h_{cor}, viene dado por,

$h_{ocr} = h_{or} + h_{oc} = 1/R_o = 1/0,0846 = 11,82$ Btu/(h-pie²-°F).

ix. Área de transferencia de calor en los tubos de radiación, A_R.
Con $Q_{SR} = 43,85$ MMBtu/h, calculado (punto iii.), y la densidad de energía radiante seleccionada, $q_R = 12.000$ Btu/(h-pie²), calcular el área de transferencia de calor,
$A_R = Q_{SR}/q_R = 43,85 \times 10^6/12.000 = 3.654,17$ pie².

x. Número de tubos requeridos en radiación, N_{TR}.
$N_{TR} = A_R / a_{ot}$
Superficie externa expuesta por un tubo, a_{ot},
$a_{ot} = \pi(d_o/12) \times L_{et} = \pi(4,5/12) \times 41,1 = 48,42$ pie²/tubo.
$N_{TR} = 3.654,17/48,42 = 75,47$ tubos.
Número de tubos por paso,
$N_{TP} = N_{TR}/N_P = 75,47/4 = 18,86 = 19$ tubos.
Número final de tubos = $N_{TP} \times N_P = 19 \times 4 = 76$ tubos.
Área final de radiación, $A_R = 76 \times 48,42 = 3.680$ pie2.
Número de conexiones entre tubos por paso, N_{UP}.
$N_{UP} = N_{TP} - 1 = 19 - 1 = 18$ conexiones

xi. Longitud requerida en un paso de radiación, L_{PR}.
Longitud requerida por tubos en un paso,
$L_{TP} = N_{TP} \times L_{eT} = 19 \times 41,1 = 780,9$ pie.
Longitud equivalente de las uniones requeridas en un paso,
$L_{UP} = N_{UP} \times L_{eU}$
Longitud equivalente de uniones en U-180 grados, $L_{eU}/d_i = 75$
$L_{eU} = 75 \times (d_i/12) = 75 \times (4,026/12) = 25,1625$ pie.
$L_{UP} = 18 \times 25,1625 = 452,925$ pie
Longitud total por paso, L_P
$L_P = L_{TP} + L_{UP} = 780,9 + 452,925 = 1.233,83$ pie.

xii. Distribución de los tubos de radiación.
El horno debe ser cilíndrico vertical, y se aplicarán las recomendaciones siguientes dadas en la API 560 [6].
API 560 [6.1.3], la separación entre los centros de tubos adyacentes, P_T (Pitch), igual a dos veces el diámetro nominal de los tubos, $P_T = 2d_n$, esto es $P_T = 2 \times 4 = 8$ plg.
API 560 [6.3.11], La separación mínima entre el centro de los tubos de radiación y la superficie interna del refractario o aislante, S_m, es 1,5 veces el diámetro nominal de los tubos, con una separación mínima de 4 pulgadas (102 mm) entre la superficie externa de los tubos y la superficie interna del refractario, C_m. Esto es,

$S_m = 1{,}5d_n = 1{,}5 \times 4 = 6$ plg, y $C_m = 4$ plg.

xiii. Dimensiones del horno.
Con la distribución definida en el punto anterior, definir alto, H, y diámetro, D, en concordancia con la recomendación API 560 [6.3.5], para hornos verticales, la cual establece que la relación máxima recomendada es H/D <= 2,75. Siendo H la altura del refractario dentro del horno y D, el diámetro del círculo formado por el arreglo de los tubos dentro del horno.

Altura del refractario, H.
En un horno cilíndrico, la altura del refractario lo determina la longitud vertical de los tubos instalados, L_T, a la cual se suma la longitud equivalente a dos veces el diámetro nominal de los tubos, $2d_n$, en ambos extremos de los tubos,

$H = L_T + (2d_n + 2d_n)/12 = 41{,}1 + (2 \times 4 + 2 \times 4)/12 = 41{,}1 + 16/12$

$H = 42{,}43$ pie.

Diámetro del círculo de los tubos, D_C.
En un horno cilíndrico vertical, los tubos se instalan verticalmente en forma circular, y al unir los centros de tubos adyacentes, se forma un polígono regular, inscrito en la circunferencia del círculo que forman los centros de los tubos. El polígono tiene un número de lados igual al número de tubos, y el centro de cada tubo es un punto común a la circunferencia y al polígono. La longitud de cada lado del polígono es igual al pitch, P_T, definido por la recomendación API 560 [6.3.11]. El radio de la circunferencia, es la distancia medida desde su centro hasta el eje central de cualquiera de los tubos, y viene dado por,

$r_c = (P_T/2)/Sen(\alpha/2) = (P_T/2)/sen[(360/N_T)/2]$

Donde $\alpha = (360/N_T)$, es el ángulo central en cada triángulo formado al unir el centro de la circunferencia con los centros de dos tubos adyacentes.

$R_c = (8/12)/[2 \times Sen[(360°/76)/2] = 8{,}066$ pie.

El diámetro de la circunferencia es, $D_c = 2 r_c = 16{,}13$ pie

Relación H/D = 42,43/16,13 = 2,63 (< 2,75, API 560 [6.3.5])

xiv. Superficie interna del horno en la sección de radiación.
La superficie interna de la sección de radiación, cubierta por el refractario, viene dada por,
$A_T = \pi D_R H$
Siendo, H = 42,43 pie, la altura del refractario calculada en el punto anterior.

El diámetro del círculo interno, D_R, hasta a la superficie del refractario, que viene dado por el diámetro del círculo de los tubos más la separación mínima entre la superficie externa de los tubos y la superficie interna del refractario, C_m, recomendada por la API 560 [6.3.11].

$D_R = D_C + 2S_m = 16,13 + 2 \times (6/12) = 17,13$ pie.

Sustituyendo para A_T, se tiene,

$A_T = \pi D_R H = \pi(17,13)(42,43) = 2.238,4$ pie^2

xv. Factor de efectividad, α.
Con la relación $(P_T/d_o) = (8/4,5) = 1,778$, en la Fig. A.2, o con la ecuación siguiente, se obtiene el factor de efectividad α,

$\alpha(P_T/d_o) = 0,8446 + 0,355R - 0,2311R^2 + 0,0326R^3$
$\alpha(P_T/d_o) = 0,928$.

xvi. Área efectiva de radiación, A_{ER}.
El área efectiva expuesta por los tubos de radiación, A_{ER}, viene dada por,
$A_{ER} = \alpha A_{PF}$
Donde, $\alpha = 0,928$, el factor de efectividad, fue calculado en el punto anterior. A_{PF}, el área proyectada del plano frío formado por los tubos, viene dada por,
$A_{PF} = N_{TR}L_{eT}P_T = 76 \times 41,1 \times (8/12) = 2.082,4$ pie^2.
$A_{ER} = \alpha A_{PF} = 0,9285 \times 2.082,4 = 1.933,5$ pie^2.
El área efectiva del refractario, A_{RE}, viene dada por,
$A_{RE} = A_T - \alpha A_{PF} = 2.283 - 1.933,5 = 349,50$ pie^2.

xvii. Emisividad de los gases de combustión, e_G.
La emisividad del gas de combustión, se obtiene con la Fig. A.3 o con la correlación siguiente,

$e_G = (0,1348 - 8 \times 10^{-6}(T_G) + 3 \times 10^{-9}(T_G)^2) \times Ln(PL) + 0,5006 - 10^{-4}(T_G)$

Donde $T_G = 1.641$ °F es la temperatura de los gases de combustión y PL el producto entre la longitud L del rayo radiante y la presión parcial $P = P_{H2O} + P_{CO2}$, del vapor de agua y del Dióxido de carbono, CO_2, en el gas de combustión, obtenidos en el Ejercicio 3.1.,

$P = P_{H2O} + P_{CO2} = 0,181 + 0,085 = 0,266$ atm

La longitud L del rayo radiante para un horno cilíndrico vertical, se obtiene con la relación siguiente, presentada en la Tabla A.9.
Para $H/D < 2$, $L = (2/3)D_R$; para $H/D > 2$, $L = D_R$
En este caso se toma $L = D_R = 16,79$ pie.

Sustituyendo T_G = 1.641 °F y PL = 0,266x16,79 = 4,474, en la correlación para e_G, se tiene, e_G = 0,533.

xviii. Factor de Intercambio, F.
Con la relación R = $(A_{RE}/\alpha A_{FP})$ y e_G, se obtiene el factor de intercambio F, usando la Fig. A.1 o con la correlación siguiente,
$F = (0,0456R^2 - 0,4281R - 0,221)(e_G)^2 +$
$(-0,038R^2 + 0,2988R + 1,1121)(e_G) + (0,0652R - 0,01)$

Sustituyendo R = (305,41/1.932,46) = 0,158 y e_G = 0,532 en la correlación para el factor de intercambio, se tiene F = 0,54.

xix. Coeficiente ficticio, o aparente, de radiación, h_{or}.
Aplicando la Ec. 2.43, con F = F_eF_A, se calcula el coeficiente ficticio (aparente) de radiación, h_{or}, sobre los tubos, en Btu/(h-pie²-°F).

$$h_{or} = \left(\frac{0,173 F A_{ER}}{A_R (T_G - T_o)}\right)\left[\left(\frac{T_G}{100}\right)^4 - \left(\frac{T_o}{100}\right)^4\right] \qquad (2.43)$$

F = 0,54, A_{ER} = 1.933,5 pie², A_R = 3.654,17 pie².
T_G = (1.641+460) = 2.101 °R, T_o = (625+460) = 1.085 °R.
Sustituyendo valores se tiene, h_{or} = 8,8 Btu/(h-pie²-°F).

xx. Coeficiente por convección, h_{oc}.
Para hornos de proceso verticales, con H/D <2, h_{oc} = 2 y con H/D>2, h_{oc} = 3, en Btu/(h-pie²-°F).
En este caso H/D = 2,63, por lo que h_{oc} = 3 Btu/(h-pie2-°F).

xxi. Con T_G supuesta en el punto i; T_o obtenido en el punto viii; A_{or} = A_R obtenida en el punto ix; A_{ER} obtenida en el punto xvi; F obtenido en el punto xviii, y h_{oc} obtenido en el punto xx, calcular Q_{SR} con la Ec. 2.95.
$Q_{SR} = 0,173 \times 10^{-8} F A_{ER}[(T_G)^4 - (T_o)^4] + h_{oc}A_o(T_G - T_o)$
$Q_{SR} = (0,173 \times 10^{-8}) \times 0,54 \times 1.933,5[(1.641+460)^4 - (626+460)^4] +$
$+ 3 \times 3.654,17 \times (1.641 - 626) = 43,81$ MMBtu/h.
Se observa que el valor de Q_{SR} = 43,81 MMBtu/h, calculado con la Ec. 2.95, y Q_{SR} = 43,84, calculado con la Ec. 2.117, son prácticamente iguales, por lo que se concluye el cálculo.

Diseño de la Sección de Convección. Los cálculos térmicos para el diseño de la sección de convección, permiten obtener el área de transferencia de calor requerida en la sección de convección, A_{SC}, para transferir la cantidad de calor, Q_{SC}, desde los gases de combustión hacia el fluido de proceso, a través de los bancos de tubos de choque y de convección. Con el área obtenida y el número de pasos previamente calculados, se definen: el número total de tubos, el número de tubos por paso, el número de filas de tubo y las dimensiones de la cabina o caja de la sección de convección. Para desarrollar estos cálculos, es necesario disponer de la información de proceso que se describe a continuación.

- Tipo y composición del fluido de proceso que entra a la sección de convección.
- Flujo y condiciones de temperatura y presión del fluido de proceso entrando a la sección de convección, M, T_E y P_E.
- Condiciones de temperatura y presión del fluido saliendo de la sección de convección, T_B y P_B.
- Flujo, condiciones y composición de los gases de combustión, entrando a la sección de convección, W_G, y T_G.
- Especificaciones de tubos seleccionados.
- Arreglo de los tubos en los bancos de convección y de choque.
- Rango de velocidad de masa, G_G, de los gases de combustión sobre bancos de tubo de convección.
- Especificaciones de los elementos para extender la superficie de los tubos que lo requieran.
- Temperatura límite de diseño en base a la metalurgia en los tubos y en los elementos para extender superficie.
- Número de pasos por los tubos de convección, N_P, es igual al número de pasos por los tubos de radiación, en concordancia con la API 360 [6.1.2], la cual recomienda que cada paso en el horno debe ser un solo circuito hidráulico desde la entrada hasta la salida.

A continuación, se presentan la secuencia de cálculo sugerida para el banco de tubos de choque y para el banco de tubos de convección, las cuales están basadas en las definiciones presentadas en los apartados 2.3.1 a 2.3.4.

a) Energía transferida en la sección de convección, Q_{SC}. La energía transferida al fluido de proceso, en la sección de convección, se puede obtener aplicando la Ec. 2.61, utilizando la diferencia Q_B-Q_E, es decir, la diferencia entre la energía en el fluido que sale de convección, Q_B, y la energía en el fluido que entra a convección, Q_E. Por otro lado, Q_{SC}, también es igual a la suma de la energía que recibe el fluido en los tubos de choque o de protección, Q_P, más la energía que recibe el fluido en los tubos de convección, Q_F.

$$Q_{SC} = Q_B - Q_E = Q_P + Q_F = W_G C_{PG} (T_G - T_{Ech}) \qquad (2.61)$$

Q_B se obtiene en los cálculos de diseño de la sección de radiación.
Q_E, se obtiene de la información de proceso.

b) Diseño del banco de tubos de choque. Tomando como referencia la figura Fig. 2.6, a continuación, se propone una secuencia de cálculo para el banco de tubos de choque.

  i. Seleccionar el número de filas de choque, N_{FP}, en base a la recomendación de la API 560 [6.3.7].
  ii. Definir el número de tubos por fila, N_{TF}, igual al número de pasos por los tubos, $N_{TF} = N_P$.
  iii. Calcular el número de tubos de choque, N_{TP}.
  $N_{TP} = (N_{FP}N_{TF})$.
  iv. Calcular el área de transferencia en el banco de choque, A_P, multiplicando el número de tubos de choque por la superficie expuesta de un tubo, $a_t = \pi d_o L_{eT}$.
  $A_P = N_{TP}(a_t)$.
  Siendo d_o, el diámetro externo de cada tubo y L_{eT}, la longitud efectiva de un tubo.
  v. En concordancia con la API 560 [6.1.3], considerar que la densidad de flujo de calor máxima en los tubos de choque es igual a la usada en la sección de radiación, $q_P = q_R$.
  vi. Calcular el flujo de calor en los tubos de choque,
  $Q_P = (q_P)(A_P)$.
  vii. Calcular la temperatura de los gases combustión, T_{Gi}, saliendo del banco de tubos de choque.
  Por balance de energía en la corriente de gases de combustión,
  $T_{Gi} = T_G - Q_P/(W_G C_{PG})$
  T_G, obtenida en los cálculos de radiación.
  Q_P, obtenido en el punto vi.
  W_G, obtenido en los cálculos de radiación.
  C_{PG}, la capacidad calorífica de la mezcla de los gases de combustión, se evalúa a la temperatura promedio entre T_{Gi} y T_G, utilizando la composición de la mezcla de gas de combustión y las correlaciones para el C_P de cada componente, presentadas en la Tabla A.12, o se obtienen en otra fuente disponible. Para aligerar el cálculo, se recomienda utilizar una correlación generalizada para la capacidad calorífica de la mezcla, C_{PG}, en función de temperatura.
  Para obtener T_{Gi} se requiere de un cálculo iterativo, debido a que la capacidad calorífica depende de esta temperatura. El cálculo consiste en suponer un valor de T_{Gi}; luego se obtiene $T_m = (T_{Gi} + T_G)/2$ para calcular los C_P de cada componente, y en base a la composición del gas de combustión, calcular C_{PG}. Luego se calcula T_{Gi} y se compara con el valor supuesto. Si hay diferencia apreciable, se supone otro valor, hasta que el valor calculado se iguale al supuesto, o la diferencia entre estos dos valores cumpla

con un nivel de precisión aceptable. Para cálculo iterativo, lo más recomendable es disponer de una correlación generalizada de la capacidad calorífica de la mezcla de gases de combustión, en función de temperatura, $C_{PG} = f(T)$.

viii. Calcular la temperatura del fluido de proceso, T_{Bi}, entrando al banco de choque.

Por balance de energía en la corriente del fluido de proceso,

$T_{Bi} = T_B - Q_P/(MC_{PF})$

T_B, obtenida en los cálculos de radiación.

Q_P, obtenido en el punto vi.

M, es el flujo del fluido de proceso y es un dato de la información de proceso.

C_{PF}, la capacidad calorífica del fluido de proceso, se evalúa a la temperatura promedio entre T_{Bi} y T_B, utilizando los datos de la curva HTP, o con una correlación disponible de C_{PF}, en función de temperatura.

Para obtener T_{Bi} se requiere de un cálculo iterativo, similar al utilizado en el punto anterior para T_{Gi}, y lo más recomendables es disponer de una correlación para C_{PF} en función de temperatura.

ix. Calcular la temperatura de la pared externa de los tubos, T_o.

Una opción para obtener la temperatura en la superficie externa de los tubos, T_o, es aplicar la Ec. 2.58 al banco de tubos de choque, sustituyendo (T_1-T_2) por $(T_o - T_{MF})$, (Q/A_o) por $q_P = q_R$, y considerando solamente las resistencias térmicas entre la temperatura de la superficie externa de los tubos y la temperatura promedio del fluido en el interior de los tubos. Con estos ajustes, la Ec. 2.58 queda como,

$$q_P = \frac{T_o - T_{MF}}{\frac{d_o Ln(d_o/d_i)}{2k} + \frac{1}{h_{ic}(d_i/d_o)} + R_{Dio}} = \frac{T_o - T_{MF}}{R_K + R_i}$$

Donde,
$T_{MF} = (T_B + T_{Bi})/2$.
$R_k = d_o Ln(d_o/d_i)/(2k)$.
$R_i = (d_o/d_i)(1/h_{ic} + R_{Di})$.

El factor de ensuciamiento esperado dentro de los tubos, R_{Di}, es un dato en la información de procesos.

La conductividad térmica, k, del material de los tubos, es un dato en la información de procesos.

El coeficiente por convección, dentro de los tubos, h_{ic}, se puede calcular con la ecuación, Ec. 2.98 o la Ec. 2.99. Para esto se requiere de las propiedades de transporte del fluido, evaluadas a la temperatura promedio T_{MF} entre la entrada y la salida en los tubos de choque.

Despejando para T_o, se tiene,

$T_o = T_{MF} + q_P(R_K + R_i)$

Esta temperatura T_o, debe ser menor o igual que la temperatura límite de diseño para el material de los tubos seleccionados, cuyo valor debe estar incluida en la información de proceso.

c) Diseño del banco de convección. El área de transferencia de calor en el banco de convección, se puede obtener aplicando la Ec. 2.59.

$$Q = U_{Do}A_o(T_1-T_2) \qquad (2.59)$$

Reemplazando Q por la energía transferida en el banco de tubos de convección, Q_F, A_o por el área superficial externa de los tubos en el banco de convección, A_F, y (T_1-T_2) por la Media Logarítmica de Diferencia de Temperatura, MLDT, calculada con la diferencia de temperaturas entre los fluidos en la entrada y en la salida al banco de convección, la Ec. 2.59 queda como,

$A_F = Q_F /(U_{Do}MLDT)$

Para calcular el área de transferencia de calor, A_F, es necesario obtener previamente Q_F, U_{Do} y la MLDT, para lo cual se propone la siguiente secuencia de cálculo.

i. Calcular la energía transferida en la sección de convección, Q_F.
La energía Q_F, transferida al fluido en el banco de convección, se puede calcular despejándola de la segunda igualdad de la Ec. 2.61, que se copia a continuación,

$$Q_{SC} = Q_P + Q_F = Q_B - Q_E = W_G C_{PG} (T_G - T_{ECh}) \qquad (2.61)$$

$Q_F = Q_{SC} - Q_P$

Q_{SC}, la energía total transferida en la sección de convección, se obtiene según se describió en el punto a).

Q_P, la energía transferida en el banco de choque, se obtiene según lo descrito en el punto b), vi, del diseño del banco de tubos de choque.

ii. Calcular la Media Logarítmica de Diferencia de Temperatura, MLDT.
Las temperaturas de entrada y salida, al banco de tubos de convección, Fig. 2.6, son las del gas de combustión, proveniente del banco de tubos de choque, a la temperatura T_{Gi}, que fluye sobre el banco de tubos, y sale de convección para entrar a la chimenea con temperatura T_{ECh}. Por otro lado, el fluido de proceso entra al interior de los tubos del banco de convección, a la temperatura T_E, y sale, hacia los tubos del banco de choque, a la temperatura T_{Bi}.

La MLDT viene dada por,

$MLDT = [(T_{Gi}-T_{Bi})-(T_{ECh}-T_E)]/Ln[(T_{Gi}-T_{Bi})/(T_{ECh}-T_E)]$

La temperatura T_E, del fluido entrando, es un dato en la información de procesos.

La temperatura T_{Bi}, del fluido de proceso saliendo del banco de convección, se obtiene en los cálculos de diseño del banco de tubos de choque.

La temperatura T_{Gi}, de los gases de combustión saliendo del banco de tubos de choque, se obtiene en los cálculos de diseño del banco de tubos de choque.

La temperatura T_{ECh}, de los gases de combustión después de cruzar el banco de tubos de convección y entrando a la chimenea, se puede calcular despejándola de la Ec. 2.62,

$$Q_F = W_G C_{PG} (T_{Gi} - T_{ECh}) \qquad (2.62)$$

$T_{ECh} = T_{Gi} - Q_F/(W_G C_{PG})$.

Q_F se obtiene como se describió en el punto i.

T_{Gi} se obtiene en los cálculos de diseño de banco de tubos de choque.

W_G se obtiene en los cálculos de radiación, punto c) ii.

C_{PG}, la capacidad calorífica de los gases de combustión, se obtiene con un procedimiento similar al descrito en el apartado para diseño del banco de tubos de choque, utilizando la temperatura promedio $T_m = (T_{Gi} + T_{ECh})/2$.

iii. Calcular el coeficiente Global de Transferencia de Calor, U_{Do}.

Partiendo del denominador de la Ec. 2.58, aplicada al flujo de calor entre los gases, a la temperatura T_G, y el fluido de proceso, a la temperatura T_{MF},

$$\frac{Q}{A_o} = \frac{T_G - T_{MF}}{\frac{1}{h_{ocr}} + R_{Do} + \frac{r_o Ln(d_o/d_i)}{k} + \frac{1}{h_{ic}(d_i/d_o)} + R_{Dio}} = \frac{T_G - T_{MF}}{\frac{1}{U_{Do}}}$$

$$\frac{1}{U_{Do}} = \left(\frac{1}{h_{ocr}} + R_{Do}\right) + \frac{d_o Ln(d_o/d_i)}{2k} + \left(\frac{1}{h_{ic}(d_i/d_o)} + R_{Dio}\right)$$

$$\frac{1}{U_{Do}} = R_o + R_K + R_i$$

$R_o = 1/h_{ocr} + R_{Do}$, es la resistencia térmica en el exterior de los tubos.

$R_k = d_o Ln(d_o/d_i)/(2k)$ es la resistencia térmica por conducción en la pared de los tubos.

$R_i = (d_o/d_i)(1/h_{ic} + R_{Di})$ es la resistencia térmica en el interior de los tubos.

Como se observa, el valor de U_{Do}, es el inverso del valor de la suma de las resistencias R_o, R_k y R_i.

Cálculo de la resistencia $R_o = 1/h_{ocr} + R_{Do}$.

Para calcular R_o, se debe definir el arreglo del banco de los tubos, bajo las consideraciones siguientes:

- Seleccionar el arreglo de los tubos: en línea o alternados.

- Establecer la separación entre los tubos según la API 560 [6].
- Seleccionar el tipo y especificaciones del elemento para extender la superficie, según la API 560 [7], incluyendo: geometría, metalurgia, número de elementos por unidad de longitud de tubo y sus dimensiones.
- La densidad de flujo de masa, G, perpendicular al banco de tubos, debe estar el rango recomendado de 0,3 a 0,6 lb/(s-pie^2)[1,4,5,15,35,36,55].

Una vez definido el arreglo del banco de tubos, se recomienda la secuencia de cálculo siguiente:

Calcular el coeficiente h_{ocr}. Aplicar la Ec. 2.74,

$$h_{ocr} = (1+\beta)(h_{oc} + h_r) \tag{2.74}$$

El factor β, que es el aporte por la re radiación desde el refractario hacia el banco de tubos, cuyo valor puede alcanzar hasta 0,15, se puede calcular en forma rigurosa con la Ec. 2.75 o tomar el factor típico de experiencia de 10%. En el apartado 2.3.4 se describe con más detalles el cálculo riguroso de este factor.

El coeficiente de transferencia de calor por convección, h_{oc}, se puede calcular con las ecuaciones Ec. 2.64 o Ec. 2.65 (la que aplique) u otra disponible, considerando el arreglo de los tubos y si tiene o no superficie extendida.

Para tubos con superficie extendida, ubicar las relaciones correspondientes al elemento seleccionado y obtener:

La superficie lisa antes de extender la superficie, A_o
La superficie extendida, A_f.
La superficie del tubo no cubierta por elementos para extender la superficie, A_{op}.
La superficie total, $A_{of} = (A_f + A_{op})$, (extendida más lisa).
La relación de extensión ("extension ratio") (A_{of}/A_o).
La eficiencia Ɛ, del tipo de elemento seleccionado para extender superficie.

A_o, A_f, A_{op} y A_{of}, se pueden expresar en superficie por pie de tubo, o por tubo, o por fila de tubos. Para más detalles consultar en la literatura asociada (referencias 1, 3, 4, 35, 36). En el apéndice A, de la Tabla A.4.1 a la Tabla A.4.6, se presentan algunas relaciones seleccionadas para superficie extendida tipo aleta. La eficiencia de la aleta, Ɛ, se obtiene según la relación que aplique, de las mostradas de la Tabla A.4.1 hasta la Tabla A.4.6, o usando la Fig. A.4.

Para convección en tubos con superficie extendida, el coeficiente h_{oc}, en la Ec. 2.74, se sustituye por el coeficiente efectivo, h_{of}, definido con la Ec. 2.87, como,

$h_{of} = h_{oc} (\mathcal{E}A_f + A_{op})/A_o$,

h_{of} está referido a la superficie total expuesta por el tubo liso, A_o (por longitud de tubo, por tubo o por fila), o sea, la superficie externa de los tubos antes de instalar los elementos para extender la superficie. Observar que, si no hay superficie extendida, $\mathcal{E}A_f = 0$, $A_{op} = A_o$ y en consecuencia $h_{of} = h_{oc}$.

El coeficiente ficticio (aparente) h_r se puede estimar con la Ec. 2.70.a, con la Ec. 2.71.a, con la Ec. 2.71.b, o con otra disponible que aplique.

Al concluir este paso, se debe tener el coeficiente de convección (h_{oc} para tubo liso o el coeficiente efectivo h_{of} para tubos con superficie extendida) que se utilizará en la Ec. 2.74, para obtener el coeficiente combinado h_{ocr}.

Factor de ensuciamiento R_{Do}. La resistencia motivada por el factor de ensuciamiento externo en los tubos, es un dato en la información de procesos y su magnitud depende del tipo de combustible utilizado. Generalmente se considera despreciable para combustibles que se consideren limpios, tal como el gaseoso y algunos líquidos.

Cálculo de la resistencia, $R_k = d_o Ln(d_o/d_i)/2k$.

En la resistencia térmica de la pared de los tubos, los factores d_o y d_i son los diámetros externo e interno de los tubos y k, su conductividad térmica. En muchas situaciones, esta resistencia se puede considerar despreciable, debido a la alta conductividad térmica del material de los tubos.

Cálculo de la resistencia $R_i = (d_o/d_i)(1/h_{ic}+R_{Di})$.

En la resistencia térmica, R_i, en el interior de los tubos, (d_o/d_i), es la relación entre los diámetros externo e interno de los tubos.

El coeficiente h_{ic}, por convención en el interior de los tubos, se puede estimar con las ecuaciones Ec. 2.98, Ec. 2.9 o con otras disponibles.

El factor de ensuciamiento R_{Di}, dentro de los tubos, es un dato en la información de proceso, y su resistencia al flujo de calor se calcula como $R_{Dio} = R_{Di}(d_o/d_i)$.

Una vez obtenidos los valores de las resistencias R_o, R_k y R_i, se puede calcular U_{Do}, para tubos lisos o para tubos con superficie extendida.

$$U_{Do} = \frac{1}{R_o + R_K + R_i}$$

iv. Calcular el área A_F.

Sustituyendo los valores de Q_F, MLDT y U_{Do}, en la Ec. 2.59 modificada, se procede a calcular el área de transferencia de calor, la cual será la base para determinar la cantidad total de tubos requeridos, N_T; los tubos por paso, N_{TP} y el número de filas de tubo, N_F.

Para banco de tubos totalmente lisos, la Ec. 2.59 queda como,
$A_F = Q_F/(U_{Do}MLDT)$

v. Número total de tubos requeridos.
En base a que el área A_F calculada con la Ec. 2.59 está referida al diámetro externo d_o, el número total de tubos requeridos se calcula como,
$N_T = A_F/(A_o) = A_F/(\pi d_o L_{eT})$

vi. Número de tubos por paso, N_{TP}.
Con el número total de tubos y con el número de pasos, obtener el número de tubos por paso en el banco de convección, con la relación siguiente:
$N_{TP} = N_T / N_P$.

vii. Calcular el número de filas de tubos.
Para tubos con superficie extendida, $N_F = N_{TE}/N_{TF}$
El número de tubos por fila, N_{TF}, es igual al número de pasos, N_P, y el número de filas de tubos viene dado por,
$N_F = N_T / N_{TF}$.

viii. Dimensiones de la sección de convección.
Las dimensiones de ancho, A, largo, L, y alto, H, de la cabina o caja de la sección de convección, deben asegurar la suficiente capacidad para contener el conjunto de banco de tubos y permitir maniobrabilidad operacional y de mantenimiento. Estas dimensiones se pueden obtener con buena aproximación, adaptando las recomendaciones de la API 560 [6] relacionadas con las separaciones entre tubos y entre tubos y la superficie interna de las paredes que rodean a los tubos. Entre esas recomendaciones destacan,

API 560 [6.1.3], la separación entre los centros de tubos adyacentes, igual a dos veces el diámetro nominal de los tubos, $P_T = 2d_n$.

API 560 [6.3.11], la separación mínima entre el centro de los tubos y la superficie interna del refractario o aislante, debe ser 1,5 veces el diámetro nominal de los tubos, con una separación mínima de 4 pulgadas (102 mm) entre la superficie externa de los tubos y la superficie interna del refractario.

API 560 [6.3.11], para los tubos en posición horizontal, la separación mínima entre el piso o techo y la superficie externa de los tubos, debe ser de 1 pie (304,8 mm).

Ancho de la cabina.
El ancho de la cabina, A, básicamente lo define el ancho del banco de tubos, W, y en base a las recomendaciones de la API 560, se debe agregar dos veces la separación entre el refractario y el centro de los tubos, tomado

como 1,5 veces el diámetro nominal de los tubos, teniendo presente mantener 4 plg (102 mm) como la separación mínima entre la superficie externa de los tubos y la superficie interna del refractario o aislante. En base a las consideraciones anteriores, el ancho de la cabina se puede obtener con buena aproximación, aplicando la relación siguiente,

$A = 1{,}5d_n + W + 1{,}5d_n$.

Para tubos alineados, $W = N_{TF} \times P_T$.
Para tubos no alineados, $W = (N_{TF}+0{,}5) \times P_T$.

Alto de la cabina.
El alto de la cabina, H, depende del número de tubos, N_T, del número de filas de tubos, N_F, y de la geometría del arreglo de los tubos. Adicionalmente, se debe considerar la API 560 [6.3.11] la cual también recomienda para tubos en posición horizontal, la separación mínima h_a = 1 pie (304,8 mm) entre la superficie externa de los tubos de la fila inferior y el plano paralelo inferior o piso, y también la separación mínima h_b = 1 pie (304,8 mm), entre la superficie externa de los tubos en la fila superior y el plano paralelo superior o techo.
Para arreglo de tubos en línea, la altura se puede aproximar como,
$H = h_a + (N_F-1) \times P_T + h_b$.
Donde P_T, es la separación entre centros de tubos adyacentes.
Para arreglo de tubos no alineados, la altura se puede aproximar como,
$H = h_a + (N_F-1) \times P_V + h_b$.
Donde P_V es la distancia vertical entre las líneas paralelas que unen los centros de los tubos en dos filas adyacentes. Por ejemplo, para arreglo en triángulo equilátero, $P_V = 0{,}866 P_T$.

Largo de la cabina.
El largo de la cabina, L, está definido por la longitud de los tubos del banco de convección, más dos veces el radio de la curvatura, Rc, de las conexiones entre los tubos, más dos veces la separación entre el refractario y el centro de las conexiones, tomado como 1,5 veces el diámetro nominal de los tubos, $1{,}5d_n$. En base a estos factores, la longitud de la cabina se puede obtener con buena aproximación con la relación siguiente,
$L = L_T + 2 \times Rc + 2 \times (1{,}5d_n)$

Ejercicio 3.3. Diseño de la sección de convección de un horno. Con la información de proceso suministrada en el Ejercicio 3.2, y considerando el mismo número de pasos y la disponibilidad de tubos con especificaciones similares y con longitud efectiva de cada tubo igual a 24 pie, diseñar la sección de convección, y obtener:
Calor transferido en la sección de convección.

Número de tubos.
Temperatura en la superficie externa de los tubos.

Solución.

Información de procesos.
- Tipo y composición del fluido de proceso que entra a la sección de convección, petróleo de 32,5 °API.
- Flujo, M = 289.530 lb/h, con temperatura y presión de entrada a la sección de convección, T_E = 350 °F y P_E = 180 psia.
- Condiciones de temperatura y presión del fluido de proceso saliendo de la sección de convección, T_B = 483,84 °F y P_B = 113,98 psia, calculados en el Ejercicio 3.2.
- Flujo, temperatura de los gases de combustión, entrando a la sección de convección, W_G = 82.568,9 lb/h, T_G = 1.641 °F, obtenidos en el Ejercicio 3.2.
- Composición del gas de combustión obtenida en el Ejercicio 3.1, y mostrada en la Tabla 3.1.3.
- Especificaciones de tubos disponibles descritas en el Ejercicio 3.2, diámetro externo d_o = 4,5 plg, diámetro interno, d_i = 4,026 plg; diámetro nominal, d_n = 4 plg., longitud efectiva para los tubos de convección, L_{eT} = 24 pie.
- Seleccionar arreglo de tubos no alineados y en triángulo equilátero, en el banco de tubos de choque y en el de convección.
- Rango de velocidad de masa de los gases de combustión sobre bancos de tubo de convección, G_G, de 0,3 lb/(s-pie^2) a 0,6 lb/(s-pie^2).
- Elementos para extender la superficie de los tubos que lo requieran: tipo, aleta circular; metalurgia, 11 Cr; altura, h_f=1 plg, espesor, e_f = 0,05 plg; aletas por plg, n_f = 5.
- Número de pasos por los tubos de convección, N_P = 4, obtenidos en el Ejercicio 3.2.

A continuación, se presentan los cálculos para el banco de tubos de choque y para el banco de tubos de convección, los cuales están referidos a la Fig. 2.6, y basadas en las definiciones presentadas en los apartados 2.3.1 a 2.3.4, la secuencia descrita en el apartado 3.1.2 para Diseño de Sección de Convección.

a) Energía transferida en la sección de convección, Q_{SC}.

Aplicando la Ec. 2.61, utilizando la diferencia Q_B-Q_E, es decir, la diferencia entre la energía en el fluido que sale de convección, Q_B, y la energía en el fluido que entra a convección, Q_E, se tiene,

$$Q_{SC} = Q_B - Q_E \qquad (2.61)$$

Q_B = 74,47 MMBtu/h, obtenido en el Ejercicio 3.2.

Q_E = 47,16 MMBtu/hr, obtenido en la Tabla 3.2.1, a la temperatura de entrada T_E = 350 °F.
Q_{SC} = 74,47 − 47,16 = 27,31 MMBtu/h.

b) Diseño del banco de tubos de choque.
  i. Número de filas de tubos de choque, N_{FP} = 3, en base a la recomendación de la API 560 [6.3.7].
  ii. Número de tubos por fila, N_{TF}, igual al número de pasos por los tubos, N_{TF} = 4.
  iii. Separación (pitch) entre centros de tubos adyacentes, P_T.
      Por recomendación API 560 [8.2.8], P_T = 2,25d_n.
      Diámetro nominal, d_n = 4 plg, P_T = 9 plg (0,75 pie).
  iv. Número de tubos de choque, N_{TP}. Se trata de un banco de 3 filas de tubos con 4 tubos por fila, teniendo que,
      N_{TP} = ($N_{FP}N_{TF}$) = 3x4 = 12 tubos.
  v. Área de transferencia en el banco de choque, A_P.
      Superficie expuesta de un tubo, $a_t = \pi d_o L_{eT}$.
      Diámetro externo de los tubos, d_o = 4,5 plg.
      Longitud efectiva de un tubo, L_{eT} = 24,00 pie.
      $a_t = \pi d_o L_{eT} = \pi(4,5/12)$x24 = 28,27 pie^2 por tubo.
      $A_P = N_{TP}(a_t)$ = 12x28,27 = 339,29 pie^2.
  vi. En concordancia con la API 560 [6.1.3], la densidad de flujo de calor máxima en los tubos de choque es igual a la usada en la sección de radiación, $q_P = q_R$ = 12.000 Btu/(h-pie^2).
  vii. Flujo de calor en los tubos de choque, $Q_P = (q_P)(A_P)$.
      $Q_P = (q_P)(A_P)$ = 12.000x339,29 = 4,07 MMBtu/h
  viii. Temperatura de los gases combustión, T_{Gi}, saliendo del banco de tubos de choque. Esta temperatura se obtiene por balance de energía en la corriente de gases de combustión,
      $T_{Gi} = T_G - Q_P/(W_G C_{PG})$
      T_G = 1.641 °F, obtenida en el Ejercicio 3.2.

      Q_P = 4.07 MMBtu/h, obtenido en el punto vii.

      W_G = 82.568,9 lb/h, obtenido en el Ejercicio 3.2.

      C_{PG}, la capacidad calorífica del gas de combustión, se evalúa a la temperatura promedio entre T_{Gi} y T_G, utilizando la composición del gas de combustión mostrada en la Tabla 3.1.3, y las correlaciones presentadas en la Tabla A.12. Al final del cálculo iterativo, se obtuvo T_{Gi} =1.487 °F, para un C_{PG} = 8,86 Cal/(gmol-°K) igual a 0,32 Btu/(lb-°F). Este cálculo iterativo se deja como ejercicio de refrescamiento para el lector.

ix. Calcular la temperatura del fluido de proceso, T_{Bi}, entrando al banco de choque.
Por balance de energía en la corriente del fluido de proceso,
$T_{Bi} = T_B - Q_P/(MC_{PF})$.
$T_B = 483,84$ °F, obtenida en cálculos de radiación, Ejercicio 3.2.
$Q_P = 4,07,71$ MMBtu/h, obtenido en vi.
$M = 289.530$ lb/h, es un dato de la información de proceso.
C_{PF}, la capacidad calorífica del fluido de proceso, se evalúa a la temperatura promedio entre T_{Bi} y T_B, utilizando la correlación que aplique. En la Tabla 3.2.2, si la temperatura es menor que el punto de ebullición del fluido (T_{BP}), $T<T_{BP}$, $C_{PF} = 0,4084+0,0005 \times T$; si $T>T_{BP}$, $C_{PF} = 0,4163+0,0007 \times T - 5 \times 10^{-7} \times T^2$.
La temperatura T_{Bi} y la capacidad calorífica C_{PF} se obtuvieron con un cálculo iterativo, cuyo resultado es,
$T_{Bi} = 461,72$ °F.
$C_{PF} = 0,6355$ Bt/(lb-°F)
$T_{Bi} = 483,84 - 4,07 \times 10^{\wedge}6/(289.530 \times 0,6355) = 461,72$ °F.

x. Calcular la temperatura de la pared externa de los tubos, T_o.
Aplicando la Ec. 2.58, adaptada al banco de choque y considerando solamente las resistencias térmicas entre la temperatura de la superficie externa de los tubos, T_o, y la temperatura promedio del fluido en el interior de los tubos, T_{MF},

$$q_P = \frac{T_o - T_{MF}}{\frac{d_o Ln(d_o/d_i)}{2k} + \frac{1}{h_{ic}(d_i/d_o)} + R_{Dio}} = \frac{T_o - T_{MF}}{R_K + R_i}$$

$T_{MF} = (T_B + T_{Bi})/2$.
$T_B = 483,84$ °F, obtenida en el Ejercicio 3.2, y $T_{Bi} = 461,72$ °F, obtenida en el puto ix.
$T_{MF} = (483,84+461,729)/2 = 472,78$ °F.
$R_k = d_o Ln(d_o/d_i)/(2k) = 0,0008$ (h-pie^2-°F)/Btu, calculado en el Ejercicio 3.2.
$R_i = (d_o/d_i)(1/h_{ic}+R_{Di})$.
Para calcular R_i se requiere el coeficiente de transferencia de calor dentro de los tubos, h_{ic}, y el factor de ensuciamiento esperado dentro de los tubos, R_{Di}. Este último es un dato de proceso y su valor es $R_{Di} = 0,0015$ (h-pie^2-°F)/Btu.
Para calcular el coeficiente h_{ic}, se requiere obtener el módulo de Nusselt, $Nu = h_{ic}d_i/k$, con la Ec. 2.98 o la Ec. 2.99, las cuales dependen de los módulos de Reynolds, $Re = Gd_i/\mu$, y Prandtl, $Pr = \mu C_p/k$. Para estas correlaciones, los módulos se calculan con las propiedades de transporte del fluido de proceso, evaluadas a la temperatura promedio entre la entrada y

la salida en los tubos de choque, $T_{MF} = 472{,}78\ °F$. Por interpolación entre las temperaturas $476{,}32\ °F$ y $460{,}53\ °F$, en la Tabla 3.2.1, se obtiene,

%	Cp, Btu/(lb-°F)		μ, cp		ρ, lb/pie³		k Btu/(h-pie-°F)	
	Vap	Liq	Vap	Liq	Vap	Liq	Vap	Liq
7,80	0,585	0,660	0,014	0,297	1,000	43,570	0,023	0,038

Fracción vaporizada, lb vapor/ lb total: $x_M = 0{,}078$.
Densidad, lb/pie³: $\rho_L = 43{,}57$; vapor, $\rho_V = 1$.
Viscosidad en cP: $\mu_L = 0{,}297$; $\mu_V = 0{,}014$.
Capacidad Calorífica, Btu/(lb-°F): $Cp_L = 0{,}66$; $Cp_V = 0{,}585$.
Conductividad térmica, Btu/(h-pie-°F): $k_L\ 0{,}038$; $k_V = 0{,}023$.
La densidad promedio del fluido en los tubos, ρ_M, se obtiene con,

$$\frac{1}{\rho_M} = \frac{x_M}{\rho_{VM}} + \frac{1-x_M}{\rho_{LM}} = \frac{0{,}078}{1} + \frac{1-0{,}078}{43{,}57} = 0{,}099$$

$\rho_M = 10{,}08$ lb/pie³.
La viscosidad promedio del fluido en los tubos se obtiene con,

$$\frac{1}{\mu_M} = \frac{x_M}{\mu_{VM}} + \frac{1-x_M}{\mu_{LM}} = \frac{0{,}078}{0{,}014} + \frac{1-0{,}078}{0{,}297} = 8{,}68$$

$\mu_M = 0{,}1152$ cPx2,42 $= 0{,}2788$ lb/(h-pie).
La capacidad calorífica promedio del fluido en los tubos se obtiene con,

$$\frac{1}{Cp_M} = \frac{x_M}{Cp_{VM}} + \frac{1-x_M}{Cp_{LM}} = \frac{0{,}078}{0{,}585} + \frac{1-0{,}078}{0{,}66} = 1{,}53$$

$Cp_M = 0{,}65$ Btu/(lb-°F).
La conductividad térmica promedio del fluido en los tubos se obtiene con,

$$\frac{1}{k_M} = \frac{x_M}{k_{VM}} + \frac{1-x_M}{k_{LM}} = \frac{0{,}078}{0{,}023} + \frac{1-0{,}078}{0{,}038} = 27{,}65$$

$k_M = 0{,}0362$ Btu/(h-pie-°F).
Flujo total de fluido de proceso, $M = 289.530$ lb/h.
Número de pasos, $N_P = 4$.
Flujo por paso, $M_P = M/N_P = 289.530/4 = 72.382{,}5$ lb/h.
Diámetro interno de los tubos, $d_i = 4{,}026$ plg.
Área seccional de flujo por tubo, $a_s = 0{,}0884$ pie².
Velocidad de masa, $G = 72.382{,}5/(3600 \times 0{,}0884) = 227$ lb/(s-pie²).
Módulo de Reynolds, $Re = Gd_i/\mu_M$.
$Re = Gd_i/\mu_{ML} = 227 \times 3600 \times (4{,}026/12)/0{,}2788 = 983.395$.
Módulo de Prandtl, $Pr = \mu Cp/k$.

Módulo de Prandtl, $Pr = 0{,}2788 \times 0{,}65/0{,}0362 = 5$
Para $Re > 2.100$ se selecciona la Ec. 2.98,
$$Nu = (h_i d_i/k) = 0{,}027\, Re^{0,8}\, Pr^{1/3}\, (\mu/\mu_w)^{0,14} \tag{2.98}$$
$Nu = (h_i d_i/k) = 0{,}027\, (983.395)^{0,8}\, (5)^{1/3}\, (1)^{0,14}$
$Nu = (h_i d_i/k) = 2.874$
El coeficiente por convección interior viene dado por,
$h_i = 2.874 \times 0{,}0362/(4{,}026/12) = 310\, Btu/(h\text{-}pie^2\text{-}°F)$
$h_{io} = h_i(d_i/d_o) = 310 \times (4{,}026/4{,}5) = 277\, Btu/(h\text{-}pie^2\text{-}°F)$.
Sustituyendo para R_i,
$R_i = (d_o/d_i)(1/h_{ic} + R_{Di}) = (4{,}5/4{,}026)(1/310 + 0{,}0015)$
$R_i = 0{,}0047\, (h\text{-}pie^2\text{-}°F)/Btu$.
Para la temperatura T_o, se tiene,
$T_o = T_{MF} + q_P(R_K + R_i) = 472{,}78 + 12.000(0{,}0008 + 0{,}0047)$
$T_o = 538{,}78\, °F$.
La temperatura $T_o = 538{,}78\, °F < 1.000\, °F$, que es la temperatura límite de diseño para tubos seleccionados (API 530 [Tabla 5.]).

c) Diseño del banco de convección.

El área de transferencia de calor en el banco de convección, se calcula con la adaptación siguiente de la Ec. 2.59.

$A_F = Q_F / (U_{Do}\, MLDT)$

Para calcular, A_F, es necesario obtener previamente Q_F, U_{Do} y la MLDT, y a continuación se presentan los cálculos, según la secuencia descrita anteriormente.

i. Energía transferida en el banco de convección, Q_F.
   $Q_F = Q_{SC} - Q_P$
   $Q_{SC} = 27{,}31\, MMBtu/h$, la energía total transferida en la sección de convección, se obtuvo en el punto a).
   $Q_P = 4{,}07\, MMBtu/h$, la energía transferida en el banco de choque, se obtuvo en los cálculos del banco de tubos de choque.
   $Q_F = 27{,}31 - 4{,}07 = 23{,}24\, MMBtu/h$

ii. Calcular la MLDT.
   $MLDT = [(T_{Gi} - T_{Bi}) - (T_{Ech} - T_E)] / Ln[(T_{Gi} - T_{Bi})/(T_{Ech} - T_E)]$
   $T_E = 350\, °F$, la temperatura del fluido de proceso es un dato en la información de procesos.
   $T_{Bi} = 461{,}72\, °F$, la temperatura del fluido de proceso saliendo del banco de convección, se obtuvo en los cálculos de diseño del banco de tubos de choque.
   $T_{Gi} = 1.487{,}19\, °F$, la temperatura de los gases de combustión saliendo del banco de tubos de choque, se obtuvo en los cálculos de diseño del banco de tubos de choque.

T_{ECh}, la temperatura de los gases saliendo de convección y entrando a la chimenea, se obtiene como,

$T_{ECh} = T_{Gi} - Q_F/(W_G C_{PG})$.

$Q_F = 23,24$ MMBtu/h, calculada en el punto i).

$W_G = 82.568,9$ lb/h, obtenido en el Ejercicio 3.2.

C_{PG}, la capacidad calorífica del gas de combustión, se evalúa a la temperatura promedio entre T_{Gi} y T_{ECh}, utilizando la composición del gas de combustión mostrada en la Tabla 3.1.3, y las correlaciones presentadas en la Tabla A.12. Al final del cálculo iterativo, se obtuvo $T_{ECh} = 547$ °F, para un $C_{PG} = 8,2751$ Cal/(gmol-°K) igual a 0,30 Btu/(lb-°F). Este cálculo iterativo se deja como ejercicio de refrescamiento para el lector.

Sustituyendo para la MLDT,

$(T_{Gi} - T_{Bi}) = 1.487,19 - 461,72 = 1.025,47.$ °F
$(T_{ECh} - T_E) = 547 - 350 = 197$ °F.

MLDT = 502,20 °F.

iii. Calcular el coeficiente Global de Transferencia de Calor, U_{Do}.

$$\frac{1}{U_{Do}} = R_o + R_K + R_i$$

Cálculo de la resistencia, $R_k = d_o Ln(d_o/d_i)/2k$.

$R_k = d_o Ln(d_o/d_i)/(2k) = 0,0008$ (h-pie²-°F)/Btu, calculado en el Ejercicio 3.2.

Cálculo de la resistencia $R_i = (d_o/d_i)(1/h_{ic} + R_{Di})$.

Para calcular R_i se requiere el coeficiente de película para transferencia de calor por convección dentro de los tubos, h_{ic}, y el factor de ensuciamiento esperado dentro de los tubos, R_{Di}. Este último es un dato de proceso y su valor es $R_{Di} = 0,0015$ (h-pie²-°F)/Btu.

Coeficiente por convección interior, h_{ic}. Para calcular el coeficiente h_{ic}, se requiere obtener el módulo de Nusselt, $Nu = h_{ic} d_i/k$, con la Ec. 2.98 o la Ec. 2.99, las cuales dependen de los módulos de Reynolds, $Re = Gd_i/\mu$, y Prandtl, $Pr = \mu C_p/k$. Para estas correlaciones, los módulos se calculan con las propiedades de transporte del fluido de proceso, evaluadas a la temperatura promedio entre la entrada y la salida en los tubos de convección, $T_{MF} = (T_E + T_{Bi})/2 = (350 + 461,72)/2 = 405,86$ °F.

Por interpolación entre las temperaturas 397,37 °F y 413,16 °F, en la Tabla 3.2.1, se obtiene,

T_{MF} °F	%		C_p, Btu/(lb-°F)		μ, cp		ρ, lb/pie3		k Btu/(hr-pie-F)	
Conv	Vap		Vap	Liq	Vap	Liq	Vap	Liq	Vap	Liq
405,86	0,000		0,000	0,629	0,000	0,334	0,000	44,29	0,000	0,042

Densidad, $\rho_M = \rho_L = 44,29$ lb/pie^3.
Viscosidad, $\mu_M = \mu_L = 0,334$ cPx2,42 = 0,8083 lb/(h-pie).
Capacidad calorífica, $C_{PM} = C_{PL} = 0,629$ Btu/(lb-°F).
Conductividad térmica, $k_M = k_L = 0,042$ Btu/(h-pie-°F).
Módulo de Reynolds, Re = Gd_i/μ_{MF}.
Flujo total de fluido de proceso, M = 289.530 lb/h.
Número de pasos, $N_P = 4$.
Flujo por paso, $M_P = M/N_P = 289.530/4 = 72.382,5$ lb/h.
Diámetro interno de los tubos, $d_i = 4,026$ plg.
Área seccional de flujo por tubo, $a_s = 0,0884$ pie^2
Velocidad de masa, G = 72.382,5/(3600x0,0884) = 227 lb/(s-pie^2).
Reynolds, Re=Gd_i/μ_{MF}
Re =227x3600x(4,026/12)/0,8083 = 339.194.
Prandtl, Pr = $(\mu_{MF}C_{pMF})/k_{MF}$ = 0,8083x0,629/0,042 = 12,10.
Para Re>2.100 se selecciona la Ec. 2.98.
Nu = ($h_{ic}d_i/k$) = 0,027 $Re^{0,8}$ $Pr^{1/3}$ $(\mu/\mu_w)^{0,14}$ (2.98)
Nu = ($h_{ic}d_i/k$) = 0,027 $(339.194)^{0,8}$ $(12,1)^{1/3}$ $(1)^{0,14}$
Nu = ($h_{ic}d_i/k$) = 1.646,8
El coeficiente por convección interior viene dado por,
h_{ic} = 1.646,8x0,042/(4,026/12) = 206,16 Btu/(h-pie^2-°F)
h_{io} = $h_{ic}(d_i/d_o)$ = 206,16x(4,026/4,5) = 184,44 Btu/(h-pie^2-°F).
Sustituyendo para R_i,
$R_i = (d_o/d_i)(1/h_{ic}+R_{Di})$ = (4,5/4,026)(1/206,16+0,0015)
$R_i = 0,0071$ (h-pie^2-°F)/Btu.

Cálculo de la resistencia $R_o = 1/h_{ocr} + R_{Do}$.

El coeficiente de combinado h_{ocr}, se calcula con la Ec. 2.74,

$h_{ocr} = (1+\beta)(h_{oc} + h_r)$ (2.74)

Siendo, β, el factor por re radiación desde las paredes laterales al banco de tubos; h_{oc}, el coeficiente de transferencia de calor por convección sobre los tubos; y h_r el coeficiente aparente o ficticio de transferencia de calor por radiación desde los gases hacia los tubos.

Coeficiente de convección, h_{oc}. Aplicando la Ec. 2.65,

$h_{oc} = 2{,}14(T_f)^{0,28}(G_{WG})^{0,6}(d_o)^{-0,4}$ Btu/(h-pie^2-°F) (2.65)

$T_f = T_{MF} + 0{,}5$MLDT en °R, temperatura de película de gas en los tubos.

$T_{MF} = (T_E + T_{Bi})/2 = (350 + 461{,}72)/2 = 405{,}9$ °F.

MLDT= 502,20 °F.

$T_f = (405{,}9 + 0{,}5 \times 502{,}20) + 460 = 1.117$ °R.

$G_{WG} = (W_G/A_N)$, es la densidad de flujo de gases de combustión. A_N, es el área neta de flujo para los gases de combustión en el banco de tubos. En la Fig. 2.8.b para bancos con arreglo alternado,

$A_N = A_P - (A_{PT} + A_{PA})$.

$A_P = [(N_{TF} + 0{,}5)P_T] L_{eT} = (4 + 0{,}5) \times 0{,}75 \times 24 = 81$ pie^2

$A_{PT} = (d_o/12)L_{eT}N_{TF} = (4{,}5/12) \times 24 \times 4 = 36$ pie^2

$A_{PA} = (2\ h_f e_f\ n_f/12)L_{eT}N_{TF}$

$A_{PA} = [(2 \times 1 \times 0{,}05 \times 5)/12] \times 24 \times 4 = 4$ pie^2

$A_N = 81 - 36 - 4 = 41$ pie^2.

$W_G = 82.568{,}9$ lb/h

$G_{WG} = (W_G/A_N) = (82.568{,}9/3.600)/41 = 0{,}56$ lb/(s-pie^2).

$h_{oc} = 2{,}14(T_f)^{0,28}(G_{WG})^{0,6}(d_o)^{-0,4}$ Btu/(h-pie^2-°F).

$h_{oc} = 2{,}14(1.117)^{0,28}(0{,}56)^{0,6}(4{,}5)^{-0,4}$ Btu/(h-pie^2-°F).

$h_{oc} = 5{,}91$ Btu/(h-pie^2-°F)

Por la presencia de superficies extendidas en el banco de tubos de convección, el coeficiente h_{oc}, se debe corregir utilizando la Ec. 2.87,

$h_{of} = h_{oc}(\mathcal{E}A_f + A_{op})/A_o$

En la Tabla A.4.3, se muestran las relaciones referenciales siguientes, que corresponden al elemento de extensión de superficie tipo aletas circular. Se aclara que los fabricantes de tubos con superficie extendida, ofrecen este tipo de información más detallada y precisa.

$A_o = 1{,}178$ pie^2 de superficie externa por pie de tubo antes de extender la superficie.

$A_f = 14{,}820$ pie^2 de superficie extendida por pie de tubo.

$A_{op} = 0{,}88$ pie^2 de tubo liso por pie de tubo.

$A_{of} = (A_f + A_{op}) = (14{,}820 + 0{,}884) = 15{,}7$ pie^2 de superficie externa total (extendida más lisa) por pie de tubo.

$(A_{of}/A_o) = 13{,}331$ pie^2 de superficie externa total, por pie^2 de superficie externa del tubo liso.

La eficiencia $\mathcal{E} = \text{Tanh}(mh_f)/(mh_f)^1$.

Siendo $m = (h_{oc}p_f/ka_x)^{1/2}$.

Alto de la aleta, $h_f = 1$ plg

Perímetro de aleta, $p_f = 1{,}7017$ pie.

Sección transversal de la aleta, $a_x = 0{,}0023$ pie^2.

Conductividad térmica, $k = 25$ Btu/(h-pie-°F).

Sustituyendo valores,

$m = [(5{,}91 \times 1{,}7017) / (25 \times 0{,}0023)]^{0,5} = 13{,}225$ pie^{-1}.
$\text{Tanh}(mh_f) = \text{Tanh}[13{,}225 \times (1/12)] = 0{,}8013$
$(m \times h_f) = [13{,}225 \times (1/12)] = 1{,}102$.
$\varepsilon = 0{,}80/1{,}02 = 0{,}727$.
Sustituyendo en la Ec. 2.87,
$h_{of} = h_{oc}(\varepsilon A_f + A_{op})/A_o = 5{,}91 \times [(0{,}727 \times 14{,}82 + 0{,}88)/1{,}178]$
$h_{of} = 58{,}46$ Btu/(h-pie^2-°F).
Observar que, si no hay superficie extendida, $\varepsilon A_f = 0$, $A_{op} = A_o$ y en consecuencia, $h_{of} = h_{oc}$.
Coeficiente ficticio (aparente) h_r. Aplicando la Ec. 271.a,

$h_r = 0{,}0025 T_{MG} - 0{,}5143$ (2.71.a)

Con $T_{MG} = (T_{Gi} + T_{ECh})/2 = (1487{,}19 + 547)/2 = 1.017{,}95$ °F.
$h_r = 0{,}0025 \times 1.017{,}95 - 0{,}5143 = 2{,}03$ Btu/(h-pie^2-°F).

Factor de re radiación β. Este factor puede alcanzar un valor hasta de 15% de la energía transferida por radiación y convección[13], desde los gases hacia los tubos, y por experiencias previas, se ha considerado un 10% como valor típico, es decir $\beta = 0{,}10$, el cual usaremos en el cálculo de h_{ocr}.
Para calcular el coeficiente combinado h_{ocr} en tubos con superficie extendida, el coeficiente h_{oc}, en la Ec. 2.74 y en la Ec. 2.76, se sustituye por el coeficiente efectivo, h_{of}.
$h_{ocr} = (1+\beta)(h_{of} + h_r) = (1+0{,}10)(58{,}46 + 2{,}03)$
$h_{ocr} = 66{,}54$ Btu/(h-pie^2-°F).
Observar que, si no hay superficie extendida,
$h_{ocr} = (1+\beta)(h_{oc} + h_r) = (1+0{,}1)(5{,}91 + 2{,}03)$
$h_{ocr} = 8{,}73$ Btu/(h-pie^2-°F).

Factor de ensuciamiento R_{Do}, la resistencia motivada por el factor de ensuciamiento externo en los tubos, es un dato en la información de procesos, con $R_{Do} = 0$.

Finalmente, sustituyendo para obtener R_o,

$R_o = 1/h_{ocr} + R_{Do} = 1/66{,}54 = 0{,}015$ (h-pie^2-°F)/Btu.
Sustituyendo en la ecuación para U_{Do}.
$U_{Do} = 1/(R_o + R_k + R_i) = 1/(0{,}015 + 0{,}0008 + 0{,}0071)$
$U_{Do} = 43{,}67$ Btu/(h-pie^2-°F).

Para fines de comparación e ilustración, si no se considera el efecto de re radiación, $R_o = 1/60{,}49 = 0{,}0165$ y $U_{Do} = 40{,}98$.

Observar también que, si los tubos no presentan superficie extendida, la resistencia $R_o = 1/(8{,}73) = 0{,}1219$ (h-pie^2-°F)/Btu, y en consecuencia $U_{Do} = 8{,}2$ Btu/(h-pie^2-°F).

iv. Calcular el área de transferencia requerida, A_F.
Sustituyendo los valores de Q_F, MLDT y U_{Do}, en la Ec. 2.59 modificada, se procede a calcular el área de transferencia de calor requerida, A_F, la cual será la base para determinar la cantidad de tubos requeridos.
$A_F = Q_F / (U_{Do} MLDT)$

Q_F = 23,24 MMBtu/h, calculado en el punto i.
MLDT= 502,20 °F, calculado en el punto ii.
U_{Do} = 43,67 Btu/(h-pie^2-°F), calculado en el punto iii.

Sustituyendo para A_F,
$A_F = 23{,}24 \times 10^6 /(43{,}67 \times 502{,}2) = 1.060$ pie^2.

Si no se considera el efecto de la re radiación,
$A_F = 23{,}24 \times 10^6 /(40{,}98 \times 502{,}2) = 1.129$ pie^2.

Si lo tubos no tuvieran superficie extendida, el área de transferencia sería,
$A_F = 23{,}24 \times 10^6 /(8{,}2 \times 502{,}2) = 5.644$ pie^2.

v. Número de tubos requeridos, N_T.
Como se indicó anteriormente, la superficie calculada con la Ec. 2.59, está referida al diámetro externo de los tubos. Si la superficie externa de un tubo de diámetro d_o = 4,5 plg, y de longitud L_{eT} = 24 pie, es A_{oT} = $\pi(4{,}5/12) \times 24 = 28{,}27$ pie^2 por tubo, la cantidad de tubos requeridas es,
$N_T = A_F/A_{oT} = 1.060/28{,}27 = 37{,}5$ tubos.
Si no se considera el efecto de la re radiación, N_T = 39,94 tubos.

vi. Tubos por paso, N_{TP}.
El horno tendrá 4 pasos, es decir que N_P = 4. Entonces el número de tubos por paso es,

$N_{TP} = N_T/N_P = 37{,}5/ 4 = 9{,}4$ tubos por paso.

Este valor de N_{TP} debe redondearse al número entero superior, quedando como N_{TP} = 10, por lo que, en el banco de convección con 4 pasos, habrá N_T = 40 tubos.

Si no se considera el efecto de re radiación, N_T = 39,94 tubos, y N_{TP} = 39,94/4 = 9,98 tubos o 10 tubos por paso. Como se puede observar, con 10 tubos por paso, o 40 tubos en total, se cubre la presencia o no de la re radiación.

vii. Número de filas de tubos en el banco de convección, N_F.
El número de tubos por fila, N_{TF}, es igual al número de pasos, es decir que $N_{TF} = N_P = 4$, lo que significa que los 40 tubos estarían distribuidos en 10 filas, $N_F = N_T / N_{TF} = 10$.

Si los tubos en el banco de convección no tuvieran superficie extendida, se necesitarían 5.644/28,27 = 199,65 tubos, o 200 tubos, distribuidos en 50 tubos por paso y en 50 filas de tubos de 4 tubos por fila.

viii. Dimensiones de la sección de convección.
En base a lo descrito en la secuencia de cálculo propuesta, y a las recomendaciones API 560 citadas en dicha secuencia, considerando que el banco de tubos seleccionado tiene un arreglo en triángulo equilátero, con 52 tubos unidos con conexiones en U de radio largo, $R_c = 8,25$ plg, de diámetro nominal $d_n = 4$ plg, con separación entre centros de tubos adyacentes $P_T = 0,75$ pie, longitud de cada tubo $L_T = 25,5$ pies, distribuidos en $N_F = 13$ filas de tubos, con $N_{TF} = 4$ tubos por fila, las dimensiones de la cabina son las siguientes:

Ancho de la cabina, A.
El ancho de la cabina, A, básicamente lo define el ancho del banco de tubos, W, y en base a la secuencia propuesta, se puede obtener con buena aproximación, con la relación siguiente,
$A = 1,5d_n + W + 1,5d_n = 2 \times (1,5d_n) + (N_{TF} + 0,5) \times P_T$
Sustituyendo valores para A,
$A = 2 \times (1,5) \times (4/12) + (4+0,5) \times 0,75 = 4,38$ pie (1,33 m).

Alto de la cabina, H.
Para el arreglo de tubos seleccionado (en triángulo equilátero), la altura de la cabina básicamente la define la cantidad de filas de tubos, N_F, y en base a la secuencia propuesta, se puede obtener con buena aproximación con la relación siguiente,

$H = h_a + (N_F-1) \times P_v + h_b = h_a + (N_F-1) \times 0,866 \times P_T + h_b$.
Sustituyendo $N_F = 13$, $P_T = 0,75$ pie, $h_a = 1$ pie y $h_b = 1$ pie,
$H = 2 + (13-1) \times 0,866 \times 0,75 = 9,79$ pie (2,98 m).

Largo de la cabina, L.
La longitud de la cabina está definida por la longitud de los tubos del banco de convección, y en base a la secuencia propuesta, se puede obtener con buena aproximación, con la relación siguiente,
$L = L_T + 2 \times R_c + 2 \times (1,5d_n) = 25,5 + 2 \times (8,25/12) + 2 \times 1,5 \times (4/12)$
Sustituyendo $L_T = 25,5$ pie, $R_c = 8,25$ plg y $d_n = 4$ plg,
$L = 27,88$ pie (8,50 m)
En resumen, las dimensiones internas, en pie, de la cabina de convección son las siguientes:
Largo (L_i)-Alto (H)-Ancho (W_i) = 27,88 - 9,79 - 4,38 pie.
La superficie interna, expuesta a los gases de combustión es,
$A_{ic} = 2(L_i \times H) + 2(W_i \times H)$
$A_{ic} = 2(27,88 \times 9,79) + 2(4,38 \times 9,79) = 631,65$ pie^2.

La superficie externa expuesta al medio ambiente es,
$A_{oc} = 2(L_o x H) + 2(W_o x H)$.
Tanto el largo externo, L_o, como el ancho externo, W_o, incluyen el espesor de las paredes.

Flujo de Calor desde el horno hacia el Ambiente. En los Cálculos térmicos para el Balance Global de Energía en el horno, se definieron las pérdidas de energía hacia el medio ambiente que salen por la superficie de las paredes del cuerpo el horno y las que salen por la chimenea. La energía que se pierde desde la superficie externa del cuerpo del horno y de otros elementos asociados, que se ha identificada como Q_W, permite el cálculo de los espesores de las capas de refractario y aislamiento y finalmente el pre dimensionamiento de las paredes de las cabinas de radiación y de convección del horno. Por otro lado, el flujo de los gases de combustión, W_G, y su contenido de energía, Q_{GC}, que entra a la chimenea, unido al flujo de calor desde la chimenea al medio ambiente, permiten el pre dimensionamiento de la chimenea y también conocer la temperatura de los gases que se descargan al medio ambiente.

Flujo de calor desde las paredes externas de un horno. La pérdida de calor hacia el medio ambiente, Q_W, desde la superficie externa del horno y los sistemas asociados, se puede modelar aplicando la Ec. 2.50, o alguna de sus variantes, Ec. 2.52, Ec. 2.53 o la Ec. 2.54, considerando que parte de la energía liberada por el combustible fluye desde los gases de combustión en el interior del horno, hasta el medio ambiente.

Las superficies que más contribuyen al flujo de energía hacia el medio ambiente son los cuerpos de la sección de radiación y de la sección de convección. La superficie expuesta en los cambios de sección de radiación a convección y de convección a chimenea, también contribuyen al flujo de calor hacia el ambiente, pero sus valores son despreciables comparados con los anteriores. En resumen, como un estimado preliminar, la pérdida de calor Q_W se puede distribuir entre la perdida desde el cuerpo de la cabina de radiación, que identificaremos como $Q_{WR;}$ y la perdida desde el cuerpo de la cabina de convección, que identificaremos como Q_{WC}. Estas magnitudes de pérdida, se utilizan para calcular los espesores de las capas de refractario y aislamiento requeridas en la cabina respectiva, para asegurar que el flujo de calor hacia el ambiente no exceda del valor definido en el diseño.

La API 560 [5.3.3.g] recomienda que, en base a las pérdidas de calor consideradas en el diseño, los cálculos de espesores de refractario y aislamiento, así como los gradientes de temperatura y el material y sus propiedades, en cada uno de esos cuerpos, deben ser suministrados por el fabricante. Sin embargo, a continuación, se presenta una secuencia referencial para el cálculo preliminar y aproximado de los espesores de refractario y aislamiento en las paredes de las cabinas de radiación y convección.

Espesor del refractario y del aislamiento. Los espesores de las capas de refractario y aislamiento, e_r y e_a respectivamente, se calculan en base a la pérdida de energía Q_W, definida en el diseño. En la sección 2.3.6 se describe la ecuación Ec. 2.101 para el flujo de calor por las paredes de un horno con cabina cilíndrica de diámetro externo d_o y altura H; y la Ec. 2.102, para un horno con cabina rectangular. Estas ecuaciones se pueden utilizar para el cálculo preliminar de los espesores de las capas que conforman las paredes del horno.

Para el horno de cabina cilíndrica de diámetro externo D_o y altura H, cuya superficie externa es $A_o = \pi d_o H$, la pérdida de calor por las paredes se puede expresar con la Ec. 2.101, descrita en el apartado 2.3.6,

$$Q_W = \frac{T_G - T_A}{\frac{1}{h_{icr} A_{ir}} + \frac{Ln(D_{or}/D_{ir})}{2\pi H k_r} + \frac{Ln(D_{oa}/D_{ia})}{2\pi H k_a} + \frac{Ln(D_o/D_{ip})}{2\pi H k_p} + \frac{1}{h_{ocr} A_o}}$$

La ecuación anterior se puede expresar en términos de la resistencia térmica total, R_T, localizada entre las temperaturas del gas de combustión, T_G, y la temperatura del medio ambiente, T_A.

$$Q_W = \frac{T_G - T_A}{R_T}$$

Siendo R_T,

$$R_T = \frac{1}{h_{icr} A_i} + \frac{Ln(D_{or}/D_i)}{2\pi H k_r} + \frac{Ln(D_{oa}/D_{ia})}{2\pi H k_a} + \frac{Ln(D_o/D_{ip})}{2\pi H k_p} + \frac{1}{h_{ocr} A_o}$$

El espesor de la capa de refractario viene dado por $e_r = (D_{or} - D_i)/2$ y el espesor de la capa de aislante por $e_a = (D_{oa} - D_{ia})/2$. El espesor de la lámina protectora externa es $e_p = (D_o - D_{ip})/2$, cuyo valor normalmente se conoce. Considerando que no hay espacio en la unión del refractario con el aislante, ni entre el aislante y la lámina protectora, se puede asumir que el diámetro externo del refractario, D_{or}, es igual al diámetro interno del aislante, D_{ia}, es decir que $D_{ia} = D_{or}$. Bajo el mismo criterio, el diámetro interno de la lámina protectora es igual al diámetro externo del aislante, $D_{ip} = D_{oa}$, y el diámetro externo de la lámina protectora sería el diámetro externo de la cabina.

Para el horno de cabina rectangular, el flujo total de calor desde la superficie externa hacia el aire, sale por cuatro paredes, de las cuales dos tienen una altura H y largo L_o; y las otras dos, una altura H y ancho W_o, y la superficie total para el flujo de calor es $A_o = (2xHxL_o + 2xHxW_o)$. La pérdida de calor por las paredes se puede expresar con la Ec. 2.102, descrita en el apartado 2.3.6.

$$Q_W = \frac{T_G - T_A}{\dfrac{1}{h_{icr}A} + \dfrac{e_r}{k_r A} + \dfrac{e_a}{k_a A} + \dfrac{e_p}{k_p A} + \dfrac{1}{h_{ocr}A}} = \frac{T_G - T_A}{R_T} \qquad (2.102)$$

Se aclara que, en esta última ecuación, la superficie de transferencia de calor, A, es constante en cada una de las paredes que conforman el cuerpo del horno.

En el caso de un horno con cabina cilíndrica, la Ec. 2.101 aplica para la sección de radiación, y la Ec. 2.102 aplica en la sección de convección que generalmente es de estructura rectangular. Para hornos con cabina rectangular, la Ec. 2.102 aplica en la sección de radiación y en la sección de convección.

Para obtener el espesor de la capa de refractario, y la capa de aislamiento, se propone la secuencia de cálculo siguiente,

a) Aplicando la recomendación de la API 560 [11], tomar $T_S = 180$ °F como la temperatura máxima en la superficie externa del cuerpo del horno, y $T_A = 80$ °F, como la temperatura ambiente, y considerar que la velocidad del viento es igual 0,0, lo que implica que la convección en la superficie es libre o natural.

b) Calcular la cantidad de calor total perdido por el cuerpo del horno, Q_W, como se indica en el apartado *Balance Global de Energía*, y distribuirla entre la energía que sale por la superficie externa del cuerpo de la cabina de radiación, Q_{WR}, y la energía que sale por la superficie externa del cuerpo de la cabina de convección, Q_{WC}. Esta distribución se puede aproximar, con las formulaciones siguientes,

$Q_{WR} = Q_W[A_{ir}/(A_{ir} + A_{ic})]$

$Q_{WC} = Q_W[A_{ic}/(A_{ir} + A_{ic})] = Q_W - Q_{WR}$.

Donde A_{ir}, es la superficie interna de la cabina de radiación y A_{ic}, es la superficie interna de la cabina de convección. Ambas superficies se obtienen en base a los cálculos descritos en los apartados *Diseño de la Sección de Radiación* y *Diseño de la Sección de Convección*.

c) Calcular el coeficiente de película aparente por radiación, h_{or}, en la superficie externa, con la ecuación Ec. 2.43, sustituyendo T_G por la temperatura de la superficie, T_S, T_i por T_A y e_G por la emisividad de la superficie, e_s.

$$h_{or} = \left(\frac{0,173 e_S}{(T_S - T_A)}\right)\left[\left(\frac{T_S}{100}\right)^4 - \left(\frac{T_A}{100}\right)^4\right]$$

d) Obtener el coeficiente de película por convección exterior, h_{oc}, con una de las opciones siguientes:

- Seleccionar un valor para h_{oc} en el rango de $1<h_{oc}<5$ Btu/(h-pie^2-°F) o $5,68<h_{oc}<28,39$ W/(m^2-°K)[27,29,30].
- Seleccionar una correlación empírica para obtener el módulo de Nusselt en convección libre, sobre paredes planas o cilindros en posición vertical. Con el Nusselt obtenido, calcular el coeficiente como $h_{oc} = Nu(k/H)$, Siendo k la conductividad térmica del aire y H la altura de la pared o cilindro.

e) Obtener el coeficiente combinado exterior, h_{ocr}. Este coeficiente se puede obtener con una de las dos opciones siguientes:
- Sumando el coeficiente de película por convección y el coeficiente de película aparente por radiación, calculados en los puntos c) y d), $h_{ocr} = h_{or} + h_{oc}$.
- Usando la Fig. 8.13 de la GPSA[15], o la correlación siguiente, obtenida de la misma figura, la cual depende de la velocidad del viento sobre la superficie y de la diferencia de temperatura entre la superficie y el ambiente, ($T_S - T_A$),

$h_{ocr} = (1,5585+0,2145V-0,0026V^2)+$
$[0,0063-(1x10^{-5})V +(2x10^{-6})V^2](T_S-T_A)$
Siendo V la velocidad del viento en MPH.

En este caso, el coeficiente de película por convección, h_{oc}, se puede obtener como, $h_{oc} = h_{ocr} - h_{or}$. El valor de h_{or} es el obtenido con la ecuación de Stefan-Boltzmann, calculado en el punto c).

f) Calcular la superficie externa para cada cabina.
- Superficie externa en la cabina de radiación,
$A_{or} = Q_{WR}/[h_{ocr}(T_S-T_A)]$
- Superficie externa en la cabina de convección,
$A_{oc} = Q_{WC}/[h_{ocr}(T_S-T_A)]$

g) Seleccionar el material del refractario y el material del aislante para definir las conductividades térmicas respectivas, k_r y k_a, cuyos valores pueden obtenerse en la Tabla A.21 o en las referencias 1, 4, 15 y 25.

h) Seleccionar el material y espesor de la capa o lámina externa de protección, para definir su espesor e_p y conductividad, k_p.

i) Calcular la resistencia térmica, R_T, en la pared de cada cabina, entre la temperatura del gas de combustión y la temperatura en la superficie externa, T_S.
- Cabina de radiación, $R_{TR} = (T_G - T_S)/Q_{WR}$
- Cabina de convección, $R_{TC} = (T_{MG} - T_S)/Q_{WC}$

Siendo T_G la temperatura del gas en la cabina de radiación, obtenida como se describe en el apartado Diseño de la Sección de Radiación, y T_{MG} la temperatura promedio del gas en la cabina de convección, obtenida como se describe en el apartado Diseño de la Sección de Convección.

Si la diferencia de temperatura se toma, entre el gas de combustión y el medio ambiente, T_A, la resistencia térmica R_T, se calcula incluyendo la resistencia térmica exterior motivada al coeficiente de película combinado, $R_o = 1/(h_{ocr}A_o)$ en la Ec. 2.101 y $R_o = 1/(h_{ocr}A)$ en la Ec. 2.102.

j) Obtener en cada cabina, el coeficiente de película combinado interior, $h_{icr} = (h_{ir} + h_{ic})$.

• Cabina de radiación. Para obtener el coeficiente aparente interno de radiación, h_{ir}, se puede aplicar la Ec. 2.43, para la radiación entre el gas a la temperatura T_G y la superficie interna del refractario a la temperatura T_i; con la emisividad del gas, e_G, evaluada a la temperatura T_G, con la Fig. A.4.

$$h_{ir} = \left(\frac{0,173 e_G}{(T_G - T_i)}\right) \left[\left(\frac{T_G}{100}\right)^4 - \left(\frac{T_i}{100}\right)^4\right].$$

Para h_{ic} tomar un valor entre 2 y 3 Btu/(h-pie²-°F), o entre 11,36 y 17,03 W/(m²-°K), que es típico en el interior de la cámara de radiación[3].

La temperatura T_i, se puede obtener con la Ec. 2.95, la cual se adapta para modelar el flujo de calor, Q_{WR}, desde los gases de combustión hacia la superficie interna del refractario, A_{ir}.

$$Q_{WR} = 0,173 \times 10^{-8} e_G A_{ir} \left[T_G^4 - T_i^4\right] + h_{ic} A_{ir} (T_G - T_i) \qquad (2.95)$$

• Cabina de convección. Para obtener el coeficiente aparente interno de radiación, h_{ir}, se puede aplicar la Ec. 2.43, para la radiación entre el gas a la temperatura T_{MG} y la superficie interna del refractario a la temperatura T_i; con la emisividad del gas, e_G, evaluada a la temperatura T_{MG}, con la Fig. A.4.

$$h_{ir} = \left(\frac{0,173 e_G}{(T_{MG} - T_i)}\right) \left[\left(\frac{T_{MG}}{100}\right)^4 - \left(\frac{T_i}{100}\right)^4\right].$$

Para calcular coeficiente de película por convección interna, h_{ic}, utilizar la correlación Ec. 2.106.a u otra equivalente que aplique para convección entre fluidos con movimiento paralelo a paredes planas.

La temperatura T_i, se puede obtener con la Ec. 2.95, la cual se adapta para modelar el flujo de calor, Q_{WC}, desde los gases de combustión hacia la superficie interna del refractario, A_{ir}.

$$Q_{WC} = 0,173 \times 10^{-8} e_G A_{ir} \left[T_{MG}^4 - T_i^4\right] + h_{ic} A_{ir} (T_{MG} - T_i) \qquad (2.95)$$

k) Calcular el espesor del refractario y del aislamiento en cabinas cilíndricas de radiación.

Estos espesores se pueden obtener con la secuencia de cálculo siguiente,

- Calcular el diámetro externo de la cabina cilíndrica, $D_o = A_{or}/(\pi H)$.
Siendo A_{or} la superficie externa calculada en el punto f) y H la altura del horno obtenida como se describe en el apartado Diseño de la Sección de Radiación.
- Calcular el diámetro interno de la lámina protectora, $D_{ip} = D_o - 2e_p$.
- Considerar que el diámetro externo de la capa de aislamiento, D_{oa}, es igual al diámetro interno de la lámina protectora, $D_{oa} = D_{ip}$.
- Considerar que el diámetro interno de la cabina, D_i, es igual al diámetro interno del refractario, D_{ir}, obtenido como se describe en el apartado Diseño de la Sección de Radiación. Es decir que $D_i = D_{ir}$.
- Con el diámetro externo del aislante y el diámetro interno del refractario, calcular el espesor requerido del refractario más el aislamiento, $e_{ra} = (D_{oa} - D_{ir})/2 = e_r + e_a$.
- Suponer un valor para el espesor del refractario, e_r.
- Calcular el espesor del aislante como $e_a = e_{ra} - e_r$.
- Calcular el diámetro interno del aislamiento, $D_{ia} = D_{oa} - 2e_a$.
- Considerar que el diámetro externo de la capa de refractario, D_{or}, es igual al diámetro interno del aislamiento, $D_{or} = D_{ia}$.
- Calcular las resistencias térmicas para los espesores supuestos,
Resistencia del refractario $R_{rs} = Ln(D_{or}/D_{ir})/(2\pi H k_r)$.
Resistencia del aislante, $R_{as} = Ln(D_{oa}/D_{ia})/(2\pi H k_a)$.
- Calcular la resistencia supuesta para el refractario más el aislante, $R_{ras} = (R_{rs} + R_{as})$.
- Calcular la resistencia térmica de la lámina protectora,
$R_p = Ln(D_{op}/D_{ip})/(2\pi H k_p)$.
- Calcular la resistencia térmica de la película combinada interior,
$R_i = 1/(h_{icr} A_i)$.
- Calcular la resistencia térmica requerida del refractario más aislante,
$R_{ra} = R_{TR} - R_i - R_p$.
R_{TR} es la resistencia térmica calculada en el punto i).
- Si la resistencia térmica requerida del refractario y aislante, R_{ra}, no es igual a la obtenida con los espesores supuestos, R_{ras}, entonces suponer otro valor para el espesor del refractario, e_r, y repetir el cálculo con el nuevo valor hasta que se logre la igualdad entre R_{ra} y R_{ras} o la diferencia entre ellas cumpla con un nivel de tolerancia aceptable. Cuando esto ocurra, los últimos valores de los espesores del refractario, e_r y del aislamiento, e_a, son los correctos.
- Con los espesores calculados, se debe tener presente que:
Por buenas prácticas de ingeniería[47] el espesor de la pared debe ser igual o mayor a 230 mm (9 plg).

Para cumplir con la recomendación API 560 [11], el coeficiente de película h_{oc}, debe estar en el rango típico para convección libre.

Si alguno de estas consideraciones no se cumple, se deben ajustar los espesores y repetir el cálculo.

l) Espesor del refractario y del aislamiento en cabinas tipo caja, en radiación o convección.

Estos espesores se pueden obtener con la secuencia de cálculo siguiente,

- La temperatura promedio dentro de la cabina de convección, T_{MG}, es la obtenida en el apartado Diseño de la Sección de Convección.
- La temperatura de superficie T_S y del ambiente T_A, son las mismas indicadas en el punto a), recomendadas por la API 560 [11], $T_S = 180$ °F y $T_A = 80$ °F.
- Calcular la superficie interna de cada cabina, en base a las dimensiones internas de Largo, L_i, Alto, H y Ancho, W_i, obtenidos en el apartado Diseño de la Sección de Convección, o en el apartado Diseño de la Sección de Radiación.

Superficie interna en la cabina de radiación,
$A_{ir} = 2xH_rxW_{ir} + 2xH_rxL_{ir}$.
Superficie interna en la cabina de convección,
$A_{ic} = 2xH_cxW_{ic} + 2xH_cxL_{ic}$.

- Calcular la superficie externa de cada cabina, en base a las dimensiones externas de Largo, L_o, Alto, H y Ancho, W_o, las cuales viene dadas por $L_o = L_i + 2e_{ra}$ y $W_o = W_i + 2e_{ra}$; donde e_{ra} es la suma de los espesores del refractario y el aislante en las paredes de una cabina, $e_{ra} = e_r + e_a$. También se considera que los espesores son iguales en las cuatro paredes de cada cabina.

Para la cabina de radiación,
$A_{or} = 2xH_rxW_{or} + 2xH_rxL_{or}$.
Siendo, H_r, la altura y W_{or} y L_{or} el ancho y el largo externos en la cabina de radiación.
Para la cabina de convección,
$A_{oc} = 2xH_cxW_{oc} + 2xH_cxL_{oc}$.
Siendo, H_c, la altura y W_{oc} y L_{oc} el ancho y el largo externos en la cabina de convección.

- Calcular la resistencia térmica debida al coeficiente de película combinada de convección y radiación en el interior,

Para la cabina de radiación, $R_{ir} = 1/(h_{icr}A_r)$.
Para la cabina de convección, $R_{ic} = 1/(h_{icr}A_c)$.
El coeficiente de película h_{icr}, se calcula como se indica en el punto j).

- Con la conductividad térmica k_p y el espesor e_p seleccionados para la lámina de protección exterior, calcular la resistencia térmica en la lámina de cada cabina,

  Para la cabina de radiación, $R_{pr} = e_p/(k_p A_{ir})$.

  Para la cabina de convección, $R_{pc} = e_p/(k_p A_{ic})$.

- Calcular la resistencia térmica requerida en la pared compuesta de refractario y aislante,

  Para cabina de radiación, $R_{ra} = R_{TR} - R_i - R_p$.

  Para cabina de convección, $R_{ra} = R_{TC} - R_i - R_p$

  Las resistencias térmicas, R_{TR} y R_{TC}, se calculan como se indica en el punto i), y se debe tener presente que corresponden a las resistencias entre la temperatura del gas y la temperatura en la superficie externa de la cabina.

- En base a la estabilidad estructural del horno[47], el grosor mínimo, e_m, de la pared compuesta por refractario y aislante debe ser alrededor de 230 mm (9 plg), que puede variar en base a la altura. Según este criterio de ingeniería, suponer un espesor de refractario, e_r, para el refractario y calcular el espesor para el aislante como $e_a = e_m - e_r$, y calcular las respectivas resistencias térmicas,

  Resistencia térmica del refractario, $R_{rs} = e_r/(k_r A)$.

  Resistencia térmica del aislante, $R_{as} = e_a/(k_a A)$.

- Identificar en cada cabina $R_{ras} = (R_{rs} + R_{as})$, como la resistencia supuesta en la pared compuesta de refractario y aislante.

- Si la resistencia térmica requerida en la pared compuesta de refractario más aislante, R_{rar}, en cada cabina, no es igual a la resistencia térmica supuesta R_{ras}, entonces suponer otro valor para e_r, y repetir el cálculo con el nuevo valor de e_r hasta que se logre la igualdad entre R_{rar} y R_{ras}, o la diferencia entre ellas cumpla con un nivel de tolerancia aceptable. Cuando esto ocurra, los últimos valores de los espesores de refractario, e_r, y aislamiento, e_a, son los requeridos en cada cabina.

- Con los espesores calculados, en cada cabina, se debe tener presente que:

  Por buenas prácticas de ingeniería, el espesor de la pared debe ser igual o mayor a 230 mm (9,055 plg).

  Para cumplir con la recomendación API 560 [11], el coeficiente de película h_{oc}, debe estar en el rango típico para convección libre.

  Si alguno de estas consideraciones no se cumple, se deben ajustar los espesores y repetir el cálculo.

Flujo de calor desde la chimenea. A la chimenea entran los gases de combustión, con flujo W_G, temperatura T_{ECh} y contenido de energía Q_{GC}, y fluyen por su interior hasta salir por el tope hacia el ambiente.

De la energía que ingresa, una pequeña cantidad, que identificaremos como Q_{WP}, fluye por convección y radiación desde los gases hasta la superficie interna del conducto; luego por conducción a través de la capa del material de protección interna y también por conducción a través de la pared del conducto, para luego salir por convección y radiación desde la superficie externa hacia el medio ambiente. El resto de la energía, Q_G, se expulsa con los gases que salen por el tope de la chimenea con temperatura T_{SCh}.

Aplicando balance de energía en la chimenea, se tiene,

$Q_{WP} = Q_{GC} - Q_G = W_G C_{PG}(T_{ECh} - T_{SCh})$.

Donde C_{PG} es la capacidad calorífica promedio de los gases evaluada a la temperatura promedio $T_{MCh} = (T_{ECh} - T_{SCh})/2$
$T_{SCh} = T_{ECh} - Q_{WP}/(W_G C_{PG})$

La energía que sale desde la superficie externa de la chimenea, Q_{WP}, se puede obtener simplificando la Ec. 2.111, al sustituir la temperatura promedio del gas dentro de la chimenea, T_{MCh}, por la temperatura de la superficie T_S, y al flujo de calor Q por Q_{WP}; luego se considera solamente la resistencia térmica exterior $1/(h_{ocr}A_o)$.

$$Q = \frac{T_{MCh} - T_A}{\frac{1}{h_{icr}A_i} + \frac{Ln(D_{oa}/D_{ia})}{2\pi k_a H} + \frac{Ln(D_o/D_i)}{2\pi k_t H} + \frac{1}{h_{ocr}A_o}} \quad (2.111)$$

Con esta simplificación, Q_{WP} se puede expresar como,

$Q_{WP} = h_{ocr}A_o(T_S - T_A)$.

Siendo $A_o = \pi D_o H$, la superficie externa de la chimenea, y $h_{ocr} = h_{oc} + h_{or}$, el coeficiente combinado de convección y radiación en el exterior de la chimenea.
El diámetro D_o y la altura H se obtienen con cálculos hidráulicos, y el coeficiente h_{ocr}, según procedimiento descrito en el apartado 2.3.7.

Como se observa, conociendo W_G y T_{ECh}, para calcular T_{SCh}, se necesitan los valores de C_{PG} y Q_{WP}, y para estos últimos se necesita T_{SCh}. La capacidad calorífica y el resto de las propiedades de transporte requeridas en los cálculos hidráulicos, para calcular D_o y H, se evalúan a la temperatura promedio de los gases T_{MCh}. En consecuencia, para obtener la temperatura T_{SCh}, el contenido de energía Q_G de los gases de combustión al salir de la chimenea; el diámetro interno D_i, la altura H de la chimenea y el flujo de calor Q_{WP} desde la superficie, se requiere de cálculos iterativos térmicos e hidráulicos simultáneos, cuya secuencia se propone a continuación.

a) Suponer la temperatura de los gases en la salida de la chimenea, T_{SCh}, en base a la temperatura de los gases entrando a la chimenea, T_{ECh}, obtenida según se describe en Diseño de la Sección de Convección.

b) Calcular la temperatura promedio de los gases dentro de la chimenea como $T_{MCh} = (T_{ECh} + T_{SCh})/2$.
c) Calcular las propiedades de transporte de los gases dentro de la chimenea, a la temperatura T_{MCh}, utilizando la composición del gas de combustión mostrada en la Tabla 3.1.1, y las correlaciones de cada componente, presentadas en el Apéndice A, Tabla A.12, Tabla A.18 y Tabla A.22.
d) Calcular el coeficiente combinado de convección y radiación en el exterior de la chimenea, $h_{ocr} = h_{oc} + h_{or}$.
e) Con la Ec. 2.135, calcular el diámetro interno, D_i, el diámetro externo, D_o y el área seccional de flujo de la chimenea, como se describe en el apartado para Diseño Hidráulico.
f) Calcular la altura de la chimenea, H, según procedimiento descrito en el apartado para Diseño Hidráulico.
g) Calcular la superficie externa de la chimenea en base a la altura H y el diámetro externo D_o, $A_o = \pi D_o H$.
h) Calcular la energía que sale desde la superficie externa de la chimenea, con la simplificación de la Ec. 2.111, $Q_{WP} = h_{ocr} A_o (T_S - T_A)$.
i) Calcular la temperatura de salida de los gases, T_{SCh},
$T_{SCh} = T_{ECh} - Q_{WP} / (W_G C_{PG})$.
j) Comparar el valor de la temperatura T_{SCh} calculada con el valor supuesto, si son diferentes, suponer otro valor y repetir los cálculos anteriores, hasta que el valor supuesto sea igual al calculado, o cumpla con cierto nivel de tolerancia.

En el Ejercicio 3.4 se aplica el procedimiento para calcular los espesores de refractario y aislamiento en las cabinas de radiación y convección de un horno; y en el Ejercicio 3.5, se aplica el procedimiento para los cálculos térmicos e hidráulicos simultáneos en la chimenea.

Ejercicio 3.4. Cálculos térmicos hacia el ambiente. En base a los resultados obtenidos para el diseño de las secciones de radiación y convección del horno cilíndrico indicado en los ejercicios 3.2 y 3.3, calcular: a) El espesor del refractario y del aislamiento en las cabinas de radiación y convección.

Solución. Para obtener el espesor del refractario y del aislamiento en las cabinas de radiación y de convección, se aplica el procedimiento descrito en el apartado Flujo de calor desde las paredes externas de un horno, aplicado a la cabina cilíndrica en la sección de radiación, y a la cabina rectangular en la sección de convección. A continuación, los detalles de la aplicación del citado procedimiento.

a) Aplicando la recomendación de la API 560 [11], la temperatura máxima en la superficie externa del cuerpo del horno es $T_S = 180\ °F$, y la temperatura en el ambiente $T_A = 80\ °F$, considerando que la velocidad del viento es igual 0,0.

b) Calor perdido por la superficie externa de la cabina de radiación, Q_{WR}, y de la cabina de convección, Q_{WC}.

$Q_{WR} = Q_W[A_{ir}/(A_{ir} + A_{ic})]$

$Q_{WC} = Q_W[A_{ic}/(A_{ir} + A_{ic}) = Q_W - Q_{WR}$
$Q_W = 1,67$ MMBtu/h, calor que se pierde por las paredes el horno, obtenido en el Ejercicio 3.2.
$A_{ir} = 2.283,26\ pie^2$, superficie interna de la cabina cilíndrica de radiación, obtenido en el Ejercicio 3.2.
$A_{ic} = 631,65\ pie^2$, superficie interna de la cabina de convección obtenida en el Ejercicio 3.3.
$Q_{WR} = 1,67x10^6[2.283,26/(2.283,26 + 631,65)] = 1,30$ MMBtu/h.
$Q_{WC} = 1,67x10^6[631,65/(2.283,26 + 631,65) = 0,37$ MMBtu/h.

c) El coeficiente de película aparente por radiación, h_{or}, en la superficie externa, se calcula con la ecuación de Stefan-Boltzmann, Ec. 2.43, con $T_S = 180\ °F$, $T_A = 80\ °F$ y la emisividad de la superficie metálica protectora, $e_s = 0,95$.

$$h_{or} = \left(\frac{0,173x0,95}{(180-80)}\right)\left[\left(\frac{180+460}{100}\right)^4 - \left(\frac{80+460}{100}\right)^4\right]$$

$h_{or} = 1,36$ Btu/(h-pie^2-°F)

d) El coeficiente de película por convección exterior, h_{oc}, considerando convección libre o natural, se selecciona en el rango recomendado de $1 < h_{oc} < 5$ Btu/(h-pie^2-°F) o $5,68 < h_{oc} < 28,39$ W/(m^2-°K)[27,29,30], y se toma como valor intermedio, $h_{oc} = 3$ Btu/(h-pie^2-°F) o $17,03$ W/(m^2-°K). También se puede obtener con las otras opciones propuestas en el procedimiento descrito, con resultados similares.

e) El coeficiente combinado exterior, h_{ocr}, viene dado por,
$h_{ocr} = h_{oc} + h_{or} = 3 + 1,36 = 4,36$ Btu/(h-pie^2-°F).
Este valor obtenido de h_{ocr} aplica en ambas cabinas.

f) Superficie externa de las cabinas radiación y convección.
Superficie externa en la cabina cilíndrica de radiación.
$A_{or} = Q_{WR}/[h_{ocr}(T_S - T_A)]$
$A_{or} = 1,30x10^{\wedge}6/[4,36(180-80)] = 2.981,65\ pie^2$.
Se debe tener presente que, en este caso, A_{or} es la superficie total externa de la cabina cilíndrica de radiación, $\pi D_o H$, y desde ella sale el flujo de calor

hacia el medio ambiente. Siendo D_o y H, el diámetro externo y la altura de la cabina, respectivamente.

Para la altura H = 42,43 pies, obtenida en el Ejercicio 3.2, el diámetro externo de la cabina es,

$D_o = A_{or}/(\pi H) = 2.981,65/(3,1416 \times 42,43) = 22,37$ pies.

Superficie externa en la cabina de convección, A_{oc}.

La cabina de convección es rectangular, siendo sus dimensiones externas: la altura H_c, el ancho W_{oc} y el largo L_{oc}.

El ancho externo, $W_{oc} = W_{ic} + 2e_{ra}$ y el largo externo, $L_{oc} = L_{ic} + 2e_{ra}$.

Siendo e_{ra} el espesor de las capas de refractario y aislante juntos. Como se describe en el procedimiento citado anteriormente, la superficie externa en la cabina de convección, viene dada por,

$A_{oc} = 2 \times H_c \times W_{oc} + 2 \times H_c \times L_{oc}$.

Para calcular la superficie externa de la cabina de convección, se necesita el ancho externo W_{oc}, y el largo externo, L_{oc}, y para eso se debe tener el espesor de las paredes compuesta por refractario y aislante, lo cual se calcula más adelante.

g) Para efectos de la ilustración de este ejercicio, la conductividad térmica del refractario y del aislante k_r y k_a, se calculan con las correlaciones $k_r = 2,483 - 1,1 \times 10^3 \times T + 3 \times 10^{-7} \times T^2$ y $k_a = 0,175 + 8,33 \times 10^{-5} \times T - 2,5 \times 10^{-9} \times T^2$, con T en °F, obtenidas en la Tabla A.21, tomando como temperaturas promedio 1.000 °F para el refractario y 500 °F para el aislante, y se obtiene $k_r = 1,68$ Btu/(h-pie-°F) y $k_a = 0,22$ Btu/(h-pie-°F), respectivamente.

h) La lámina externa de protección, es de acero al carbón, con emisividad aproximada $e_s = 0,95$, conductividad térmica k_p 26 Btu/(h-pie-°F), y con espesor $e_p = 0,25$ plg.

i) La resistencia térmica, R_T, en la pared de cada cabina, entre la temperatura del gas de combustión y la temperatura en la superficie externa, $T_S = 180$ °F (según la API 560 [11]), son las siguientes:

Cabina de radiación, $R_{TR} = (T_G - T_S)/Q_{WR}$

$T_G = 1.641,08$ °F, temperatura del gas en la cabina de radiación, obtenida en el Ejercicio 3.2.

$R_{TR} = (1.641,08 - 180)/(1,30 \times 10^6) = 0,001124$ (h-°F)/Btu.

Cabina de convección, $R_{TC} = (T_{MG} - T_S)/Q_{WC}$.

$T_{MG} = (T_G + T_{ECh})/2$, es la temperatura promedio del gas en la cabina de convección.

$T_{ECh} = 547$ °F, temperatura del gas entrando a la chimenea, obtenida en el Ejercicio 3.3.

$T_{MG} = (1.641,08 + 547)/2 = 1.094,04$ °F.

$R_{TC} = (1.094,04 - 180)/(0,37 \times 10^6) = 0,00247$ (h-°F)/Btu.

j) El coeficiente de película combinado interior, $h_{icr} = (h_{ir} + h_{ic})$, en cada cabina.

Cabina de radiación.

El coeficiente de película por convección, h_{ic}, se toma un valor entre 2 y 3 Btu/(h-pie²-°F), o entre 11,36 y 17,03 W/(m²-°K), que es típico en el interior de la cámara de radiación[3].

El coeficiente aparente interno de radiación, h_{ir}, se calcula con la ecuación de Stefan-Boltzmann, Ec. 2.43, con la emisividad del gas, e_G, evaluada a la temperatura T_G, con la Fig. A.4.

$$h_{ir} = \left(\frac{0{,}173 e_G}{(T_G - T_i)}\right)\left[\left(\frac{T_G}{100}\right)^4 - \left(\frac{T_i}{100}\right)^4\right].$$

De la Fig. A.4,

$e_G = (0{,}1348 - 8 \times 10^{-6} T_G + 3 \times 10^{-9} T_G{}^2) Ln(PL) + (0{,}5006 - 0{,}0001 T_G)$

P, es la suma de la presión parcial del vapor de agua y el CO_2 en el gas, P = 0,2664 atm, obtenido en el Ejercicio 3.1

L = 1xDiamtero = 1xD_{ir} = 17.13 pie, la longitud del rayo radiante, obtenido según la Tabla A.9.

Sustituyendo T_G, PL, se tiene e_G = 0,533

La temperatura T_i, se obtiene resolviendo la Ec. 2.95, la cual se adapta para modelar el flujo de calor, Q_{WR} = 1,37 MMBtu/h, desde los gases de combustión hacia la superficie interna del refractario, Air = 2.283,26 pie².

$$Q_{WR} = 0{,}173 \times 10^{-8} e_G A_{ir}\left[T_G^4 - T_i^4\right] + h_{ic} A_{ir}(T_G - T_i) \qquad (2.95)$$

El resultado obtenido es T_i = 1.625 °F. Sustituyendo T_G, T_i y e_G en la Ec. 2.43, h_{ir} = 33,82 Btu/(h-pie²-°F).

Sustituyendo los valores de h_{ic} y h_{ir}, se obtiene para el coeficiente combinado interior en la cabina de radiación,

$h_{icr} = (h_{ir} + h_{ic}) = 2 + 33{,}82 = 35{,}82$ Btu/(h-pie²-°F).

Cabina de convección.

El coeficiente de película por convección interna, h_{ic}, se calcula con la correlación de la Ec. 2.106.a, que corresponde a convección entre fluidos que fluyen en paralelo a paredes planas, con el módulo de Reynolds en el el rango $10^3 < Re < 10^5$.

$$Nu_{ic} = 0{,}648 Re^{0{,}5} Pr^{0{,}33} \qquad (2.106.a)$$

Las propiedades del gas se evalúan a la temperatura promedio obtenida anteriormente, T_{MG} = 1.094,04 °F, utilizando la composición del gas de combustión mostrada en la Tabla 3.1.1, y las correlaciones de cada componente, presentadas en el Apéndice A, Tabla A.12, Tabla A.18 y Tabla A.22.

Capacidad calorífica, $Cp = 0{,}3024$ Btu/(lb-°F).
Conductividad térmica, $k = 0{,}0345$ Btu/(h-pie- °F).
Viscosidad, $\mu = 0{,}0960$ lb/(h-pie).
La densidad se calcula como, $\rho = 14{,}7 \times PM/[10{,}73*(T_{MG}+459{,}67)]$
Peso molecular PM= 27,65 lb/lbmol, obtenido en el ejercicio 3.1.
Densidad, $\rho = 14{,}7 \times 27{,}65/(10{,}73(T_{MG}+459{,}67)) = 0{,}0240$ lb/pie^3.
Módulo de Reynolds, $Re = GxH/\mu$
$G = 0{,}559$ lb/(s-pie^2) es la velocidad de masa en la cabina de convección, obtenida en el Ejercicio 3.2
$H = 9{,}79$ pie, es la altura de la cabina de convección obtenida en el Ejercicio 3.3.
Sustituyendo valores de H, G y μ,
$Re = 0{,}559 \times 3600 \times 9{,}79/0{,}0960 = 205{,}223$.
Módulo de Prandlt, $Pr = \mu Cp/k = 0{,}0960 \times 0{,}3024/0{,}0345 = 0{,}84$
Módulo de Nusselt, $Nu = h_{oc}H/k = 0{,}648 Re^{0,5} Pr^{0,33}$
$Nu_i = 0{,}648 \times (205{,}223)^{0,5} \times 0{,}84^{0,33} = 277{,}14$
$h_{ic} = 277{,}14 \times 0{,}0345/9{,}79 = 0{,}98$ Btu/(h-pie^2-°F).
El coeficiente aparente interno de radiación, h_{ir}, se calcula con la ecuación de Stefan-Boltzmann, Ec. 2.43, para la radiación entre el gas a la temperatura T_{MG} y la superficie interna del refractario a la temperatura T_i; con la emisividad del gas, e_G, evaluada a la temperatura T_{MG}, con la Fig. A.4.

$$h_{ir} = \left(\frac{0{,}173 e_G}{(T_{MG}-T_i)}\right)\left[\left(\frac{T_{MG}}{100}\right)^4 - \left(\frac{T_i}{100}\right)^4\right].$$

De la Fig. A.4,
$e_G = (0{,}1348 - 8 \times 10^{-6} T_{MG} + 3 \times 10^{-9} T_{MG}^2)Ln(PL) + (0{,}5006 - 0{,}0001 T_{MG})$.
$P = 0{,}2664$ atm, es la suma de las presiones parciales del vapor de agua y el CO_2 en el gas, obtenido en el Ejercicio 3.1.
L, es la longitud del rayo radiante en la cabina, tomado en base a la Tabla A.9 como L = 1,3x(Dimensión menor de la cabina).
Las dimensiones de la cabina de convección son Largo-Alto-Ancho, 27,88-9,79-4,38, siendo la menor el ancho W= 4,38 pie, obtenido en el Ejercicio 3.3, obteniendo como longitud del rayo, L = 5,69 pie.
Sustituyendo T_{MG}, PL, se tiene $e_G = 0{,}445$.
La temperatura T_i, se obtiene como $T_i = 1.043$ °F, con calculo iterativo similar al utilizado en la cabina de radiación, pero con $Q_{WC} = 0{,}37$ MM Btu/h, desde los gases de combustión, a T_{MG}, hacia la superficie interna del refractario de la cabina de convección, $A_{ic} = 631{,}65$ pie^2.

$$Q_{WC} = 0{,}173 \times 10^{-8} e_G A_{ic}\left[T_{MG}^4 - T_i^4\right] + h_{ic} A_{ic}(T_{MG}-T_i) \tag{2.95}$$

Sustituyendo T_{MG}, T_i y e_G en la Ec. 2.43,
$h_{ir} = 11{,}01$ Btu/(h-pie^2-°F).

El coeficiente combinado interior, h_{icr}, en la cabina de convección viene dado por,

$h_{icr} = h_{ic} + h_{ir} = 11,01 + 0,98 = 11,99$ Btu/(h-pie^2-°F).

k) Calcular el espesor del refractario y del aislamiento en cabinas cilíndricas de radiación. Siguiendo la secuencia de cálculo propuesta, se tiene lo siguiente:

- El diámetro externo de la cabina es, $D_o = A_{or}/(\pi H)$.

  $A_{or} = 2.981,65$ pie^2 la superficie externa calculada en el punto f).

  $H = 42,43$ pie, la altura del horno obtenida en el Ejercicio 3.2.

  $D_o = 2.981,65/(\pi \times 42,43) = 22,37$ pie.

- El diámetro interno de la lámina protectora, $D_{ip} = D_o - 2e_p$.

  $e_p = 0,25$ plg, es el espesor de la lámina, definido en el diseño.

  $D_{ip} = 22,37 - 2 \times (0,25/12) = 22,33$ pie.

- Calcular la resistencia térmica de la lámina protectora,

  $R_p = Ln(D_{op}/D_{ip})/(2\pi H k_p) = Ln(22,37/22,33)/(2 \times \pi \times 42,43 \times 26)$

  $R_p = 2,58 \times 10^{-7}$ (h-°F)/Btu.

- Calcular la resistencia térmica de la película combinada interior,

  $R_i = 1/(h_{icr} A_{ir})$

  $h_{icr} = 35,82$ Btu/(h-pie^2-°F), obtenido para la cabina de radiación, en el punto j).

  $A_{ir} = 2.283,26$ pie^2, la superficie interior del refractario de la cabina de radiación, obtenida en el Ejercicio 3.2.

  $R_i = 1/(35,82 \times 2.283,26) = 1,2227 \times 10^{-5}$ (h-°F)/Btu

- Calcular la resistencia térmica requerida en la capa de refractario más aislante,

  $R_{rar} = R_{TR} - R_i - R_p$.

  $R_{TR} = 0,001124$ (h-°F)/Btu, es la resistencia térmica entre T_G y T_S, calculada anteriormente.

  $R_i = 1,2227 \times 10^{-5}$ (h-°F)/Btu.

  $R_{rar} = 0,001124 - 1,2227 \times 10^{-5} - 2,58 \times 10^{-7} = 0,00111$ (h-°F)/Btu).

- Considerar que el diámetro externo de la capa de aislamiento, es igual al diámetro interno de la lámina protectora, $D_{oa} = D_{ip} = 22,33$ pie.

- Considerar que el diámetro interno del refractario es igual al diámetro interno de la cabina, $D_{ir} = D_i = 17,13$ pie, obtenido en el Ejercicio 3.2.

- El espesor requerido del refractario más el aislamiento viene dado por, $e_{rar} = (D_{oa} - D_{ir})/2 = e_r + e_a = (22,33 - 17,13)/2 = 2,6$ pie.

- Se inicia un cálculo iterativo para obtener los espesores de refractario y aislante. El cálculo consiste en suponer el espesor de refractario, e_r; calcular el espesor de aislante, $e_a = e_{rar} - e_r$; calcular la resistencia térmica de ambos espesores, R_r y R_a, hasta que la suma de las dos resistencias calculadas, sea igual a la resistencia requerida, R_{rar}, calculada anteriormente, o la diferencia entre ellas, cumpla con un nivel de tolerancia exigido. A continuación, se presenta el resultado obtenido de la iteración ejecutada al iniciar con un valor de $e_r < 2,6$. Se inicio el calculo con un valor inicial de $e_r = 2,0$ y se logró convergencia para $e_r = 2,22$ y $e_a = 0,38$.

- Suponer un valor para el espesor del refractario, $e_r = 2,22$ pie.
- Calcular el espesor del aislante como $e_a = e_{rar} - e_r = 2,6-2,22=0,38$.
- Calcular el diámetro interno del aislamiento, $D_{ia} = D_{oa}-2e_a$.
  $D_{ia} = D_{oa}-2e_a = 22,33-2 \times 0,38 = 21,57$ pie.
- Considerar que el diámetro externo de la capa de refractario, D_{or}, es igual al diámetro interno del aislamiento, $D_{or} = D_{ia} = 21,57$ pie.
- Calcular las resistencias térmicas para los espesores supuestos,
  Resistencia del refractario $R_{rs} = Ln(D_{or}/D_{ir})/(2\pi H k_r)$.
  $R_{rs} = Ln(21,57/17,31)/(2 \times \pi \times 42,43 \times 1,68) = 0,0005$ (h-°F)/Btu.
  Resistencia del aislante, $R_{as} = Ln(D_{oa}/D_{ia})/(2\pi H k_a)$.
  $H = 42,43$ es la altura de la cabina, obtenida en el Ejercicio 3.2.
  $k_r = 1,68$ Btu/(h-pie-°F), y $k_a = 0,22$ Btu/(h-pie-°F), definidos en g).
  $R_{as} = Ln(22,33/21,57)/(2 \times \pi \times 42,43 \times 0,22) = 0,0006$ (h-°F)/Btu.
- La resistencia térmica calculada para el refractario más el aislante,
  $R_{rac} = (R_{rs} + R_{as}) = 0,00049+0,00059 = 0,0011$.
- La resistencia térmica requerida en la capa de refractario y aislante,
  es $R_{rar} = 0,0011$, y la calculada es $0,0011$, por lo que los espesores serían 2,22 pies (680 mm) para el refractario y 0,38 pies (116 mm) para el aislante.
- Se observa que con los resultados obtenidos se tiene que:
  El espesor de la pared es mayor de 230 mm o 9 plg.
  El coeficiente de película $h_{oc}= 3$ Btu/(h-pie^2-°F) o 17,03 W/(m^2-°K), está en el rango típico para convección libre.

l) Espesor del refractario y del aislamiento en la cabina rectangular en la sección de convección. Siguiendo la secuencia de cálculo propuesta, se tiene lo siguiente,

- La temperatura promedio de los gases dentro de la cabina de convección es $T_{MG} = 1.094,04$ °F, obtenida en el punto i) de este ejercicio.
- La temperatura de superficie T_S y del ambiente T_A, son las mismas indicadas en el punto a), recomendadas por la API 560 [11], $T_S = 180$ °F y $T_A = 80$ °F.
- La superficie interna de la cabina de convección, obtenida en el Ejercicio 3.3, como $A_{ic} = 2 \times H_c \times W_i + 2 \times H_c \times L_i$, es, $A_{ic} = 631,65$ pie^2. Donde H_c, W_i y L_i son la altura, ancho y longitud en el interior de la cabina.
- La resistencia térmica interior por la película combinada, h_{icr},
  $R_i = 1/(h_{icr}A_{ic})$.
  $h_{icr} = 11,99$ Btu/(h-pie^2-°F), obtenido en el punto j).

$A_{ic} = 631,65$ pie^2, obtenida en el Ejercicio 3.3.
$R_i = 1/(11,99 \times 631,65) = 1,32 \times 10^{-4}$ (h -°F)/ Btu.
- La resistencia térmica en la lámina de protección exterior es,
$R_p = e_p/(k_p A_{ic})$.
La conductividad térmica $k_p = 26$ Btu/(h-pie-°F) y el espesor de la lámina, $e_p = 0,25$ plg, fueron seleccionados anteriormente,
$A_{ic} = 631,65$ pie^2.
$R_p = (0,25/12)/(26 \times 631,65) = 1,27 \times 10^{-6}$ (h - °F)/Btu.
- La resistencia térmica requerida en la pared compuesta por refractario y aislante, para el flujo de calor $Q_{WC} = 0,37$ MMBtu/h, entre la temperatura del gas $T_{MG} = 1.094,04$ °F y la temperatura de la superficie $T_S = 180$ °F, es la siguiente,
$R_{rar} = R_{TC} - R_i - R_p$
$R_{TC} = 0,00247$ (h - °F)/Btu, obtenida en el punto i),
$R_{rar} = 0,00247 - 1,32 \times 10^{-4} - 1,27 \times 10^{-6} = 0,00234$ (h - °F)/Btu.
- En base al criterio de estabilidad estructural de las paredes del horno, se selecciona un espesor mínimo en la pared y se inicia un cálculo iterativo para obtener los espesores de refractario y aislante, que consiste en definir el espesor mínimo, e_m; suponer el espesor de refractario, e_r; calcular el espesor de aislante, $e_a = e_m - e_r$; calcular la resistencia térmica de ambos espesores, hasta que la suma de las dos resistencias calculadas sea igual a la resistencia requerida, R_{ear}, calculada anteriormente, o la diferencia entre las sumas, cumpla con un nivel de tolerancia exigido.

A continuación, se presenta el resultado obtenido de la iteración ejecutada al definir como espesor mínimo $e_m = 0,7545$ pie (230 mm), e iniciar con un valor de $e_r < e_m$. El valor final del espesor del refractario es, $e_r = 0,4947$ pie.
- Calcular el espesor del aislante, $e_a = e_m - e_r = 0,2598$ pie.
- Calcular la resistencia térmica del refractario, $R_{rs} = e_r/(k_r A)$.
$R_{rs} = 0,4947/(1,68 \times 631,65) = 0,000466$ (h- °F)/Btu.
- Calcular la resistencia térmica del aislante, $R_{ac} = e_a/(k_a A)$.
$R_{ac} = 0,2598/(0,22 \times 631,65) = 0,001871$ (h- °F)/Btu.
- Calcular $R_{rac} = (R_{rcs} + R_{ac}) = 0,000466 + 0,001871 = 0,00234$ (h-°F)/Btu
- La resistencia térmica requerida en la capa de refractario y aislante, R_{rar} y la calculada R_{rac} son iguales, por lo que los espesores serían 0,4947 pies (150,8 mm) para el refractario y 0,26 pies (79,2 mm) para el aislante.
- Con los resultados obtenidos se observa que,
El espesor de la pared es igual a 230 mm (9 plg).
El coeficiente de película $h_{oc} = 3$ Btu/(h-pie^2-°F) o 17,03 W/(m^2-°K), está en el rango típico para convección libre.

3.1.3 Cálculos Hidráulicos.

En base a la información de procesos definida para el diseño de un horno, los cálculos hidráulicos involucrados en el diseño, están dirigidos a definir el comportamiento hidráulico de los gases de combustión por el interior del cerramiento del horno, y del fluido de proceso por el interior de los tubos en las secciones de convección y radiación, ambos descritos en la sección 2.4.

Información de Procesos.

Para estos cálculos es necesario disponer de cierta información clave tanto en los gases de combustión como en el fluido de proceso.

Gases de combustión.

- Flujo y Composición de los gases de combustión.
- Condiciones de temperatura y presión en el circuito hidráulico de los gases de combustión.
- Propiedades de transporte de los gases de combustión
- Rango de velocidad para los gases de combustión a través del banco de tubos de convección y en la chimenea.
- Especificación y arreglo de los tubos que conforman los bancos de tubos de convección y de choque.
- Especificaciones de las superficies extendidas.
- Condiciones del medio ambiente y regulaciones ambientales locales.

Fluido de procesos.

- Flujo, tipo y composición del fluido de proceso.
- Temperatura y presión del fluido de proceso entrando al horno.
- Temperatura y presión del fluido de proceso saliendo del horno.
- Caída de presión permitida en el fluido de proceso en el horno.
- Diagrama de calentamiento H-T-P, para el fluido de proceso, entre las condiciones de entrada y salida del horno.
- Rango de velocidad para el fluido de proceso en los tubos del horno.
- Rango de densidad de flujo de masa (velocidad de masa) G en los tubos.

Cálculos Hidráulicos en los Gases de Combustión. Los cálculos hidráulicos para diseño, complementados con cálculos térmicos, en el circuito de los gases de combustión, están dirigidos a obtener el diámetro de la chimenea, la caída de presión en los gases de combustión, y la altura de la chimenea requerida para garantizar la estabilidad del flujo ascendente de los gases de combustión dentro del horno hasta su salida segura, con mínimo impacto en el ambiente.

a) *Diámetro de la chimenea*.

Para calcular el diámetro de la chimenea, en pulgadas, se propone el siguiente procedimiento, utilizando la Ec. 2.135, la cual incluye un 25% adicional para el manejo del flujo de gases de combustión W_G.

$$D_i = \sqrt{\frac{4(1,25)W_G}{\pi \rho_m V}} = 0,2257 \sqrt{\frac{1,25 W_G}{\rho_m V}} \qquad (2.135)$$

i. Seleccionar la velocidad v, en pie/s, de los gases de combustión en el ducto de la chimenea. En el Apéndice A, Tabla A.6, se recomiendan valores entre 16 y 55 pie/s (5 y 17 m/s), para asegurar excelente dispersión en el ambiente.

ii. Calcular las propiedades de transporte de los gases de combustión, a la temperatura promedio de los gases dentro de la chimenea, calculada entre la temperatura de entrada y la de salida.

iii. Con la Ec. 2.135, calcular el diámetro interno de la chimenea, D_i, empleando el flujo de los gases de combustión W_G, en lb/h, utilizado en los cálculos térmicos ya ejecutados, apartado 3.1.2.

b) *Caída de presión en los gases de combustión*.

La pérdida de presión en los gases de combustión se obtiene como la suma de las pérdidas debidas a: el paso por el banco de tubos, la entrada a la chimenea, el choque con el damper, la fricción en el conducto de la chimenea y el efecto de salida al ambiente. Cada una de estas pérdidas se puede calcular con las ecuaciones siguientes,

Banco de tubos sin aletas	$\Delta P_{TL} = 0,5\ N_{FP} V_{CP}$	(2.137)
Banco de tubos con aletas	$\Delta P_{TE} = 0,5\ N_{FE}\ V_{CE}$	(2.137)
Entrada a la chimenea	$\Delta P_R = 0,34\ V_C.$	(2.138)
Choque con el damper	$\Delta P_D = 0,25\ V_C$	(2.139)
Fricción en la chimenea	$\Delta P_F = (4fH/D_i)\ V_C.$	(2.140)
Salida de la chimenea	$\Delta P_E = 1,0\ V_C.$	(2.141)

Donde N_{FP}, es el número de filas de tubos sin aletas (tubos de choque) y N_{FE}, es el número de filas de tubos con aletas. Ambos valores se obtienen como se describe en el apartado 3.1.2.3 Diseño de la Sección de Convección.

V_{CP} y V_{CE}, los cabezales de velocidad, en plg de agua, en los bancos de tubos sin aletas y con aletas respectivamente, y se obtienen con la Ec. 2.17, descrita en la sección 2.1. La diferencia entre ambos cabezales de velocidad es el área neta de flujo para el gas de combustión.

V_C, es el cabezal de velocidad en el conducto de la chimenea, y también se obtiene con la Ec. 2.17.

El factor de fricción, f, dentro de la chimenea se calcula con la Ec. 2.154, Ec. 2.155 o la Ec. 2.156.

D_i, es el diámetro interno de la chimenea obtenido según el procedimiento descrito en el punto a); y H es la altura de la chimenea, calculada según el procedimiento siguiente.

c) *Altura de la chimenea*.

La altura de la chimenea, se puede calcular utilizando la definición del Tiro, expresada con la ecuación Ec. 2.129, o una de sus equivalentes como la Ec. 2.130, la Ec. 2.131 o la Ec.2.132.

$$\Delta P = 0{,}1923(\rho_A - \rho_G)H \qquad (2.129)$$

A continuación, se propone un procedimiento para calcular la altura de la chimenea,

i. Sumar todas las expresiones para pérdidas de presión, definidas en el cálculo de pérdida de presión, y obtener una expresión para ΔP, que va a depender de la altura H.
ii. Igualar la Ec. 2.129 con la expresión resultante en el paso anterior, y de esta igualdad, despejar H, para obtener la altura de la chimenea.

La altura H calculada, garantiza la ganancia de Tiro suficiente para asegurar la estabilidad hidráulica en el interior del horno y la salida de los gases de combustión por la chimenea, sin impacto en el medio ambiente.

Ejercicio 3.5. Cálculos hidráulicos y térmicos en los gases de combustión.
En base a la información suministrada y los resultados obtenidos para el diseño de las secciones de radiación y convección del horno cilíndrico indicado en los ejercicios 3.2 y 3.3, calcular:

a) El diámetro interno, el diámetro externo y la altura de la chimenea a instalar en el horno indicado.
b) La temperatura y el contenido de energía en los gases saliendo por el tope de la chimenea.
c) La cantidad de energía que sale por convección y radiación desde la superficie externa de la chimenea.

Solución. Para calcular lo requerido en el Ejercicio 3.5, se aplica el procedimiento descrito en el apartado 3.1.2.4, Flujo de Calor hacia el ambiente, complementado con el procedimiento descrito para cálculos hidráulicos en gases de combustión, y utilizando la información de procesos y resultados disponibles en los ejercicios 3.2 y 3.3.

En base a la temperatura de los gases entrando a la chimenea, $T_{ECh} = 547$ °F, obtenida en Ejercicio 3.3, se supuso un valor inicial para la temperatura de los gases en la salida de la chimenea, T_{SCh}.

Con la temperatura promedio entre T_{ECh} y T_{SCh} supuesta, se evaluaron las propiedades de transporte de los gases, y se calculó el diámetro, la altura y la superficie externa de la chimenea, así como el calor, Q_{WP}, que sale por convección y radiación desde la chimenea.

Finalmente, con la relación siguiente, obtenida con el balance de calor en la chimenea, $T_{SCh} = T_{ECh} - Q_{WP}/(W_G C_{PG})$, se calculó la temperatura T_{SCh} y se comparó con la supuesta; al no ser iguales se supuso un nuevo valor para T_{SCh}, y se repitió el cálculo.

Después de varias iteraciones se logró la igualdad entre la T_{SCh} supuesta y la calculada, obteniendo $T_{SCh} = 530,3$ °F. Los resultados finales se muestran a continuación.

a) Temperatura en los gases saliendo de la chimenea, $T_{SCh} = 530,3$ °F.
b) Temperatura promedio de los gases dentro de la chimenea,
   $T_{MCh} = (T_{ECh} + T_{SCh})/2 = (547+530,3)/2 = 538,65$ °F.
c) Las propiedades de transporte de los gases dentro de la chimenea, a la temperatura T_{MCh}, utilizando la composición del gas de combustión mostrada en la Tabla 3.1.1, y las correlaciones de cada componente, presentadas en el Apéndice A, Tabla A.12, Tabla A.18 y Tabla A.22, son las siguientes:
   Capacidad calorífica, $C_{PG} = 0,2803$ Btu/(lb-°F).
   Conductividad térmica, $k = 0,0239$ Btu/(h-pie-°F).
   Viscosidad, $\mu = 0,0688$ lb/(h-pie).
   Densidad, $\rho_G = (PM \times P)/[R \times (T °F+460)]$ con $R = 10,73$, $P=14,7$ psi y $PM = 27,65$; $\rho_G = (27,65 \times 14,7)/[10,73(538,65+460)] = 0,0379$ lb/pie^3.
   La densidad del aire a las condiciones ambientales, 14,7 psi y 80 °F,
   $\rho_A = (29 \times 14,7)/[10,73 \times (80+460)] = 0,0736$ lb/pie^3.
d) Aplicando la recomendación API 560 [11], el coeficiente combinado de película (convección y radiación) en el exterior de la chimenea, $h_{ocr} = h_{oc}+h_{or}$, se toma igual al obtenido en el Ejercicio 3.4, $h_{ocr} = h_{oc} + h_{or} = 3 +1,36 = 4,36$ Btu/(h-pie^2-°F).
e) Aplicando la Ec. 2.135, el diámetro interno de la chimenea, D_i, en plg, viene dado por,

$$D_i = 0,2257 \sqrt{\frac{1,25 W_G}{\rho_G v}}$$

$W_G = 82.568,9$ lb/h, es el flujo de gases de combustión, obtenido en el Ejercicio 3.2.
$\rho_G = 0,0379$ lb/pie^3.
$v = 30$ pie/s, la velocidad de los gases en la chimenea, seleccionada en la Tabla A.6.
Sustituyendo valores en la Ec. 2.135, se tiene para el diámetro interno,
$D_i = 68$ plg o 5,67 pie.

Aplicando la recomendación de API 560 [13.2.15] el diámetro externo de la chimenea se puede obtener como,
$D_o = D_i + 0{,}5/12 = 5{,}67 + 0{,}5/12 = 5{,}71$ pie.
El área seccional o transversal del conducto de la chimenea,
$A_S = \pi(D_i)^2/4 = 3{,}1416(5{,}67)^2/4 = 25{,}25$ pie^2.

f) Calcular la altura de la chimenea.
   • Caída de presión en los gases de combustión.
   Los gases de combustión pierden presión al fluir por,

Banco de tubos sin aletas	$\Delta P_{BS} = 0{,}5\, N_{FS} V_{CS}$	(2.137)
Banco de tubos con aletas	$\Delta P_{BE} = 0{,}5\, N_{FE} V_{CE}$	(2.137)
Entrada a la chimenea	$\Delta P_{ECh} = 0{,}34\, V_C$	(2.138)
Choque con el damper	$\Delta P_D = 0{,}25\, V_C$	(2.139)
Fricción en la chimenea	$\Delta P_F = (4fH/D_i)\, V_C$	(2.140)
Salida de la chimenea	$\Delta P_{SCh} = 1{,}0\, V_C$	(2.141)

$N_{FS} = 3$ y $V_{CS} = 0{,}030$ plg de agua, son el número de filas de choque y la velocidad de cabezal en el banco de choque, respectivamente, calculados en el Ejercicio 3.3. Con estos valores, se tiene que,
$\Delta P_{BS} = 0{,}045$ plg de agua.

$N_{FE} = 10$ y $V_{CE} = 0{,}036$ plg de agua, son el número de filas de tubos en el banco con superficie extendida, y la respectiva velocidad de cabezal, calculados en el Ejercicio 3.3. Con estos valores, se tiene que,
$\Delta P_{BE} = 0{,}18$ plg de agua.

$V_C = 0{,}065$ plg de agua, es la velocidad de cabezal en el ducto de la chimenea, calculada en el Ejercicio 3.3. Con este valor se tiene que,
$\Delta P_{ECh} = 0{,}0221$ plg de agua.
$\Delta P_D = 0{,}0163$ plg de agua.
$\Delta P_{SCh} = 0{,}0650$ plg de agua.
La caída de presión por fricción en el interior de la chimenea,
$\Delta P_F = (4fH/D_i) V_C$.
El factor de fricción, f, se calcula con la Ec. 2.156,
$f = 0{,}0035 + 0{,}264/Re^{0{,}42}$.
Módulo de Reynolds, $Re = \rho D_i v/\mu$.
v = 30 pie/s, es la velocidad promedio del gas en la chimenea, tomado de la Tabla A.6.
$\mu = 0{,}069$ lb/(h-pie).
$Re = 0{,}0379 \times 5{,}67 \times 30 \times 3600 / 0{,}069 = 336.354$
$f = 0{,}0035 + 0{,}264/(336.354)0{,}42 = 0{,}00476$
$D_i = 5{,}67$ pie, es el diámetro interno de la chimenea, obtenido en el punto anterior.
Sustituyendo f, V_C y D_i se obtiene,

$\Delta P_F = (4fH/D_i)V_C = (4 \times 0{,}00476 \times 0{,}065/5{,}67)H$

$\Delta P_F = 0{,}000218 \times H$ plg de agua.

La caída de presión total viene dada por,

$\Delta P = 0{,}045 + 0{,}18 + 0{,}0221 + 0{,}0163 + 0{,}0650 + 0{,}000218 \times H$

$\Delta P = 0{,}3284 + 0{,}000218 \times H$ plg de agua.

- La altura H de la chimenea debe garantizar la ganancia de Tiro suficiente para asegurar la estabilidad hidráulica en el interior del horno y la salida de los gases de combustión por la chimenea, sin impacto en el medio ambiente. El Tiro viene dado por la Ec. 2.119,

$\Delta P = 0{,}1923(\rho_A - \rho_G)H$, plg de agua.

Igualando la expresión del Tiro con la caída de presión y despejando H, se tiene que la altura requerida de la chimenea es,

$H = 0{,}3284/[0{,}1923(0{,}0736 - 0{,}0379) - 0{,}000218] = 49{,}40$ pie

$H = 49{,}40$ pie.

g) La superficie externa de la chimenea, viene dada por $A_o = \pi D_o H$. Siendo D_o el diámetro externo de la chimenea Número y H la altura.

La superficie externa de la chimenea es,

$A_o = \pi D_o H = \pi \times 5{,}71 \times 49{,}40 = 886{,}16$ pie^2.

h) La energía que sale desde la superficie externa de la chimenea, se calcula con la simplificación de la Ec. 2.111,

$Q_{WP} = h_{ocr} A_o (T_S - T_A)$.

$h_{ocr} = h_{oc} + h_{or} = 3 + 1{,}36 = 4{,}36$ Btu/(h-pie^2-°F), obtenido anteriormente.

$A_o = 886{,}16$ pie^2, la superficie externa obtenida en el punto anterior.

$Q_{WP} = 4{,}36 \times 886{,}16(180 - 80) = 0{,}386$ MMBtu/h.

i) Con la relación siguiente, obtenida por balance de calor en la chimenea, y la información obtenida anteriormente, se calcula la temperatura de salida de los gases, teniendo,

$T_{SCh} = T_{ECh} - Q_{WP}/(W_G C_{PG})$.

$T_{SCh} = 547 - 0{,}386 \times 10^6/(82.568{,}9 \times 0{,}2803) = 530{,}3$ °F.

j) La energía que sale con los gases de combustión hacia el ambiente, Q_G, se obtiene con el balance de energía en la chimenea,

$Q_G = Q_{GC} - Q_{WP}$

$Q_{GC} = 10{,}89$ MMBtu/h, es la energía que ingresa a la chimenea con los gases de combustión, obtenida en el punto f) del Ejercicio 3.2.

$Q_{WP} = 0{,}386$ MMBtu/h, es la energía que sale por las paredes del ducto de la chimenea hacia el ambiente por convicción y radiación, y se obtuvo en el punto anterior. Sustituyendo estos dos valores, se tiene,

$Q_G = 10{,}89 - 0{,}386 = 10{,}50$ MMBtu/h.

Los resultados son los siguientes,

Diámetro interno, $D_i = 5{,}67$ pie.

Diámetro externo, $D_o = 5{,}71$ pie.

Altura de chimenea, H = 49,40 pie.
Temperatura de los gases saliendo, T_{SCh} = 530,3 °F.
Contenido de energía en los gases saliendo, Q_G = 10,50 MMBtu/h.
Energía que sale por radiación y convección desde la superficie externa de la chimenea, Q_{WP} = 0,386 MMBtu/h.

Se aclara que los cálculos anteriores se hicieron considerando que el calor sale de la superficie externa de la chimenea, por convección libre y radiación. Cuando se tenga convección forzada, habrá mayor flujo de calor desde la superficie del conducto y los gases saldrán por el tope de la chimenea, con menor contenido de energía hacia el medio ambiente. Esta será la situación predominante, debido a que, por lo elevado del nivel donde se instala la chimenea, la velocidad del viento sobre ella será de tal magnitud que la convección predominante será forzada.

Cálculos Hidráulicos en el Fluido de Proceso. Los cálculos para el diseño del circuito hidráulico del fluido de proceso, se basan en las definiciones descritas en la sección 2.4, y como se describe en la secuencia siguiente, están dirigidos a obtener las especificaciones de los tubos, acorde con el número de pasos del fluido por los tubos, y asegurar que la caída de presión total, en el interior de los tubos, en las secciones de convección y de radiación, cumpla con los requerimientos hidráulicos del proceso donde opera el horno. Estos cálculos deben estar en concordancia con la API 560 [6.1], la cual recomienda que, si un horno requiere más de un paso por los tubos, cada paso debe ser diseñado como un solo circuito hidráulico, desde la entrada hasta la salida, con simetría hidráulica y distribución térmica uniforme entre todos los pasos.

a) *Especificaciones de los tubos.*
   Diámetro de los tubos. Para calcular el diámetro interior de los tubos se aplica la Ec. 2.142, y se propone el procedimiento siguiente,

$$d_i = 12\sqrt{\frac{4M_P}{\pi\rho v}} = 12\sqrt{\frac{4M_P}{\pi G}} \qquad (2.142)$$

   i. Emplear el flujo del fluido de proceso por paso, M_P en lb/s, utilizado en los cálculos térmicos ya ejecutados.
   ii. En base al servicio del horno, seleccionar y fijar la velocidad de masa G, en lb/(s-pie^2), para el fluido de proceso en los tubos. En el Apéndice A, Tabla A.7, se recomiendan rangos para valores de G.
   iii. Aplicando la recomendación de la API 560 [7.1.6], obtener el diámetro externo que corresponda al diámetro interno calculado con la Ec. 2.142.
   iv. Con la tabla de especificaciones de tubos, obtener diámetro nominal, espesor y área seccional de flujo.

Espesor de la pared de los tubos. Aplicar el procedimiento recomendado por la API RP 530 [5], para calcular el espesor requerido en la pared de los tubos, y comparar con el obtenido en el punto iv.

Material de los tubos. Aplicar el procedimiento recomendado en la API RP 530 [5] para seleccionar el material de los tubos.

Longitud de los tubos. La longitud de los tubos se selecciona en base a la API 560 [6.3.10], que recomienda para hornos con tubos en posición vertical, la máxima longitud recta de tubos a usar en la sección de radiación es de 60 pie (18,3 m); y para hornos con tubos en posición horizontal, la máxima longitud a usar en la sección de radiación es de 40 pies (12,2 m). En ambas secciones, los tubos están unidos por conexiones en U o cabezotes.

b) *Pasos del fluido de proceso por los tubos*.

Los pasos por los tubos se obtienen según el procedimiento descrito en el punto b) del apartado para Diseño de la Sección de Radiación.

c) *Caída de presión.*

Para el cálculo de la caída de presión en los tubos, se puede utilizar la Ec. 2.152, la cual se copia a continuación,

$$\Delta P = \left(\frac{f_F (L_P) G^2}{193{,}42 \rho_{ML} d_i} \right)$$

La Ec. 2.152 aplica tanto en los tubos de convección como en los de radiación. Los detalles asociados a su aplicación se describen en el apartado 2.4.2, y se ilustran en el Ejercicio 3.6.

Ejercicio 3.6. Cálculos hidráulicos en el fluido de proceso. En base a la información suministrada y los resultados obtenidos para el diseño de las secciones de radiación y convección del horno cilíndrico indicado en los ejercicios 3.2 y 3.3, calcular la caída de presión en el fluido de proceso en la sección de radiación y en la sección de convección.

Solución. Para calcular la caída de presión en los tubos de la sección de radiación y convección, se adapta la secuencia descrita en este apartado, y se utiliza la información de procesos suministrada en los ejercicios 3.2 y 3.3, y los resultados obtenidos en dichos ejercicios.

Según la información suministrada en los ejercicios 3.2 y 3.3, el hidrocarburo entra a la sección de convección a $T_E = 350$ °F y $P_E = 180$ psia, y sale de convección a $T_B = 483{,}84$ °F y $P_E = 113{,}98$ psia. Por otro lado, en la Tabla 3.2.1, se observa que el hidrocarburo entra al horno como líquido (fracción vaporizada x= 0,00) y presenta el punto de ebullición a la temperatura $T_{BP} = 436{,}3$ °F.

Durante el calentamiento del hidrocarburo, desde 350 °F hasta el punto de ebullición, no hay vaporización, por lo que el flujo en dicho rango se considera monofásico. Desde el punto de ebullición en adelante, ocurre vaporización y el flujo se considera bifásico. En base a esto, en cada paso de la sección de convección, se pueden identificar como L_{PC1}, al trayecto desde la entrada hasta el punto de ebullición, donde el flujo es monofásico; y como L_{PC2}, al trayecto desde el punto de ebullición hasta la salida hacia radiación, donde el flujo es bifásico.

a) Especificaciones de los tubos.
Las especificaciones de los tubos fueron definidas en el Ejercicio 3.2,
Diámetro nominal, d_n = 4 plg
Diámetro externo, d_o = 4,5 plg.
Diámetro interno, di = 4,026 plg.
Espesor de los tubos, e = 0,237 plg.
Material de los tubos, CS A-106 Gr B.

b) Pasos por los tubos.
El número de pasos por los tubos, N_P = 4, fue definido en el punto b), Diseño de la Sección de Radiación, Ejercicio 3.2.

c) Caída de presión por paso en la sección de convección.
La caída de presión por paso, en psi, se puede calcular con la Ec. 2.152, descrita en el apartado 2.4.2, aplicada a todo el trayecto del paso entre la entrada y la salida, cuya longitud podemos identificar como L_{PC}. También se puede calcular por separado, es decir, la caída de presión en el tramo de flujo monofásico, L_{PC1}, y en el tramo de flujo bifásico, L_{PC2}.

$$\Delta P_{PC} = \left(\frac{f L_{PC} G_{PC}^2}{193,42 \rho_{ML} d_i}\right) = \left(\frac{f_1 L_{C1} G_{PC}^2}{193,42 \rho_{1ML} d_i}\right) + \left(\frac{f_2 L_{C2} G_{PC}^2}{193,42 \rho_{2ML} d_i}\right)$$

Para efectos de mayor rapidez en la ilustración del cálculo, vamos a considerar solamente el trayecto completo.
El factor de fricción de Fanning, f, se calcula con la Ec. 2.156 o la Ec. 2.157.
L_{PC}, en pie, la longitud total de cada paso (tubos más conexiones), se obtiene con las relaciones siguientes,
Número de pasos, N_P = 4, definido en el punto b). Número de tubos, N_T =52; obtenido en el Ejercicio 3.3. punto b), y c). Tubos por paso, $N_{TP} = N_T / N_P$ = 52/4 =13
Longitud efectiva de un tubo, L_{eT} = 24 pie, definida en base al diámetro de la cabina de radiación, obtenido en el Ejercicio 3.2.
Longitud recta en un paso, $L_{TP} = N_{TP} \times L_{eT}$ = 24x13 = 312 pie.
Número de conexiones en U, $N_U = N_{TP} - 1$ = 12.
Longitud equivalente de cada conexión, L_e =75xd_i/12 = 25,16 pie.
Longitud equivalente total, $L_{UP} = N_U \times L_e$ = 12x25,16 = 301,92 pie

Longitud total por paso, $L_{PC} = L_{TP} + L_{UP} = 312 + 301{,}92 = 613{,}92$ pie
La velocidad de masa en cada paso, $G_{PC} = 227{,}48$ lb/(s-pie^2) fue definida en el Ejercicio 3.2.
El diámetro interno de los tubos, $d_i = 4{,}026$ plg, obtenido en el Ejercicio 3.2, y copiado en el punto a) anterior.

Condiciones de entrada a los pasos de convección.
Temperatura $T_E = 350°F$ y presión $P_E = 180$ psia, es una información de proceso suministrada en el Ejercicio 3.2. Para esta temperatura y presión, la fracción vaporizada, densidad y viscosidad del fluido se obtienen en la Tabla 2.6.1.
Fracción vaporizada $x_E = 0{,}0$ masa de vapor por masa total.
Densidad, $\rho_E = 46{,}180$ lb/pie^3.
Viscosidad, $\mu_E = 0{,}4868$ cP $= 1{,}178$ lb/(h-pie).

Condiciones de salida de los pasos de convección.
Temperatura $T_B = 483{,}84$ °F y Presión $P_B = 113{,}98$ psia. Estas condiciones fueron determinadas en el Ejercicio 3.2, punto c), Diseño de la Sección de Radiación.
La fracción vaporizada y las propiedades de transporte (densidad y viscosidad) saliendo de convección, a la temperatura de 483,84 °F, se pueden obtener con la Tabla 3.6.1, interpolando entre los valores de cada propiedad leídos a las temperaturas 476,32 °F y 492,11 °F, teniendo los valores siguientes,
Fracción vaporizada, $x_B = 0{,}1007$ lb de vapor/ lb de mezcla.
Densidad del vapor, $\quad \rho_{VB} = 0{,}97$ lb/pie^3
Densidad del líquido, $\quad \rho_{LB} = 43{,}68$ lb/pie^3.
Viscosidad del vapor, $\quad \mu_{VB} = 0{,}014$ cPx2,42 $= 0{,}0339$ lb/(h-pie).
Viscosidad del líquido, $\mu_{LB} = 0{,}3008$ cPx2,42 $= 0{,}7280$ lb/(h-pie).
Utilizando los valores obtenidos por interpolación en la Tabla 3.6.1, la densidad del fluido, ρ_B, (vapor más líquido) saliendo de convección, se calcula aplicando la ecuación Ec. 2.167,

$$\frac{1}{\rho_B} = \frac{x_B}{\rho_{VB}} + \frac{1-x_B}{\rho_{LB}} = \frac{0{,}1007}{0{,}97} + \frac{1-0{,}1007}{43{,}68} = 0{,}1244 \qquad (2.167)$$

Densidad de la mezcla saliendo, $\rho_B = (1/0{,}1244) = 8{,}04$ lb/pie^3.
Aplicando la Ec. 2.158, se obtiene el promedio logarítmico de la densidad del fluido (vapor más líquido) entre la entrada y la salida.
$\rho_{ML} = (\rho_E - \rho_B)/\text{Ln}(\rho_E/\rho_B) = (46{,}18-8{,}04)/\text{Ln}(46{,}18/8{,}04) = 21{,}81$ lb/pie^3.
La viscosidad del fluido saliendo de convección, μ_B, se calcula aplicando la ecuación Ec. 2.168,

$$\frac{1}{\mu_B} = \frac{x_B}{\mu_{VB}} + \frac{1-x_B}{\mu_{LB}} = \frac{0,1007}{0,0339} + \frac{1-0,1007}{0,7280} = 4,21 \qquad (2.168)$$

Viscosidad de la mezcla saliendo, $\mu_B = (1/4,21) = 0,2375$ lb/(h-pie).
Aplicando la Ec. 2.159, se tiene el promedio logarítmico de la viscosidad del fluido entre la entrada y la salida.
$\mu_{ML} = (\mu_E - \mu_B)/Ln(\mu_E/\mu_B) = (1,178-0,2375)/Ln(1,178/0,2375)$
Viscosidad promedio, $\mu_{ML} = 0,5873$ lb/(h-pie).
Para completar la información requerida por la Ec. 2.152, a continuación, se tiene:
Módulo de Reynolds, $G_{PC} \times 3600(d_i/12)/\mu_{ML}$
$Re = 227,48 \times 3600 \times (4,026/12)/0,5873 = 467.819$
Factor de fricción de Fanning, Ec. 2.156,
$f = 0,0035 + 0,264/Re^{0,42} = 0,0035 + 0,264/(467.819)^{0,42} = 0,0046$.
Sustituyendo los valores de f, L_{PC}, G_{PC}, μ_{ML} y d_i, en la Ec. 2.152, se tiene la caída de presión en cada paso de la sección de convección.

$$\Delta P_{PC} = \left(\frac{f L_{PC} G_{PC}^2}{193,42 \rho_{ML} d_i}\right) = \left(\frac{0,0046 \times 613,92 \times (227,48)^2}{193,42 \times 21,81 \times 4,026}\right)$$

$\Delta P_{PC} = 8,60$ psi.

d) Caída de presión por paso en la sección de radiación.
En el trayecto del fluido por los tubos de cada paso de radiación, el flujo por los tubos es bifásico, y la caída de presión por paso, ΔP_{PR}, en psi, se puede calcular con la Ec. 2.152, expresada como,

$$\Delta P_{PR} = \left(\frac{f L_{PR} G_{PR}^2}{193,42 \rho_{ML} d_i}\right)$$

El factor de fricción de Fanning, f, se calcula con la Ec. 2.156 o la Ec. 2.157. L_{PR}, en pie, es la longitud total de cada paso (tubos más conexiones), se obtiene con las relaciones siguientes,

Número de pasos, $N_P = 4$, definido en el punto b).
Número de tubos, $N_T = 76$, obtenido en el Ejercicio 3.2, punto c), x.
Tubos por paso, $N_{TP} = N_T / N_P = 76/4 = 19$
Longitud efectiva de un tubo, $L_{eT} = 41,1$ pie, definida en base a la API 560 [6.3.10], en el Ejercicio 3.2.
Longitud recta en un paso, $L_{TP} = N_{TP} \times L_{eT} = 19 \times 41,1 = 780,9$ pie.

Número de conexiones en U, $N_U = N_T - 1 = 18$.
Longitud equivalente de cada conexión, $L_e = 75 \times d_i/12 = 25,16$ pie.
Longitud equivalente total, $L_{UP} = N_U \times L_e = 18 \times 25,16 = 452,88$ pie.

Longitud total por paso, $L_{PR} = L_{TP}+L_{UP} = 780,9+452,88 = 1.233,78$ pie.

Condiciones de entrada a los pasos de radiación.
Las propiedades del fluido en la entrada a los tubos de radiación son las mismas obtenidas para la salida de convección, a la temperatura $T_B = 483,84$ °F.

Densidad del fluido entrando a los tubos de radiación, $\rho_B = 8,04$ lb/pie^3.
Viscosidad del fluido entrando a los tubos de radiación, $\mu_B = 0,2375$ lb/(h-pie).

Condiciones de salida de los pasos de radiación.
Las propiedades del fluido saliendo de los tubos de radiación, a la temperatura $T_S = 650$ °F, se pueden obtener leyéndolos directamente en la Tabla 2.6.1.

Fracción vaporizada, $x_S = 0,5483$ lb de vapor/ lb de mezcla.
Densidad del vapor, $\rho_{VS} = 0,366$ lb/pie3.
Densidad del líquido, $\rho_{LS} = 46,38$ lb/pie3.
Viscosidad del vapor, $\mu_{VS} = 0,012$ cP x2,42 = 0,029 lb/(h-pie).
Viscosidad del líquido, $\mu_{LS} = 0,4647$ cP x2,42 = 1,1245 lb/(h-pie).

La densidad promedio del fluido saliendo de radiación, ρ_S, se calcula aplicando la ecuación Ec. 2.167,

$$\frac{1}{\rho_S} = \frac{x_S}{\rho_{VS}} + \frac{1-x_S}{\rho_{LS}} = \frac{0,5483}{0,366} + \frac{1-0,5483}{46,38} = 1,508 \quad (2.167)$$

Densidad de la mezcla saliendo, $\rho_S = (1/1,508) = 0,6631$ lb/pie^3.
Aplicando la Ec. 2.158, se tiene el promedio logarítmico de la densidad del fluido, ρ_{ML}, entre la entrada y la salida en los tubos de radiación.
$\rho_{ML} = (\rho_B-\rho_S)/\text{Ln}(\rho_B/\rho_S)$
$\rho_{ML} = (8,038-0,6631)/\text{Ln}(8,038/0,6631) = 2,956$ lb/pie^3.
La viscosidad del fluido saliendo de radiación, μ_S, se calcula aplicando la ecuación Ec. 2.168,

$$\frac{1}{\mu_S} = \frac{x_S}{\mu_{VS}} + \frac{1-x_S}{\mu_{LS}} = \frac{0,5483}{0,029} + \frac{1-0,5483}{1,1245} = 19,308 \quad (2.168)$$

Viscosidad de la mezcla saliendo, $\mu_S = (1/19,308) = 0,0518$ lb/(h-pie).
Aplicando la Ec. 2.159, se tiene el promedio logarítmico de la viscosidad, μ_{ML}, del fluido entre la entrada y la salida en los tubos de radiación.
$\mu_{ML} = (\mu_B - \mu_S)/\text{Ln}(\mu_B/\mu_S) = (0,2375-0,0518)/\text{Ln}(0,2375/0,0518)$
Viscosidad promedio del fluido en radiación, $\mu_{ML} = 0,1219$ lb/(h-pie).

Para completar la información requerida por la Ec. 2.152, aplicada a los pasos de radiación, a continuación, se tiene:

Diámetro interno de los tubos, $d_i = 4,026$ plg.
Velocidad de flujo de masa, $G_{PR} = 227,48$ lb/(s-pie^2).
Módulo de Reynolds, $G_{PR} \times 3600 (d_i/12)/\mu_{ML}$
$Re = 227,48 \times 3600 \times (4,026/12)/0,1259 = 2.182.290$
Factor de fricción de Fanning, $f = 0,0035 + 0,264/Re^{0,42}$
$f = 0,0035 + 0,264/(2.348.789)^{0,42} = 0,00407$.
Sustituyendo en la Ec. 2.152, los valores correspondientes a cada factor, se tiene la caída de presión en cada paso.

$$\Delta P_{PR} = \left(\frac{f L_{PR} G_{PR}^2}{193,42 \rho_{ML} d_i} \right) = \left(\frac{0,00407 \times 1.233,78 \times (227,48)^2}{193,42 \times 2,956 \times 4,026} \right)$$

$\Delta P_{PR} = 112,89$ psi.
Caída de presión en el horno.
La caída de presión total calculada en el horno es,
$\Delta P_P = \Delta P_{PC} + \Delta P_{PR} = 8,6 + 112,89 = 121,5$ psi.
La caída de presión total permitida es de 148 psi.

3.2 Evaluación.

Un horno de proceso, generalmente opera en forma continua, y debido a su importancia en la unidad de proceso, a la cual está integrado, es necesario llevar un control y seguimiento de las variables operacionales, las cuales pueden utilizarse como soporte para las evaluaciones que se indican a continuación, cuyas secuencias de cálculos tiene su base en las definiciones y formulaciones descritas presentadas en el capítulo 2.

Evaluación de comportamiento.
Evaluación por cambios en la carga térmica.
Evaluación por cambio en las condiciones operacionales.
Evaluación por cambio en el servicio.

A continuación, se describen las secuencias de cálculo para las evaluaciones de comportamiento y por cambio de carga térmica, las cuales son de fácil adaptación para las otras evaluaciones citadas.

3.2.1 Evaluación de Comportamiento.

Un horno de proceso en operación, está constantemente expuesto a presentar desviaciones en sus variables de proceso, que pueden afectar su comportamiento, reflejándose en pérdida de su eficiencia térmica, su estabilidad y seguridad operacional, con impactos al personal, medio ambiente y en la operación de la unidad de proceso a la cual está incorporado. Para evaluar el comportamiento de un horno, es necesario recopilar la información de las variables operacionales, registradas por los sistemas de medición y control, complementadas con las observaciones de campo reportadas por los operadores y los ingenieros de los departamentos de Ingeniería de Procesos y los de Inspección y Corrosión[37,38].

Un indicador del comportamiento global de un horno de proceso en servicio, es su eficiencia térmica, en cuyo cálculo, manual o automático, se incluyen factores dependientes de variables operacionales claves. La eficiencia térmica se puede obtener con la Ec. 2.122, siguiendo la secuencia siguiente:

a) Calcular la energía transferida al fluido, Q.

Aplicar la Ec. 2.118,

$$Q = Q_S - Q_E = M (h_S - h_E) \qquad (2.118)$$

M, el flujo del fluido de proceso entrando al horno se obtiene de los registros de la medición actual.

Q_E y h_E se obtienen con las condiciones actuales de temperatura y presión del fluido de proceso entrando al horno.

Q_S y h_S se obtienen con las condiciones actuales de temperatura y presión del fluido de proceso saliendo del horno.

b) Calcular la energía que libera el combustible, Q_L.

Aplicar la Ec. 2.22.

$$Q_L = W_C (PCB) \qquad (2.22)$$

El flujo de combustible, W_C, se obtiene del registro de la medición de variables.

El poder calorífico bajo del combustible, PCB, se obtiene en base a la composición del combustible en uso, según el procedimiento descrito en el apartado 3.1.1, Cálculos de Combustión.

c) Calcular la energía que ingresa con el aire de combustión, Q_A.

Aplicar la Ec. 2.23.

$$Q_A = W_A C_{PA}(T_A - T_R) \qquad (2.23)$$

El flujo de aire se obtiene en base a la relación Aire / combustible, (W_A/W_C), según el procedimiento descrito en el apartado para Cálculos de Combustión,

$$W_A = W_C(W_A/W_C)$$

Calcular la capacidad calorífica del aire, entre la temperatura del aire, T_A, y la temperatura de referencia, T_R, utilizando la correlación mostrada en la Tabla A.12 u otra disponible.

d) Calcular la energía que ingresa con el fluido de dispersión, Q_V.

Aplicar la Ec. 2.119.

$$Q_V = W_V C_{PV} (T_V - T_R) \tag{2.119}$$

W_V y C_{PV} van a depender del fluido de dispersión.

e) Calcular la eficiencia del horno, ε.

Aplicar la Ec. 2.122.

$$\varepsilon = Q / (Q_L + Q_A + Q_V) \tag{2.122}$$

Si la eficiencia obtenida es similar a la considerada en el diseño, el horno debe estar con operación normal y no debería haber desviación apreciable en alguna variable operacional.

Ejercicio 3.8. Evaluación de comportamiento del horno. Considere que el horno diseñado en los Ejercicios 3.2 a 3.6, fue puesto en operación y después de un tiempo, se observa que la temperatura de salida del fluido de proceso ha caído hasta 630 °F, la temperatura de puente entre convección y radiación, es T_B = 460 °F. Se requiere evaluar el horno, considerando las mismas condiciones del fluido entrado y los mismos factores de combustión.

Información de proceso.
Flujo de entrada al horno, M = 289.530 lb/h.
Temperatura del fluido, entrada/salida, T_E = 350 °F / T_S = 630 °F.
Temperatura del fluido entre convección y radiación, T_B = 460 °F.
Presión del fluido, entrada/salida, P_E = 180 psia, P_S = 41,86 psia.
Flujo de combustible, W_C = 4.049,50 lb/h.
Flujo de aire, W_A = 78.519,42 lb/h.
Temperatura del ambiente, T_A = 80 °F.
Poder Calorífico Bajo del combustible, PCB = 20.562,35 Btu/lb.
Superficie externa de los tubos de radiación, A_R = 3.680 pie².

a) Calcular la energía transferida al fluido, Q.

Aplicar la Ec. 2.118,

$$Q = Q_S - Q_E \tag{2.118}$$

Q_E = 47,16 MMBtu/h, obtenido a T = 350 °F, en la Tabla 3.2.1.

Q_S = 112,68 MMBtu/h, obtenido a T = 630 °F, por interpolación en la Tabla 3.2.1.

Q_B = 68,70 MMBtu/h, obtenido a T = 460 °F, por interpolación en la Tabla 3.2.1.

Q = 112,68 − 47,50 = 65,18 MMBtu/h.

Energía transferida, Q = 65,18 MMBtu/h.

Energía transferida en convección, $Q_{SC} = Q_B - Q_E = 68,70 - 47,16$.
Q_{SC} = 21,54 MMBtu/h.

Energía transferida en radiación, $Q_{SR} = Q - Q_{SC} = 65,18 - 21,45$
Q_{SR} = 43,64 MMBtu/h.

Densidad de energía radiante, $q_R = Q_{SR}/A_R = 43,64 \times 10^6/3680$.

q_R = 11.859 Btu/(h-pie^2) <12.000 Btu/(h-pie^2) utilizada en el diseño.

b) Calcular la energía que libera el combustible, Q_L.

Aplicar la Ec. 2.22.

$$Q_L = W_C (PCB) \qquad (2.22)$$

Se mantiene la composición y el flujo del combustible, por lo que

W_C = 4.049,50 lb/h y PCB = 20.562,35 Btu/lb.

Q_L = 4049,50x20.562,35 = 83,27 MM Btu/h.

c) Calcular la energía que ingresa con el aire de combustión, Q_A.
Considerando que se mantienen las mismas condiciones para la combustión, el flujo de aire y su contenido de energía es igual a los obtenidos en el diseño,

Q_A = 0,44 MMBtu/h.

d) Calcular la energía que ingresa con el fluido de dispersión, Q_V.
En este caso se mantiene igual que en el diseño, no aplica, Q_V =0.

e) Calcular la eficiencia del horno, $\mathcal{E}$.
Aplicando la Ec. 2.122,

$$\mathcal{E} = Q / (Q_L + Q_A + Q_V) \qquad (2.122)$$

$\mathcal{E}$ = 65,18 / (83,27 +0,44 + 0) = 0,78.

La eficiencia obtenida es 0,78 y es menor que 0,85 utilizada en el diseño; esto significa que hay desviación apreciable en alguna variable operacional, tal como deposición de sucio en la superficie interna de los tubos.

3.2.2 Evaluación por Cambios en la Carga Térmica.

Cuando la unidad de proceso, a la que está incorporado un horno, se somete a mejoras o cambios, que requieran de su redimensionamiento ("Revamp")[12], se pueden generar cambios en la carga térmica del horno, lo cual exige su evaluación, tomando como referencia su diseño original. Generalmente, esta nueva carga térmica puede ser motivada por cambios en: el tipo de fluido y/o flujo;

en las condiciones de entrada y/o salida del fluido al horno. En cualquiera de los casos, entre los factores a considerar en la evaluación destacan:

- Que la densidad de energía radiante, sea menor que la máxima recomendada para el servicio.
- Que la caída de presión del fluido de proceso en los tubos, no sobrepase los límites permitidos por el circuito hidráulico.
- Que el Tiro del horno se mantenga positivo.
- Que la chimenea existente sea capaz de manejar los gases de combustión.
- Que la temperatura de chimenea se mantenga en los rangos establecidos en el diseño.

Si una de estas condiciones no se cumple, entonces se concluye que el horno no podrá manejar el cambio de carga; y que se debe someter a cambios en su diseño. A continuación, se propone una secuencia de cálculo para la evaluación de un horno por cambio en su carga térmica y manteniendo el mismo combustible.

a) Obtener la información de diseño en la Hoja de Datos del horno.

b) Obtener los factores de combustión utilizados en el diseño:

Poder Calorífico Bajo del combustible, PCB.
Relación entre el aire de combustión y el combustible, (W_A/W_C).
Relación entre gases de combustión y el combustible, (W_G/W_C).
Relación entre fluido de dispersión y el combustible, (W_V/W_C).
Composición del gas de combustión.

c) Identificar los factores que determinan el cambio de carga requerido. Definir si el cambio de carga térmica es por cambios en el tipo de fluido y/o flujo; y/o las condiciones de entrada y salida del fluido al horno.

d) Calcular la nueva carga térmica Q.
Aplicar la Ec. 2.118,

$$Q = Q_S - Q_E = M (h_S - h_E) \qquad (2.118)$$

M, es el flujo del fluido de proceso entrando al horno.
Q_E, es la energía del fluido entrando al horno.
Q_S, es la energía del fluido saliendo del horno.
h_E, es la entalpía específica del fluido entrando al horno.
h_S, es la entalpía específica del fluido saliendo del horno.

e) Calcular la energía que ingresa al horno, ($Q_L + Q_A + Q_V$).
Aplicando la ecuación Ec. 2.122,
($Q_L + Q_A + Q_V$) = Q/ε.
Q, se obtiene en el punto d).
ε, es la eficiencia térmica de diseño.

f) Calcular el flujo de combustible requerido, W_C.
   Aplicando la Ec. 2.124,
   $W_C = (Q/\varepsilon)/[PCB+(W_A/W_C)C_{PA}(T_A-T_R)+(W_V/W_C)(C_{PV}(T_V-T_R)]$.
g) Calcular el calor liberado por el combustible, Q_L:
   $Q_L = W_C \times PCB$.
h) Calcular el flujo de gas de combustión, W_G.
   $W_G = W_C(1+(W_A/W_C))$.
i) Calcular el flujo de aire para combustión, W_A:
   $W_A = W_C(W_A/W_C)$.
j) Calcular la energía que entra con el aire, Q_A.
   $Q_A = W_A C_{PA}(T_A-T_R)$.
k) Calcular la energía que entra con el fluido de dispersión, Q_V.
   $Q_V = W_V C_{PV}(T_V-T_R)$.
l) Calcular la energía que se pierde por las paredes del horno, Q_W.
   $Q_W = \beta Q_L$.
   Q_L, calculado en g).
   β, el porcentaje de pérdida por las paredes, definido en el diseño,
m) Utilizando la información de diseño y aplicando el procedimiento descrito en el apartado para Cálculos Térmicos en Diseño, calcular:
   T_G, temperatura de los gases de combustión.
   Q_{SR}, energía transferida en la sección de radiación.
   Q_{SC}, energía transferida en la sección de convección.
   T_B, temperatura del fluido de proceso entrando a la sección de radiación.
n) Calcular la temperatura de los gases de combustión saliendo de convección y entrando a la chimenea, T_{ECh}.
   $T_{ECh} = T_G - Q_{SC}/(W_G \times C_{PG})$.
   T_{ECh} se obtiene por ajuste y error, ya que C_{PG}, la capacidad calorífica de los gases de combustión, se obtiene a la temperatura promedio entre T_{ECh} y T_G.
o) Calcular la nueva densidad de energía radiante, q_R.
   $q_R = Q_{SR}/A_R$.
   Q_{SR}, obtenido en el punto m)
   A_R, es la superficie de los tubos instalados en radiación.
   Si el valor de la nueva densidad de energía radiante, q_R, es menor que el valor máximo recomendado para el servicio, entonces se puede recomendar el uso del horno con el cambio de carga; si es mayor, no es recomendable el uso del horno para el incremento de carga, debido a que se afecta la vida útil de los tubos.
p) Obtener en la Hoja de Datos.
   El número de pasos, N_P; el número de tubos en convección, N_{TC}; el número de tubos en radiación, N_{TR}.
q) Obtener la longitud por paso, L_P.

Con la cantidad de tubos por paso, N_{TP}, y conexiones entre tubos por paso, N_{UP}, en convección y radiación, obtener la longitud total en cada paso, en ambas secciones.

$L_P = L_T + L_U$.

r) Calcular la caída de presión del fluido de proceso.

Con las condiciones de temperatura y presión, entre la entrada y la salida en cada sección, aplicar el procedimiento descrito en el apartado para Cálculos Hidráulicos, en cada paso de la sección de radiación y de la sección de convección.

Si el valor de la caída de presión total calculado, entre la entrada y la salida al horno, es menor que la máxima permitida, entonces, por la hidráulica del fluido de proceso, se puede recomendar que el horno puede con el cambio de carga; si es mayor, el horno no podría con el incremento de carga.

s) Calcular el diámetro de chimenea.

Aplicar el procedimiento descrito en el apartado para Cálculos Hidráulicos, para obtener el diámetro de chimenea requerido para manejar el nuevo flujo W_G de gases de combustión.

Si el diámetro calculado, es mayor que el de diseño, la chimenea existente no podrá manejar el nuevo flujo de gases de combustión.

t) Calcular la altura de la chimenea.

Aplicar el procedimiento descrito en el apartado 3.1.3, y obtener la caída de presión de los gases de combustión y la altura de chimenea requerida, para el nuevo flujo de gases de combustión, W_G. Si la altura requerida en la chimenea, es mayor que la de diseño, la chimenea existente no podrá manejar el nuevo flujo de gas.

3.2.3 Otras Evaluaciones.

Otras evaluaciones que se pueden aplicar a hornos existentes, son aquellas que permiten determinar si pueden soportar un cambio de condiciones operacionales o un cambio de servicio. Para estas evaluaciones, son de fácil adaptación los procedimientos de cálculo descritos anteriormente para diseño y evaluación en operación.

… Hornos de Procesos

4 Instrumentación y Control.

Durante la operación de un horno de proceso, se pueden presentar fluctuaciones en las variables operacionales críticas, que pueden generar fallas poniendo en peligro al personal, al ambiente, a la integridad mecánica del sistema y también con pérdida de producción.

Con la finalidad de mantener estable y segura la operación de un horno de procesos, es necesario disponer de instrumentos para medición constante de variables operacionales y la detección de sus posibles desviaciones, que conjuntamente, con sistemas lógicos y equipos de control, realicen tareas de seguridad, activas o pasivas, tanto preventiva como de mitigación, ante la ocurrencia de eventos peligrosos y sus consecuencias[39]. Todo este conjunto está consolidado y regido por la actuación de un sistema de seguridad (SS). Dentro de estos sistemas y equipos se encuentran los Sistemas Instrumentados de Seguridad (SIS)[40], los cuales se suelen renombrar según su uso o aplicación como ESD (Emergency ShutDown), ESS (Emergency Shutdown System), FGS (Fire and Gas System) o F&G (Fire and Gas).

Para garantizar la estabilidad, continuidad, efectividad y seguridad operacional de un horno de proceso, en su diseño se incluye un sistema de instrumentación y control (I&C), para la medición de variables operacionales[41,42], constituido por elementos primarios de medición y detección, asociados a lazos de control. Los usuarios y custodios de estos sistemas, son responsables de que dichos elementos funcionen normalmente. Los sistemas de instrumentación y control (I&C), suelen formar parte de los sistemas integrados de seguridad (SIS), entre los que se encuentra el sistema de parada de emergencia (Emergency Shut Down, ESD), que, a su vez, puede formar parte del sistema de parada de emergencia general instalado en la planta donde opera el horno. Un sistema de parada de emergencia (ESD), es el encargado de llevar a las instalaciones a un estado seguro en caso de una falla, protegiendo así al personal, al medio ambiente y a las instalaciones[40]. En base a su diseño, cuando este sistema actúa, debe des- energizar a los elementos de entrada y salida para ejercer funciones de seguridad.

En la API RP 556[41], se pueden consultar las recomendaciones prácticas relativas a los sistemas de instrumentación, control y protección para hornos de procesos, y en la API RP 551[43] y en la API RP 554[44], para instrumentación y control de procesos en general.

Medición y Control de Variables.

La medición y control en forma continua y constante de variables operacionales en un horno, son clave para mantener su estabilidad, continuidad y seguridad operacional, y a la vez para recabar información que permita evaluar su comportamiento. En la FigA continuación, se describen las variables típicas que se deben detectar y medir.

Temperatura.

Temperatura en los Gases de Combustión.
Los gases de combustión son los portadores de la energía que se va a transferir al fluido de proceso, y su nivel de temperatura debe ser medido y controlado constantemente, típicamente en los tres puntos siguientes: en la cámara de radiación T_G, en la sección de convección T_C, y en la chimenea T_{Ch}.

Temperatura en la cámara de radiación.
El propósito de esta medición es para controlar al sistema de combustión y evitar el sobrecalentamiento de la cámara y/o de los tubos. El sistema de medición debe emitir alarmas, cuando detecte el sobrecalentamiento, y tomen acciones automáticas de control, o el operador ejerza control manual.

Temperatura en la sección de convección.
La medición de temperatura en la sección convección, tiene utilidad básicamente para evaluar la eficiencia del horno.

Temperatura en la chimenea.
Esta medición es muy útil para monitorear los niveles de temperatura y controlar para que no excedan a la que soporta la metalurgia en el sistema de chimenea, y adicionalmente, para detectar cuando la temperatura pueda ser menor que el punto de rocío de los gases, con la posible formación de gases ácidos y se puede generar corrosión severa en la chimenea. En ambos casos, el sistema debe emitir señales de alarma y tomar acciones automáticas de control, o que el operador tome acciones de control manual. Esta medición también es útil para evaluar el comportamiento global del horno.

Temperatura en el Fluido de Proceso.
La temperatura del fluido de proceso se debe medir en varios puntos, entre la entrada y la salida de cada paso, suficientes para evaluar el comportamiento global del horno, y garantizar el control de su operación. La cantidad de puntos va a depender de la complejidad y tamaño del horno. Entre los puntos más críticos para medir la temperatura al fluido de proceso, en cada paso, se tienen: en la entrada al horno, T_E; en el puente entre convección a radiación, T_B; y en la salida del horno, T_S. Estos puntos son básicamente para captura de información con la finalidad de control y seguimiento operacional y evaluación de comportamiento. El último punto, también se utiliza para la constante captura de información que alimenta al sistema integrado de seguridad.

La actuación del sistema de medición, control y protección, sobre la temperatura del fluido en la salida, en general sigue el esquema siguiente:

- La temperatura del fluido en la salida de cada paso, T_S, es medida, registrada y controlada, en base a la temperatura máxima requerida en la salida de cada paso.
- Cuando el sistema de control y protección detecta un nivel de temperatura mayor que la requerida, envía señal para cerrar la válvula principal de combustible a los quemadores, y simultáneamente se activa el desalojo del combustible atrapado entre la válvula principal y los quemadores.

Las alteraciones en la temperatura del fluido, saliendo del horno, pueden ocurrir por variaciones en:

- La densidad de energía radiante sobre los tubos.
- La calidad y/o el flujo del fluido de proceso.
- La calidad y/o flujo del combustible.
- La lógica del lazo de control de temperatura.

Temperatura en la Superficie Externa de los Tubos.
Esta temperatura, también conocida como de piel de tubo, es una de las más críticas en el horno, y se mide para detectar sobrecalentamiento en la pared de los tubos. El sobrecalentamiento puede ocurrir por que haya una disminución de flujo en el fluido de proceso, sin llegar al flujo mínimo establecido en el diseño, que pueda generar la deposición progresiva de carbón en las paredes internas de los tubos. Otro factor a considerar es la cercanía de la llama de los quemadores a los tubos, o la incidencia directa de la llama sobre la superficie externa de los tubos. Cuando ocurre uno de estos eventos o los dos, el sistema emite alarmas que implica la toma de acciones de control automático o manual, dirigidas a reducir la liberación de energía durante la combustión, y a estabilizar el patrón de llama en los quemadores, para evitar que el material de los tubos falle por ruptura, debido al sobrecalentamiento prolongado.

Temperatura del Combustible.
Medir la temperatura del combustible, gaseoso o líquido, tiene utilidad fundamentalmente para evaluar el comportamiento de la combustión.

Temperatura del Aire para Combustión. Cuando se requiere un sistema de precalentamiento de aire para la combustión, la temperatura de entrada y salida del aire al precalentador, deben medirse para evaluar el comportamiento del precalentador.

Presión.
Presión en el Interior del Horno.
Como se indicó en el primer capítulo, el movimiento de los gases de combustión en el interior del horno, desde que se producen a nivel de quemador y hasta que salen por la chimenea, se deben fundamentalmente a la diferencia entre la

presión en el exterior del horno y la presión en su interior, conocida como tiro del horno. La medida de esta diferencia de presión, es una guía para la apropiada operación del horno. Se recomienda medir el Tiro en los puntos siguientes: a nivel de quemadores, en el tope de la sección de radiación y antes del damper. Si la medición del tiro resulta positiva, entonces la presión de los gases dentro del horno será menor que la presión en el exterior; si resulta negativa, significa que la presión en el interior es mayor que en el exterior. Cuando el elemento medidor de tiro, detecta la tendencia hacia tiro negativo, el sistema emite alarmas que implica la toma de acciones de control automático o manual, para reestablecer el tiro positivo, o en su defecto, ir hacia un paro seguro de la operación del horno. El propósito del damper principal, ubicado entre la sección de convección y la entrada a la chimenea, es controlar y mantener el tiro del horno, alrededor de 0,05 plg de agua, en el paso del gas de combustión, de la sección de radiación a la sección de convección, también conocido como "Bridgewall". Cuando el sistema de control detecta una desviación entre el tiro requerido y la medición del tiro, envía señal para ajustar la abertura del damper y controlar el tiro.

Presión en el Fluido de Proceso.

El horno de proceso, en su totalidad, está incorporado a un circuito hidráulico en la unidad de proceso a la cual está incorporado, y debe cumplir con una caída de presión exigida por el circuito. Por esta razón, la presión del fluido de proceso en la entrada y en la salida del horno, deben ser medidas y controladas constantemente. Cuando el horno tiene más de un paso, la medición y control deben hacerse en cada paso.

La presión del fluido de proceso se debe medir en varios puntos, entre la entrada y la salida de cada paso, suficientes para evaluar el comportamiento global del horno, y garantizar el control de su operación. La cantidad de puntos va a depender de la complejidad y tamaño del horno. Entre los puntos más críticos para medir la presión al fluido de proceso, en cada paso, se tienen: en la entrada al horno, P_E; en el puente entre convección a radiación, P_B; y en la salida del horno, P_S. Estos puntos son básicamente para captura de información con la finalidad de control y seguimiento operacional y evaluación de comportamiento. El último punto, también se utiliza para la constante captura de información que alimenta al sistema integrado de seguridad.

Presión del Combustible.

La presión del combustible en los quemadores, debe ser medida constantemente, y ante cualquier desviación de la presión requerida, el sistema debe emitir señales de alarma para tomar acciones de control automático o manual, que garanticen la presión requerida para el apropiado funcionamiento de los quemadores.

Presión en el Aire para Instrumentos.

La presión en el sistema de aire para los instrumentos, debe ser medida y controlada constantemente, y ante cualquier desviación de la presión requerida, el sistema debe emitir señales de alarma para tomar acciones de control automático o manual, que garanticen el apropiado funcionamiento de los instrumentos, los sistemas de control y los sistemas integrados de seguridad.

Flujo.

Flujo por los Tubos.

Para medir y controlar el flujo total del fluido alimentado al horno, se recomienda instalar un medidor de orificio y un controlador de flujo, aguas arriba del horno. Si se tiene más de un paso por los tubos, también se recomienda evaluar la posibilidad medir y controlar el flujo en cada paso.

Flujo de Combustible.

Para medir el flujo de combustible, gas o líquido, se utiliza un medidor de placa de orificio u otro similar, instalado aguas abajo de la válvula de control de flujo, donde se haya estabilizado la presión.

Flujo de Aire para Combustión.

La medición del flujo de aire va a depender de si el tiro es natural, forzado, inducido o balanceado. En los hornos con tiro natural o inducido, no es practico medir el flujo de aire, y generalmente la entrada de aire se ajusta manualmente con los registros de los quemadores. En los hornos con tiro forzado, el flujo de aire se puede medir directamente colocando un instrumento primario (tipo Venturi, tubo Pitot, entre otros), o en forma indirecta o inferida, midiendo la presión diferencial en el ducto o en el precalentador de aire.

Composición de los Gases de Combustión.

Los gases de combustión deben ser analizados frecuentemente para controlar la eficiencia de la combustión y la calidad de las emisiones atmosféricas, en concordancia con las regulaciones ambientales de la zona. En general, se recomienda instalar analizadores para Oxigeno, Monóxido de Carbono, Óxidos de Azufre (NOx), Óxidos de Nitrógeno (NOx).

5 Operación.

La operación de un horno de proceso, coordinada por el Departamento de Operaciones, es clave en una instalación industrial, ya que, en la mayoría de las situaciones, el comportamiento global de la instalación depende de la operación del horno. En líneas generales, la operación de un horno se puede ordenar en tres fases:

- Operación de arranque y estabilización.
- Operación estable, continua y normal.
- Operación de parada y preparación para mantenimiento planificado o no planificado.

Para cada una de estas fases, se dispone de un conjunto de procedimientos escritos, que forman parte de la documentación operacional de la instalación donde opera el horno. Estos procedimientos deben estar sincronizados con el resto de los procedimientos de las instalaciones circundantes, y sometidos a constantes revisiones y actualizaciones, y adicionalmente deben ser conocidos y dominados por todo el personal que participa en las operaciones.

Operaciones de Arranque y Estabilización.

Las operaciones de arranque se pueden dividir en las fases siguientes;
- Preliminares de arranque.
- Arranque.
- Estabilización.

Preliminares de Arranque.

- Elaborar la organización de personal para el arranque.
- Revisar y discutir el procedimiento de arranque.
- Designar actividades específicas a los operadores.
- Revisar lazos de control.
- Revisar el sistema Integrado de seguridad, SIS.
- Revisar el analizador de gases de combustión.
- Asegurar disponibilidad y suministro de combustible.
- Asegurar disponibilidad y suministro de servicios industriales.
- Mantener el área limpia y libre de obstáculos.
- Solicitar apoyo a los departamentos de Mantenimiento, Ingeniería de Procesos, Seguridad, Higiene y Ambiente.

Arranque.

- Ubicar al personal en posiciones respectivas.
- Pasar fluido por todos los tubos del horno y medir perfiles de presión, para asegurar libre circulación del fluido.
- Establecer la recirculación de fluido entre el horno y el resto del proceso.
- Activar el sistema para iniciar secuencia de encendido de pilotos.
  - Desplazar aire de las cámaras de radiación y convección.
  - Suministro de gas a pilotos.
  - Encendido de pilotos.
- Iniciar secuencia de encendido de quemadores.
- Encender quemadores para empezar a calentar el fluido según los grados por hora indicados en el procedimiento (°F/h, °C/h), hasta alcanzar la temperatura requerida en el fluido, en la salida del horno.
- Revisar y observar tipo, forma y color de la llama.

Estabilización.

La estabilización de la operación del horno, va a depender de la estabilidad del proceso al cual se le envía el fluido a la temperatura requerida.

Operación Estable, Continua y Normal.

La operación estable, continua y normal, es la condición de operación rutinaria del horno, con todas sus variables en control y sin desviaciones que impliquen impacto en: la operación, el ambiente, las personas y en las instalaciones. Es decir, que su funcionamiento debe estar dentro de las variaciones previstas en las condiciones de operación, capacidad y eficiencia especificadas en las hojas de datos y documentos posteriores, y garantizado por el fabricante, sin requerir ningún mantenimiento mayor, reparación o reposición de partes, excepto el mantenimiento propio para su funcionamiento. Para garantizar operación estable, se debe tener medición continua y controlada, dentro de los rangos establecidos en el diseño, de las variables siguientes:

- Temperatura y presión del fluido entrando y saliendo del horno.
- Flujo y poder calorífico del combustible.
- Condiciones y calidad del aire de combustión.
- Composición y temperatura de los gases de combustión saliendo al ambiente.
- Patrón de llama en los quemadores.
- Temperatura y presión de los gases en la cámara de radiación.
- Presión de combustible entrando a los quemadores.
- Velocidad del fluido dentro de los tubos.

Operaciones de Parada.

Las actividades operacionales para la parada de un horno, dependen si se la parada es planificada para mantenimiento general o para un mantenimiento no planificado. En líneas generales, las actividades se pueden dividir en:
- Preliminares de parada.
- Parada.

Preliminares de Parada.

- Elaborar la organización de personal para la parada.
- Revisar y discutir procedimiento de parada.
- Revisar la disponibilidad de equipos de protección y seguridad personal
- Solicitar disponibilidad de almacenaje para productos fuera de especificación.
- Revisar la lista de bridas ciegas a instalar en los diferentes sistemas.
- Designar actividades a operadores.
- Mantener el área limpia y libre de obstáculos.
- Solicitar apoyo a los departamentos de Seguridad y Ambiente, Ingeniería de Procesos y Mantenimiento.

Parada.

- Informar el inicio del proceso de parada a los departamentos involucrados
- Ubicar al personal en posiciones respectivas.
- Empezar a bajar la carga al horno, según el procedimiento.
- Cuando se alcance el flujo mínimo, se debe activar el ESD.
- Si el ESD no se activa, proceder a apagar los quemadores en forma local.
- Después de apagar los quemadores, continuar circulando fluido hasta que la bomba de carga pierda succión. Cuando esto ocurra, apagar la bomba de carga y proceder a vaciar el horno según el procedimiento.
- Iniciar el proceso de desalojo e inertización, según el procedimiento.
- Abrir válvulas en puntos bajos, para drenar fluidos.
- Solicitar al equipo de mantenimiento que proceda a instalar las bridas ciegas, según la lista pre establecida.

Posparada.

- Verificar el bloqueo de la entrada de combustible.
- Verificar el bloqueo de la entrada de fluido de proceso.
- Verificar el vaciado e inertización del horno y sistemas asociados.
- Informar la culminación de la parada, a los departamentos involucrados.

6 Inspección y mantenimiento.

Los hornos de proceso están sujetos con frecuencia a mecanismos de degradación, debido a la combinación de calor, presión interna y las características químicas de los fluidos de proceso, y por esta razón, las actividades de inspección y mantenimiento, son vitales para su operación continua, estable, segura y confiable.

La API 571[45] proporciona orientación y recomendación general sobre los mecanismos de daño más probables que afectan a las metalurgias utilizadas en refinación y petroquímica. Estas orientaciones aplican directamente a los hornos de proceso y permiten los posibles deterioros y fallas debidas al servicio. La información recopilada para un horno, puede ser utilizada por el personal de inspección de una planta, para ayudar a identificar las causas probables de los daños, y ayuda a desarrollar estrategias de inspección, para planificar programas de monitoreo para garantizar la integridad de los equipos.

Inspección.

La metalurgia seleccionada para las partes componentes de un horno, son especialmente diseñadas para contrarrestar los mecanismos de corrosión específicos, sin embargo, no están exentas de requerir la aplicación de técnicas de inspección especializadas y controles operativos, para preservar su integridad mecánica. El propósito de las inspecciones, es recopilar datos suficientes que puedan ser analizados y lograr una evaluación razonable de la integridad mecánica del equipo, para lograr un servicio continuo confiable y seguro, y a la vez planificar la adquisición de materiales y equipos que hagan falta para mantenimiento y reemplazo, en la próxima parada planificada del equipo. La estrategia es evitar rupturas de los tubos y fugas de fluido que puedan generar incendios.

El personal de inspección, o inspector, debe prepararse revisando cuidadosamente los informes del historial del horno y familiarizarse con el tipo de equipo que se está inspeccionando, las medidas de control de la corrosión, la confiabilidad crítica y las variables del proceso, el historial de fallas, de reparaciones y de mantenimiento del horno. La inspección de hornos debe ser realizada por personal capacitado y con experiencia en el funcionamiento de estos equipos, los mecanismos de deterioro y las técnicas de inspección adecuadas para identificarlos o monitorearlos. El inspector debe tener experiencia o tener acceso a personas con conocimientos de quemadores, tubos, soportes de tubos, refractarios y funcionamiento general del horno.

La inspección de un horno de proceso, dirigida a mantener la confiabilidad operacional del horno, se puede clasificar como inspección de rutina o inspección en marcha, y como inspección periódica durante una parada planificada o no planificada. La API RP 573[46] recomienda las prácticas de inspección para hornos de proceso, utilizados en refinerías de petróleo y plantas petroquímicas, y están enfocadas a mejorar la confiabilidad del equipo y la seguridad de la planta, al describir las variables operativas que impactan la confiabilidad, y para asegurar que las prácticas de inspección obtengan los datos apropiados, para evaluar el desempeño presente y futuro del equipo.

Inspección de Rutina o en Marcha.
La inspección de rutina o inspección en marcha, es la que se ejecuta con el horno en operación, y tiene un componente operacional y un componente técnico.

Inspección Operacional. Esta la ejecuta diariamente el operador de la planta, y está dirigida a observar: presión de combustible en los quemadores, condición de los tubos, presión en el interior del horno o Tiro, calidad y patrón de llama en los quemadores.

Inspección Técnica. La ejecuta el personal del Departamento de Inspección y Corrosión, y está dirigida a tomar mediciones de: temperatura a piel de tubos con instrumento manual y comparar con las lecturas de las termocuplas instaladas; definir si hay puntos calientes en los tubos; observar las condiciones de los tubos, observar el patrón de llama en los quemadores; observar las condiciones internas del refractario; observar condiciones de los soportes a los que tengan acceso visual. Al final elaborar informe de la inspección y emitir sus recomendaciones.

Inspección Periódica.
La inspección periódica o inspección en parada programada, es la que se ejecuta con el horno fuera de servicio, durante una parada programada, y la ejecuta el personal técnico del Departamento de inspección y Corrosión. En esta oportunidad el inspector ingresa al interior del horno y hace inspección minuciosa en los puntos siguientes: condiciones y apariencia de los tubos y soportes; condiciones y apariencia del refractario en piso, paredes y techo, condiciones de las termocuplas a piel de tubos; condiciones de los pilotos; condiciones de los quemadores.

Mantenimiento.
El mantenimiento de un horno de proceso es vital para garantizar su operación continua, estable y segura, y con ese fin es sometido a mantenimientos planificados y no planificados. La API 560 presenta varias recomendaciones relativas a las previsiones que se deben tener durante la instalación de un horno, para dejar las facilidades que permitan el acceso al personal para ejecutar las actividades de mantenimiento.

Mantenimiento Planificado.
La frecuencia del mantenimiento planificado de un horno, la recomienda el fabricante y está acorde con las bases de diseño y la metalurgia seleccionada para cada uno de sus componentes. Estas metalurgias fueron especialmente diseñadas para contrarrestar los mecanismos de corrosión específicos y definidos en base a las experiencias adquiridas en el tipo de servicio al cual se ha destinado el horno. Por esta razón, la frecuencia para someter a un horno a mantenimiento planificado, depende de la severidad de su servicio. El mantenimiento planificado puede ser ordinario o de rutina, y extraordinario o mayor, y se programan según las recomendaciones del fabricante.

Mantenimiento Ordinario Planificado. También conocido como de rutina, se ejecuta con el horno en operación, y es la visita programada de servicio, realizada por personal de mantenimiento, para asegurar que el horno funcione correctamente, según las condiciones previstas en la documentación de diseño, para evitar cualquier interrupción no programada y tiempo de inactividad.

Mantenimiento Extraordinario Planificado. Se ejecuta con el horno fuera de servicio, y con la parada planificada de la unidad de proceso a la cual está incorporado. Este mantenimiento se programa para restituir su capacidad y eficiencia de diseño, según su Hoja de Datos, y entre las actividades a ejecutar destacan: reemplazo preventivo de partes y componentes según las recomendaciones de inspección; limpieza interna de los tubos y conexiones; revisión de soportes de tubería, revisión y limpieza de quemadores, reparaciones del refractario, revisión y calibración de instrumentos de medición y control, y los sistemas de seguridad.

Mantenimiento no Planificado.
El mantenimiento no planificado se ejecuta cuando, durante la operación del horno, ocurre alguna desviación operacional, que motiva alguna falla, cuya magnitud genera una emergencia, que justifica sacar de servicio al horno, para poder someterlo a reparaciones y/o reemplazos de partes que hayan presentado falla, tales como:

- Incremento imprevisto de la caída de presión en el fluido de proceso.
- Presencia de puntos rojos en sectores de los tubos de radiación.
- Ruptura de tubos con fuga de fluido de proceso.
- Falla en conexiones, con fuga de fluido de proceso.
- Desprendimiento de refractario y puntos rojos en las paredes el horno.
- Falla mecánica en válvulas de globo o de compuerta.
- Cierre imprevisto del Damper por falla en el sistema de control.

APÉNDICE A. TABLAS Y FIGURAS.

Tablas.

Tabla A.1. Factores para conversión de unidades y Constantes.
Tabla A.2. Datos de tubos para hornos de proceso.
Tabla A.3.1. Materiales para tubos en hornos de proceso.
Tabla A.3.2 Materiales para superficies extendidas
Tabla A.4.1 a A.4.6. Información seleccionada para superficie extendida.
Tabla A.5. Emisividades de superficies diversas.
Tabla A.6. Velocidades recomendadas en tuberías y conductos.
Tabla A.7. Parámetros típicos en hornos de proceso.
Tabla A.8. Coeficientes de resistencia K y factor de longitud Equivalente, Le/D.
Tabla A.9. Longitud de Rayos de Radiación de gas.
Tabla A.10. Ubicación de quemadores.
Tabla A.11.1 Poder Calorífico Bajo para algunos elementos.
Tabla A.11.2 Correlaciones para Poder Calorífico.
Tabla A.12. a Tabla A.12.2. Capacidad Calorífica para aire y otros gases
Tabla A.13. Capacidad Calorífica de hidrocarburos líquidos
Tabla A.14. Capacidad Calorífica de hidrocarburos gaseosos
Tabla A.15. Entalpía para gases de combustión.
Tabla A.16. Entalpía para vapor de hidrocarburos.
Tabla A.17. Entalpía para hidrocarburos líquidos
Tabla A.18. Conductividad para aire y otros gases.
Tabla A.19. Conductividad de hidrocarburos líquidos.
Tabla A.20. Conductividad de hidrocarburos gaseosos
Tabla A.21. Conductividad de ladrillos refractarios y aislantes.
Tabla A.22 a Atabla A.22.1. Viscosidad para aire y otros gases.
Tabla A.23. Viscosidad de hidrocarburos gaseosos
Tabla A.24. Viscosidad de hidrocarburos líquidos
Tabla A.25. Propiedades en función de Temperatura y API
Tabla A.26. Otras correlaciones.
Tabla A.27. Valores típicos para factores de ensuciamiento.

Tabla A.1. Factores para conversión de unidades y Constantes	
Masa	**Longitud**
kg, kilogramo 　x 1.000　　= g 　x 2,2046　= lb **lb,** libra 　x453,59　= g 　x0,536　　= kg	m, metro 　x 100　　= cm, centímetro. 　x 3,2808　= pie. 　x 39,27　= plg, pulgada. pie x 12　　= plg. pie x 0,3048　= m
Área	**Volumen**
m^2, metro cuadrado 　x 10.000　= cm^2 　x 10,7639　= pie^2 　x 1.550　= plg^2 pie^2, pie cuadrado 　x 0,0929　= m^2	m^3, metro cúbico 　x 35,314　= pie^3 　x 6,2698　= bbl (US), Barril 　x 264,17　= gal (US), Galón pie^3, pie cúbico 　x 0,1781　= bbl (US)
Presión	**Temperatura**
Atm, atmósfera 　x 1,0132　= bar 　x 101.325,0　= Pa, [N/m^2], Pascal. 　x 10.332,2745 = kg_f/m^2 　x 14,6959　= psi, lb_f/plg^2 psi x 27,073 = plg de H_2O	°C = (5/9)(°F-32), grado Celsius °K = °C + 273,15, grado Kelvin °F = (9/5)(°C+32), grado Fahrenhit °R = °F + 460, grado Rankine
Densidad.	**Viscosidad dinámica.**
lb/pie^3 　x 16,02　= kg/m^3 　x 16,02x10^{-3} = g/cm^3 　x 16,02x10^{-6} = kg/cm^3 　x 0,13368　= lb/gal(US)	g/(cm-s) x 1　= Poise (P) P x 0,01　= cP. g/(cm-s) x 241,91 = lb_f/(h-pie) lb_f/(h-pie) x 0,4132 = cP cP x 2,42　= lb_f/(h-pie)
Capacidad Calorífica	**Conductividad Térmica**
Btu/(lb -°F) 　x 1　= cal/(g-°C) 　x 4,1868 = J/(g-°C) 　x 4,1868 = kJ/(kg-°K) 　x 4.186,8　= J/(kg-°K) 　x 4.186,8　= J/(kg°C)	Btu/(h-pie-°F) 　x 0,004133　= cal/(s-cm-°C) 　x 0,01729 = W/(cm-°C) 　x 1,729　= W/(m-°K) cal/(s-cm-°C)x241,95　= Btu/(h-pie-°F) kcal/(h-m-°C)6762　= Btu/(h-pie-°F).
Btu, British Thermal Unit. Cal, caloría. J, Joule. kJ, Kilo Joule. W, Watt.	

Tabla A.1. Factores para conversión de unidades y Constantes (Cont.)	
Coeficiente de Transferencia de Calor	**Constantes.**
Btu/(h-pie^2-°F) x 1,356x10^{-4} = cal/(s-cm^2-°F) x 5,6782 = J/(s-m^2-°K) x 0,4536 = kcal/(h-pie^2-°C) x 4,8824 = kcal/(h-m^2-°C) x 5,6783 = W/(m^2-°C) x 5,6783 = W/(m^2-°K)	Aceleración de gravedad $\quad g = 9,80665$ m/s^2 $\quad g = 32,174$ pie/s^2. $\quad g = 4,17 \times 10^8$ pie/h^2. Factor de conversión gravitacional, $\quad g_c = 32,174$ (lb$_m$-pie)/(lb$_f$ s^2) $\quad g_c = 9,80665$ (g$_m$-m/(g$_f$ s^2) Constante Universal de los gases, R. $\quad 10,731$ psia·pie^3/(lbmol-°R) $\quad 82,057$ atm·cm^3/(mol-°K) $\quad 8,314$ Pa·m^3/(mol-°K)
Energeia	**Potencia**
Btu $\quad$x251,99 $\quad$ = cal. $\quad$x1.055 $\quad$ = J = N-m [Newton-metro]. $\quad$x1,414 $\quad$= Hp-s, [Horse power-segundo] $\quad$x0,2930 $\quad$= W-h. $\quad$x107,58 $\quad$= kg$_f$-m	Btu/h $\quad$x251,99 $\quad\quad$= cal/h $\quad$x1.055 $\quad\quad\quad$= J/h $\quad$x0,000393 $\quad$= hp $\quad$x0,2930 $\quad\quad$= W

Tabla A.2. Datos de tubos más usados en hornos de proceso[8].							
Diam. Nom plg.	Norma	Diam. Externo plg.	Espesor plg.	Diam Inter plg.	Área transv pie^2	Superficie pie^2/pie	
						Interna	Externa
8		8,625	0,322	7,981	0,3480	2,089	2,258
			0,326	7,973	0,3467	2,087	
			0,343	7,939	0,3435	2,080	
	4		0,429	7,767	0,3290	2,033	
			0,500	7,625	0,3171	1.996	
6		6,625	0,280	6,065	0,2006	1,587	1,734
			0,326	5,973	0,1946	1,564	
			0,343	5,939	0,1922	1,555	
			0,429	5,767	0,1814	1,510	
			0,432	5,761	0,1810	1,508	
5		5,563	0,258	5,047	0,1390	1,321	1,456
			0,236	4,911	0,1315	1,286	
			0,343	4,877	0,1296	1,277	
			0,375	4,813	0,1265	1,260	
			0,429	4,705	0,1207	1,232	
4		4	0,237	4,026	0,0884	1,055	1,178
			0,326	3,848	0,0808	1,007	
			0,337	3,826	0,0798	1,002	
			0,343	3,814	0,0793	0,998	
			0,429	3,642	0,0723	0,953	

Tabla A.3.1. Materiales típicos para tubos de hornos[8].

Material	Especificación ASTM		Temperatura Má-	
	Tubo	Retorno en U	°C	°F
Acero al Carbón	A 106 Gr B	A 234 WPB	454	850
C ½ Mo[61]	A 335 Gr P1		565	1050
1¼ Cr ½ Mo[61]	A 335 Gr P11	A 234 WP11	595	1100
2¼ Cr 1 Mo	A 335 Gr P22	A 234 WP22	635	1175
5 Cr ½ Mo	A 335 Gr P5	A 234 WP5	650	1200
9 Cr 1 Mo	A 335 Gr P9	A 234 WP9	705	1300
18 Cr 8 Ni[61]	A 312 TP 304	A403WP304	850	1500
16/14/2 Cr Ni Mo[61]	A 312 TP 316	A403 P316	870	1600
16 Cr 12 Ni 2 Mo				
18 Cr 10 Ni 3Mo	A 312 TP 317	A403 P317		
18 Cr 10 Ni Ti	A312 TP 321	A403 P321H		

Tabla A.3.2. Materiales típicos para superficies extendidas8.

Material	Temperatura máxima en la punta			
	Pernos (Studs)		Aletas (Fins)	
	°C	°F	°C	°F
Acero al Carbón	510	950	454	850
2¼ Cr 1 Mo	593	1.100	549	1.000
5 Cr ½ Mo	593	1.100	549	1.000
11 – 13 Cr	649	1.200	593	1.100
18 Cr 8 Ni Acero Inoxi-	815	1.500	815	1.500
25 Cr -20 Ni Acero Inoxi-	982	1.800	982	1.800

Tabla A.4.1. Información seleccionada para superficies extendidas tipo aleta circular sólida sobre tubos de diámetro externo

d_o, Diámetro plg	3,50			
A_o, Superficie ext. pie²/pie	0,916			
h_f, Alto de aleta plg	0,75	0,75	1,00	1,00
n_f, aletas/plg	3,00	5,00	3,00	5,00
e_f, Espesor de aleta plg	0,05	0,05	0,05	0,05
$d_f = d_o + 2h_f$ plg	5,00	5,00	5,50	5,50
s_f, Separación entre aletas $(1-n_f e_f)/(n_f+1)$ plg	0,213	0,125	0,213	0,125
a_f, Área de una aleta pie² $\pi[(d_f^2 - d_o^2)/2 + d_f e_f]/144$	0,145	0,145	0,202	0,202
A_f, Área de aleta por longitud, $a_f \times (n_f/12)$ pie²/pie	5,220	8,700	7,272	12,120
A_f/A_o pie²/pie²	5,699	9,498	7,939	13,231
A_{op} Área del tubo libre de aletas, $A_o(1-n_f e_f)$ pie²/pie	0,779	0,687	0,779	0,687
$A_{of} = A_f + A_{op}$ pie²/pie	5,999	9,387	8,051	12,807
$(A_f + A_{op})/A_o$ pie²/pie²	6,549	10,248	8,789	13,981
Eficiencia de la aleta[1].	Requiere los valores de hc y k.			
$\mathcal{E} = \tanh(mh_f)/(mh_f)$				
$m = (h_c p_f / k a_x)^{1/2}$ pie⁻¹				
$a_x = e_f d_f / 144$ pie²	0,0017	0,0017	0,0019	0,0019
$p_f = \pi d_f / 12$ pie	1,3090	1,3090	1,4399	1,4399
k Btu/(hr-pie-°F)				
h_c Btu/(hr-pie²-°F)				
$h_e = h_c(\mathcal{E} A_f + A_{op})/A_o$				

Tabla A.4.2. Información seleccionada para superficies extendidas tipo aleta circular sólida sobre tubos de diámetro externo				
d_o, Diámetro plg	4,00			
A_o, Superficie ext. pie^2/pie	1,047			
h_f, Alto de aleta plg	0,75	0,75	1,00	1,00
n_f, aletas/plg	3,00	5,00	3,00	5,00
e_f, Espesor de aleta plg	0,05	0,05	0,05	0,05
$d_f = d_o + 2h_f$ plg	5,50	5,50	6,00	6,00
s_f, Separación entre aletas $(1-n_f e_f)/(n_f+1)$ plg	0,213	0,125	0,213	0,125
a_f, Área de una aleta pie^2 $\pi[(d_f^2 - d_o^2)/2 + d_f e_f]/144$	0,161	0,161	0,225	0,225
A_f, Área de aleta por longitud, $a_f \times (n_f/12)$ pie^2/pie	5,796	9,660	8,100	13,500
A_f/A_o pie^2/pie^2	5,536	9,226	7,736	12,894
A_{op} Área del tubo libre de aletas, $A_o(1-n_f e_f)$ pie^2/pie	0,890	0,785	0,890	0,785
$A_{of} = A_f + A_{op}$ pie^2/pie	6,690	10,450	8,990	14,290
$(A_f + A_{op})/A_o$ pie^2/pie^2	6,390	9,981	8,586	13,649
Eficiencia de la aleta[1].	Requiere los valores de h_c y k.			
$\varepsilon = \mathrm{Tanh}(mh_f)/(mh_f)$				
$m = (h_c p_f / k a_x)^{1/2}$ pie^{-1}				
$a_x = e_f d_f / 144$ pie^2	0,0019	0,0019	0,0021	0,0021
$p_f = \pi d_f / 12$ pie	1,4399	1,4399	1,5708	1,5708
k Btu/(hr-pie-°F)				
h_c Btu/(hr-pie^2-°F)				
$h_e = h_c(\varepsilon A_f + A_{op})/A_o$				

Tabla A.4.3. Información seleccionada para superficies extendidas tipo aleta circular sólida sobre tubos de diámetro externo

d_o, Diámetro plg	4,50			
A_o, Superficie ext. pie²/pie	1,178			
h_f, Alto de aleta plg	0,75	0,75	1,00	1,00
n_f, aletas/plg	3,00	5,00	3,00	5,00
e_f, Espesor de aleta plg	0,050	0,050	0,050	0,050
$d_f = d_o + 2h_f$ plg	6,00	6,00	6,50	6,50
s_f, Separación entre aletas $(1-n_f e_f)/(n_f+1)$ plg	0,213	0,125	0,213	0,125
a_f, Área de una aleta pie² $\pi[(d_f^2 - d_o^2)/2 + d_f e_f]/144$	0,178	0,178	0,247	0,247
A_f, Área de aleta por longitud, $a_f \times (n_f/12)$ pie²/pie	6,408	10,680	8,892	14,820
A_f/A_o pie²/pie²	5,440	9,066	7,548	12,581
A_{op} Área del tubo libre de aletas, $A_o(1-n_f e_f)$ pie²/pie	1,001	0,884	1,001	0,884
$A_{of} = A_f + A_{op}$ pie²/pie	7,409	11,564	9,893	15,704
$(A_f+A_{op})/A_o$ pie²/pie²	6,289	9,817	8,398	13,331
Eficiencia de la aleta[1].	Requiere los valores de h_c y k.			
$\varepsilon = \text{Tanh}(mh_f)/(mh_f)$				
$m = (h_c p_f/k a_x)^{1/2}$ pie⁻¹				
$a_x = e_f d_f / 144$ pie²	0,0021	0,0021	0,0023	0,0023
$p_f = \pi d_f / 12$ pie	1,5708	1,5708	1,7017	1,7017
k Btu/(hr-pie-°F)				
h_c Btu/(hr-pie²-°F)				
$h_e = h_c(\varepsilon A_f + A_{op})/A_o$				

Tabla A.4.4. Información seleccionada para superficies extendidas tipo aleta circular sólida sobre tubos de diámetro externo				
d_o, Diámetro plg	5,00			
A_o, Superficie ext. pie^2/pie	1,309			
h_f, Alto de aleta plg	0,75	0,75	1,00	1,00
n_f, aletas/plg	3,00	5,00	3,00	5,00
e_f, Espesor de aleta plg	0,050	0,050	0,050	0,050
$d_f = d_o + 2h_f$ plg	6,50	6,50	7,00	7,00
s_f, Separación entre aletas $(1-n_f e_f)/(n_f+1)$ plg	0,213	0,125	0,213	0,125
a_f, Área de una aleta pie^2 $\pi[(d_f^2-d_o^2)/2+d_f e_f]/144$	0,195	0,195	0,269	0,269
A_f, Área de aleta por longitud, $a_f x(n_f/12)$ pie^2/pie	7,020	11,700	9,684	16,140
A_f/A_o pie^2/pie^2	5,363	8,938	7,398	12,330
A_{op} Área del tubo libre de aletas, $A_o(1-n_f e_f)$ pie^2/pie	1,113	0,982	1,113	0,982
$A_{of} = A_f + A_{op}$ pie^2/pie	8,133	12,682	10,797	17,122
$(A_f+A_{op})/A_o$ pie^2/pie^2	6,213	9,688	8,248	13,080
Eficiencia de la aleta[1].	Requiere los valores de hc y k.			
$\varepsilon = Tanh(mh_f)/(mh_f)$				
$m=(h_c p_f/ka_x)^{1/2}$ pie^{-1}				
$a_x = e_f d_f/144$ pie^2	0,0023	0,0023	0,0024	0,0024
$p_f = \pi d_f/12$ pie	1,7017	1,7017	1,8326	1,8326
k $Btu/(hr\text{-}pie\text{-}°F)$				
h_c $Btu/(hr\text{-}pie^2\text{-}°F)$				
$h_e = h_c(\varepsilon A_f + A_{op})/A_o$				

Tabla A.4.5. Información seleccionada para superficies extendidas tipo aleta circular sólida sobre tubos de diámetro externo

d_o, Diámetro plg	6,00			
A_o, Superficie ext. pie²/pie	1,571			
h_f, Alto de aleta plg	0,75	0,75	1,00	1,00
n_f, aletas/plg	3,00	5,00	3,00	5,00
e_f, Espesor de aleta plg	0,050	0,050	0,050	0,050
$d_f = d_o + 2h_f$ plg	7,50	7,50	8,00	8,00
s_f, Separación entre aletas $(1-n_f e_f)/(n_f+1)$ plg	0,213	0,125	0,213	0,125
a_f, Área de una aleta pie² $\pi[(d_f^2 - d_o^2)/2 + d_f e_f]/144$	0,229	0,229	0,314	0,314
A_f, Área de aleta por longitud, $a_f \times (n_f/12)$ pie²/pie	8,244	13,740	11,304	18,840
A_f/A_o pie²/pie²	5,248	8,746	7,195	11,992
A_{op} Área del tubo libre de aletas, $A_o(1-n_f e_f)$ pie²/pie	1,335	1,178	1,335	1,178
$A_{of} = A_f + A_{op}$ pie²/pie	9,579	14,918	12,639	20,018
$(A_f + A_{op})/A_o$ pie²/pie²	6,097	9,496	8,045	12,742
Eficiencia de la aleta[1].	Requiere los valores de hc y k.			
$\varepsilon = \text{Tanh}(mh_f)/(mh_f)$				
$m = (h_c p_f / k a_x)^{1/2}$ pie⁻¹				
$a_x = e_f d_f / 144$ pie²	0,0026	0,0026	0,0028	0,0028
$p_f = \pi d_f/12$ pie	1,9635	1,9635	2,0944	2,0944
k Btu/(hr-pie-°F)				
h_c Btu/(hr-pie²-°F)				
$h_e = h_c(\varepsilon A_f + A_{op})/A_o$				

Tabla A.4.6. Información seleccionada para superficies extendidas tipo aleta circular sólida sobre tubos de diámetro externo

d_o, Diámetro plg	8,00			
A_o, Superficie ext. pie²/pie	2,094			
h_f, Alto de aleta plg	0,75	0,75	1,00	1,00
n_f, aletas/plg	3,00	5,00	3,00	5,00
e_f, Espesor de aleta plg	0,050	0,050	0,050	0,050
$d_f = d_o + 2h_f$ plg	9,50	9,50	10,00	10,00
s_f, Separación entre aletas $(1-n_f e_f)/(n_f+1)$ plg	0,213	0,125	0,213	0,125
a_f, Área de una aleta pie² $\pi[(d_f^2-d_o^2)/2+d_f e_f]/144$	0,297	0,297	0,404	0,404
A_f, Área de aleta por longitud, $a_f \times (n_f/12)$ e²/pie	10,692	17,820	14,544	24,240
A_f/A_o pie²/pie²	5,106	8,510	6,946	11,576
A_{op} Área del tubo libre de aletas, $A_o(1-nfef)$ pie²/pie	1,780	1,571	1,780	1,571
$A_{of} = A_f + A_{op}$ pie²/pie	12,472	19,391	16,324	25,811
$(A_f+A_{op})/A_o$ pie²/pie²	5,956	9,260	7,796	12,326
Eficiencia de la aleta[1].	Requiere los valores de h_c y k.			
$\mathcal{E} = \text{Tanh}(mh_f)/(mh_f)$				
$m = (h_c p_f/ka_x)^{1/2}$ pie⁻¹				
$a_x = e_f d_f/144$ pie²	0,0033	0,0033	0,0035	0,0035
$p_f = \pi d_f/12$ pie	2,4871	2,4871	2,6180	2,6180
k Btu/(hr-pie-°F)				
h_c Btu/(hr-pie²-°F)				
$h_e = h_c(\mathcal{E}A_f + A_{op})/A_o$				

Tabla A.5. Emisividad de superficies diversas.

Superficie	Temp. °F	Emisividad
Agua	32 - 212	0,95 - 0,963
Aluminio pulido	440 - 1.070	0,039 - 0,057
Hierro oxidado	230 - 2.190	0,85 - 0,89
Hierro pulido	800 - 1.880	0,144 - 0,377
Cobre pulido	242	0,023
Cobre oxidado	1.470	0,66 - 0,54
Cromo-Níquel	125 - 1.894	0,64 - 0,76
Latón	390 - 1.100	0,61 - 0,69
Monel oxidado	390-1.110	0,41 - 0,46
Níquel pulido	74	0,045
Níquel oxidado	1.200 - 2.290	0,59 - 0,86
Pinturas, lacas, otros	70 - 200	0,80 - 0,98
Refractario	1.110 - 1.830	0,65 - 0,90

Tabla A.6. Velocidades recomendadas en conductos.

Fluido	Flujo	Velocidad pie/s. (m/s)	Ref
Liq. no viscoso	Succión bomba	2 a 3 (0,6 a 0,9)	30
Liq. no viscoso	Conductos y Descarga de bombas	4 a 10 (1,22 a 3)	30
Liq. viscoso	Succión bomba	0,2 a 0,8 (0,06 a 0,25)	30
Liq. viscoso	Conducto y Descarga de bomba	0,5 a 2 (0,15 a 0,6)	30
Gas (general)	Conducto	30 a 120 (9 a 37)	30
Gases combustión.	Chimeneas	16 a 55 (5 a 17)	62
Vapor	Conducto	30 a 75 (9 a 23)	30
Bifásico	Conducto	35 a 75 (11 a 23)	35

Tabla A.6.1. Rango típico de velocidad para algunos fluidos en hornos de proceso.

Servicio.	Velocidad pie/s	(m/s)
Destilación atmosférica	4 a 10	(1,22 a 3,0)
Destilación al vacío	2 a 4	(0,61 a 1,22)
Reformadora de nafta	5 a 8	(1,52 a 2,44)
Craqueo de gasoil	5 a 8	(1,52 a 2,44)
Craqueo de Etano	23 a 26	(7,01 a 7,92)
Craqueo de Propano	26 a 28	(7,92 a 8,53)
Craqueo de Butano	28 a 32	(8,53 a 9,75)
Craqueo de Nafta	24 a 36	(7,32 a 10,97)

Tabla A.7. Parámetros típicos en hornos de proceso.

Servicio	q_R^*	G^*	T °F	ΔP psi
Destilación atmosférica	10 - 14	225	400 - 700	100-150
Destilación al vacío	10 - 14	250	850	50 - 75
Re hervidores	10 - 12	175	400 - 550	25 - 30
Aceite térmico	8 - 11	175	600	25 - 30
Carga craqueo catalítico	10 - 11	250	900 - 1.050	30 - 35
Calentadores de residuo atmosférico y de vacío.	9-11	250	700 - 950	100 - 150
Reformación catalítica	7 - 12	150	800 - 1.000	20 - 25
Coquificacion retardada	10 - 11	250	925	100 - 150
Reductor de viscosidad	9 - 10	250	700-950	100-150
Hidrotratamiento	10	150	700 - 850	20 - 25
Hidrocraqueo	10	150	700 -850	20-25
Síntesis de Etileno	10-15	150	1.300 - 1.650	100-150
Síntesis de Propileno	10 - 15	150	1.300-1.650	50 - 75

*q_R, Btu/(h-pie^2). G, lb/(s-pie^2).

Tabla A.8. Coeficientes de Resistencia K y Factor de longitud equivalente Le/D.		
Elemento	Coeficiente, K	Factor Le/D
Banco de tubos de N_F filas	$0,5 N_F$	
Codo 45°, estándar	0,35	17
Codo 45°, radio largo	0,2	17
Codo 90°, estándar	0,75	35
Codo 90°, radio largo	0,45	
Codo 90°, cuadrado	1,3	
Damper	0,25	
Expansión súbita	1,0	
Reducción súbita	0,34	
Reducción en 30 grados	0,02	
Reducción en 45 grados	0,04	
Reducción en 60 grados	0,07	
Retorno de 180°	1,5	75
Tubo recto longitud L y diámetro d_i. f, es el factor de fricción	$4fL/d_i$	
Te estándar	0,4	
Te como codo 90° o derivando	1	
Unión o acople	0,04	
Válvula de compuerta abierta	0,17	9
Válvula de compuerta ½ abierta	4,5	225
Válvula de globo abierta	6,0	300
Válvula de globo 50% abierta	9,5	475
Válvula de Angulo 100% abierta	2,0	100
Válvula de mariposa 5°	0,24	
Válvula de mariposa 20°	1,54	
Válvula de mariposa 40°	10,8	

Tabla A.9. Longitud de Rayos para Radiación de Gas[3].

Relación de dimensiones	Longitud promedio, L
Hornos Rectangulares	
Largo – Alto – Ancho	Longitud promedio, L
1-1-1 a 1-1-3 o 1-2-1 a 1-2-4	$(2/3) \times (\text{Volumen del Horno})^{1/3}$
1-1-4 a 1-1-∞	$(1) \times (\text{La Menor Dimensión})$
1-2-5 a 1-2-∞	$(1,3) \times (\text{La Menor Dimensión})$
1-3-3 a 1-∞-∞	$(1,8) \times (\text{La Menor Dimensión})$
Hornos Cilíndricos	
Diámetro - Alto	Longitud promedio, L
1-1	$(2/3) \times (\text{Diámetro})$
1-2 a 1-∞	$(1) \times (\text{Diámetro})$
Banco de tubos en Convección	
$L = 0,4 P_T - 0,567 d_o$ (L en pie, P_T y d_o en plg)	

Tabla A.10. Separación mínima recomendada entre centro del quemador y el centro de los tubos.

Capacidad de diseño del quemador		Separación			
Tiro Natural		Gas		Aceite	
MW	MM Btu/h	mm	Pie	mm	pie
0,59	2	760	2,5	920	3,0
1,17	4	920	3,0	1.100	3,5
1,76	6	1.100	3,5	1.220	4,0
2,34	8	1.220	4,0	1.400	4,5
2,93	10	1.400	4,5	1.520	5,0
3,52	12	1.520	5,0	1.710	5,5
Tiro Forzado		Gas		Aceite	
1,47	5	920	3,00	1.100	3,5
2,93	10	970	3,17	1.120	3,67
4,40	15	1020	3,33	1.170	3,83
5,86	20	1.100	3,5	1.220	4,0
7,33	25	1.120	3,67	1.270	4,17

Tabla A.11.1 Poder Calorífico Bajo, (PCB), de algunas Sustancias.

Sustancia	PCB, Btu/lb
Metano, CH_4	21.500
Etano, C_2H_6	20.420
Etileno, C_2H_4	20.295
Propano, C_3H_8	19.930
Propileno, C_3H_6	19.670
Normal Butano, $N-C_4H_{10}$	19.68
Iso Butano, $I-C_4H_{10}$	19.629
Buteno, C_4H_8	19.496
Normal Pentano, $N-C_5H_{12}$	19.500
Iso Pentano, $I-C_5H_{12}$	19.478
Hexano, C_6H_{14}	19.403
Benceno, C_6H_6	17.480
Monóxido de Carbono, CO	4.347
Hidrogeno, H_2	51.623
Sulfuro de Hidrogeno, H_2S	6.545
Carbono, C	14.093
Azufre, S	3.983
Nitrógeno, N_2	0
Dióxido de Carbono, CO_2	0
Agua, H_2O	0
Oxígeno, O_2	0

Tabla A.11.2. Ecuación para cálculo preliminar aproximado del Poder Calorífico de combustibles

Ref.	**Combustible gaseoso.**
54	PCA (Btu/pie^3) = 215 + 51,7 M PCB (Btu/pie^3) = 155 + 49,1 M M, peso molecular del gas. PC en Btu/pie^3 en Cond Estándar.
	Combustible líquido
54	PCA (Btu/lb) = 323,5 (H) - 115 (S) + 15.410 PCB (Btu/lb) = PCA - 94 (H)
4	PCA = PCAo[1 - 0,01(%H$_2$O +%Ceniza + %S)] + 40,5(%S) PCAo = - 0,3579(°API)^2 + 58,14(°API) + 17.998,00 PCB=PCBo[1-0,01(%H$_2$O+%Ceniza+%S)]+40,5(%S) -10,53(%H$_2$O) PCBo = - 0,3076(°API)^2 + 47,61(°API) + 17.100,00
	Combustible líquido o sólido.
21	Ecuación de Dulong; PCB (kcal/kg) = 8.140(C)+29.000(H - O/8)+2.220(S) - 600(H$_2$O)
21	Ecuación de Hutte. PCB (kcal/kg) = 8.100(C)+29.000(H - O/8)+2.500(S) - 600(H$_2$O)
21	Ecuación de la Asociación de Ingenieros Alemanes. PCB (kcal/kg) =8.080(C)+29.000(H - O/8)+2.500(S) - 600(H$_2$O)
	Combustible sólido.
1	Solidos. Ecuación del Institute of Gas Technology; PCA(Btu/lb) =146,58(C)+568,78(H)+29,4(S) - 6,58(A)-51,53(O+N)
	C, H, S, A, O, N, H$_2$O, % peso de Carbón, Hidrógeno, Azufre, Ceniza, Oxígeno, Nitrógeno y Agua, respectivamente. Btu/lb (x2,326 = kJ/kg); kcal/kg (x1,8 = Btu/lb)

Tabla A.12. Capacidad calorífica para aire y gases de combustión[30].
$C_P = A + B \times T + C \times T^2 + D \times T^3$ cal/(gr mol -°K)*

Gas	A	$B \times 10^3$	$C \times 10^6$	$D \times 10^9$	Rango de Temp. °K
Aire	8,1	0,2901			50 a 1.500
$H_2O_{(g)}$	8,1	-0,72	3,63	-1,16	298 a 1.500
CO_2	5,14	15,4	-9,94	2,42	298 a 1.500
N_2	7,07	-1,32	3,31	-1,26	298 a 1.500
CO	6,92	-0,65	2,8	-1,14	298 a 1.500
O_2	6,22	2,71	-0,37	-0,22	298 a 1.500

*[cal / (gr mol-°K)]x(4,1868/PM) = kJ / (kg-°K); kJ/(kg-°K)x0,2388=Btu/(lb-°F)

Tabla A.12.1. Capacidad calorífica molar para aire y gases de combustión[13]. kJ/(kmol-°K)

Gas	Capacidad Calorífica Molar, C_P	Rango de Temp. °K
Aire	$33,915 + 1,214 \times 10^{-3} T$	50 a 1.500
$H_2O_{(g)}$	$34,42 + 6,281 \times 10^{-4} T + 5,611 \times 10^{-6} T^2$	300 a 2.500
CO_2	$43,2936 + 0,01147 T - 818.558,5/T^2$	273 a 1.200
SO_2	$32,24 + 0,0222 T - 3,475 \times 10^{-6} T^2$	300 a 2.500
N_2	$27,2155 + 4,187 \times 10^{-3} T$	300 a 3.000
O_2	$34,63 + 1,0802 \times 10^{-3} T - 785.900/T^2$	300 a 5000

Tabla A.12.2. Capacidad calorífica para aire y gases de combustión[30]. Btu/(lb-°F)

Gas	Capacidad Calorífica, C_P	Rango de Temp. °F
Aire	$0,2817 + 6 \times 10^{-6} T - 6 \times 10^{-11} T^2$	80 a 2.240
$H_2O_{(g)}$	$0,4441 + 6,0 \times 10^{-5} T + 8 \times 10^{-9} T^2$	80 a 2.240
CO_2	$0,6046 + 4 \times 10^{-4} T - 2 \times 10^{-7} T^2 + 3 \times 10^{-11} T^3$	80 a 2.240
N_2	$0,2478 + 2 \times 10^{-6} T + 3 \times 10^{-8} T^2 - 8 \times 10^{-12} T^3$	80 a 2.240
CO	$0,2471 + 1 \times 10^{-5} T + 2 \times 10^{-8} T^2 - 7 \times 10^{-12} T^3$	80 a 2.240
O_2	$0,2153 + 4 \times 10^{-5} T - 5 \times 10^{-9} T^2 - 1 \times 10^{-12} T^3$	80 a 2.240

Tabla A.13. Capacidad Calorífica hidrocarburos líquidos,
$C_P = A + B \times T + C \times T^2$ en Btu/(lb -°F)*

Hidrocarburo.	A	B	C	Rango de Temp. °F
Etano	0,7163	8×10^{-4}	-1×10^{-6}	0 a 200
Propano	0,5606	9×10^{-4}	1×10^{-6}	0 a 200
I Butano	0,5166	8×10^{-4}	5×10^{-7}	0 a 200
N Butano	0,5042	8×10^{-4}	1×10^{-7}	0 a 200
I Pentano	0,5092	4×10^{-4}	2×10^{-6}	0 a 200
Pentano	0,497	4×10^{-4}	2×10^{-6}	0 a 200
Hexano	0,4763	6×10^{-4}	-2×10^{-9}	0 a 200

* [Btu / (lb - °F)] x 4,1868 = kJ / (kg - °K)

Tabla A.14. Capacidad Calorífica para hidrocarburos gaseosos,
$C_P = A + B \times T + C \times T^2$ en Btu/(lb-°F).

Hidrocarburo	A	B	C	Rango de Temp. °F
Metano	0,5073	0,0003	3×10^{-07}	100 a 400
Etano	0,3923	0,0004	3×10^{-07}	100 a 400
Propano	0,3755	0,0004	1×10^{-07}	100 a 400
Butano	0,3592	0,0004	2×10^{-07}	100 a 400
Pentano	0,3406	0,0005	1×10^{-07}	100 a 400

[Btu / (lb - °F)] x 4,1868 = kJ / (kg -°K)

Tabla A.15. Correlaciones para cálculo aproximado de entalpías de gases en función de temperatura*.

Gas	H(T) = a + bT, Btu/lb**	Rango Temp.°F
$H_2O_{(g)}$	0,501T - 43,694	200 a 1500
CO_2	0,2822T - 45,176	200 a 1800
CO	0,2717T - 28,062	200 a 1800
N_2	0,2717T - 28,062	200 a 1800
SO_2	0,1921T - 20,853	200 a 1800
O_2	0,2534T - 29,709	200 a 1800

*datos leídos en la Fig. 2. Ref. 23   **[Btu / lb] x 2,3244 = kJ / kg

Tabla A.16. Correlaciones para cálculo aproximado de entalpía de vapores de hidrocarburos puros*. P (psia) y T (°F)

Hidrocarburo (vapor)	H(P,T) = (a+bxP) + (c+dxP)T, Btu/lb**	Rango de Temp °F
Metano	(280-0,0216xP) + (0,48+0,0003xP)T	50 a 650
Etano	(276-0,066xP) + (0,5527+0,001xP)T	50 a 650
Propano	(260-0,135xP) + (0,5295+0,001xP)T	50 a 650
I-Butano	(255-0,148xP) + (0,48+0,002xP)T	150 a 600
N-Butano	(255-0,148xP) + (0,48+0,002xP)T	150 a 600
I-Pentano	(250-0,150xP) + (0,44+0,002xP)T	250 a 600
N-Pentano	(250-0,150xP) + (0,44+0,002xP)T	250 a 600
Hexano	(202,5+0,0xP) + (0,57+0,02xP)T	250 a 600

*datos leídos en la Fig. 9. Ref. 3)   **[Btu / lb] x 2,3244 = kJ / kg

Tabla A.17. Correlaciones para cálculo aproximado de entalpía de hidrocarburos líquidos puros*.

Hidrocarburo Líquido	Correlación $H(T) = a + b \times T$ Btu/lb**	Rango de Temp. °F
Etano	$118{,}15 + 0{,}49 \times T$	0 a 450
Propano	$105{,}78 + 0{,}541 \times T$	0 a 450
I-Butano	$96{,}364 + 0{,}5806 \times T$	0 a 450
N-Butano	$96{,}364 + 0{,}5806 \times T$	0 a 450
I-Pentano	$92{,}855 + 0{,}6131 \times T$	0 a 450
N-Pentano	$92{,}855 + 0{,}6131 \times T$	0 a 450
Hexano	$88{,}38 + 0{,}6116 \times T$	0 a 450
Heptano	$84{,}20 + 0{,}6173 \times T$	0 a 450
Octano	$82{,}764 + 0{,}6179 \times T$	0 a 450

*datos leídos en la Fig. 9. Ref. 3)   **[Btu / lb] x 2,3244 = kJ / kg

Tabla A.18.1 Conductividad térmica gases de combustión[30].

Gas	k, Btu/(h-pie-°F)*	T °F
$H_2O_{(g)}$	$-9 \times 10^{-12}T^3 + 2 \times 10^{-08}T^2 + 2 \times 10^{-05}T + 0{,}0087$	32 a 1.472
CO_2	$4 \times 10^{-10}T^2 + 3 \times 10^{-05}T + 0{,}00869$	-130 a 2.552
N_2	$1 \times 10^{-12}T^3 - 8 \times 10^{-09}T^2 + 3 \times 10^{-05}T + 0{,}0099$	-256 a 2.192
CO	$8 \times 10^{-13}T^3 - 5 \times 10^{-09}T^2 + 2 \times 10 \times 10^{-05}T + 0{,}0125$	-256 a 2.552
O_2	$2 \times 10^{-13}T^3 - 2 \times 10^{-09}T^2 + 1 \times 10^{-05}T + 0{,}0178$	-256 a 2.192

*[micro caloría / (s-cm-°K)] x 0,2388 = Btu/(lb-°F)

Tabla A.18.2 Conductividad térmica gases de combustión[30].

Gas	k, micro caloría/(s-cm-°K)*	T °K
$H_2O_{(g)}$	$17{,}53 - 0{,}0242 \times T + 4{,}3 \times 10^{-4} \times T^2 - 21{,}731 \times 10^{-8} \times T^3$	273 a 1.073
CO_2	$-17{,}23 + 0{,}194 \times T + 0{,}1308 \times 10^{-4} \times T^2 - 2{,}514 \times 10^{-8} \times T^3$	183 a 1.673
N_2	$0{,}9359 + 0{,}2344 \times T - 1{,}21 \times 10^4 \times T^2 + 3{,}591 \times 10^{-8} \times T3$	113 a 1.473
CO	$1{,}21 + 0{,}2179 \times T - 0{,}8416 \times 10^{-4} \times T^2 + 1{,}958 \times 10^{-8} \times T^3$	113 a 1.673
O_2	$-0{,}782 + 0{,}238 \times T - 0{,}894 \times 10^{-4} \times T^2 + 2{,}324 \times 10^{-8} \times T^3$	113 a 1.673

*[micro caloría / (s-cm-°K)] x 0,2388 = Btu/(lb-°F)

Tabla A.19. Conductividad Térmica para hidrocarburos líquidos, k = A+ B T, Btu/(h-pie-°F)*

Hidrocarburo	A	B	Rango de Temp. °F
Propano	0,006	-0,0002	0 a 200
I Butano	0,0726	-0,0002	0 a 300
N Butano	0,0726	-0,0002	0 - 300
I Pentano	0,0823	$-4,9 \times 10^{-05}$	86 a 200
Pentano	0,0823	$-4,9 \times 10^{-05}$	86 a 200
Hexano	0,0832	$-3,7 \times 10^{-05}$	86 a 140
Heptano	0,0842	$-3,07 \times 10^{-05}$	86 a 140
Octano	0,0862	$-3,7 \times 10^{-05}$	86 a 140

*[Btu / (h-pie-°F)] x 1,7295 = W / (m - °K)

Tabla A.20. Conductividad Térmica para hidrocarburos gaseosos, k = A x T^B, k en Btu/(hr-pie-°F)*

Hidrocarburo	A	B	Rango de Temp. °F
Metano	0,012	0,1089	32 a 212
Etano	0,0042	0,2651	32 a 212
Propano	0,0032	0,2916	32 a 212
I Butano	0,0029	0,2922	32 a 212
N Butano	0,0029	0,2901	32 a 212
I Pentano	0,0025	0,3001	32 a 212
N Pentano	0,0025	0,3001	32 a 212
Hexano	0,0044	0,1398	32 a 212
Benceno	0,0015	0,3467	32 a 212

*[Btu / (h-pie-°F)] x 1,7295 = W / (m -°K)

Tabla A.21. Conductividad de ladrillos refractarios y aislantes*.
$k = aT^2 + bT + c$, Btu/(h-pie-°F)**

Aislante[15]	a	b	c	Temp °F
K 30	$-2,5 \times 10^{-9}$	$8,33 \times 10^{-5}$	0,175	500 a 2.500
K 25	0	$3,33 \times 10^{-5}$	0,075	500 a 2 500
K 23	0	$4,16 \times 10^{-5}$	0,0625	500 a 2.500
K 20	$1,66 \times 10^{-8}$	$8,33 \times 10^{-6}$	0,066	500 a 2.500
Refractario[15]	a	b	c	Temp °F
H-W Karundal XD	$3,3 \times 10^{-7}$	$-1,08 \times 10^{-3}$	2,483	500 a 2.500
H-W UFALA	5×10^{-8}	$-1,0 \times 10^{-4}$	1,117	500 a 2.500
APGreen KX-99	$1,7 \times 10^{-8}$	$1,7 \times 10^{-5}$	0,795	500 a 2.500
APGreen Empire S	$-7,5 \times 10^{-9}$	$8,3 \times 10^{-5}$	0,652	500 a 2.500
Refractarios aislantes[26]	a	b	c	Temp °F
K 28	0	6×10^{-5}	0,166	32 a 2.732
K 26	0	6×10^{-5}	0,1325	32 a 2.732
K 23	0	6×10^{-5}	0,1156	32 a 2.732
K 20	0	6×10^{-5}	0,0783	32 a 2.732
K 16	0	6×10^{-5}	0,0112	32 a 2.732

* Correlacionadas con datos de las referencias. 15 y 26.
**[Btu/(h-pie-°F)]x1,488 = kCal/(h-m-°C)

Tabla A.22. Viscosidad para gases de combustión

Gas	Viscosidad, μ, cP	T °K
$H_2O_{(g)}$	$-31,89 \times 10^{-4} + 41,45 \times 10^{-6} xT - 8,272 \times 10^{-10} xT^2$	273 a 1.273
CO_2	$25,45 \times 10^{-4} + 45.49 \times 10^{-6} xT - 86,49 \times 10^{-10} xT^2$	173 a 1.673
N_2	$30,43 \times 10^{-4} + 49,89 \times 10^{-6} xT - 109,3 \times 10^{-10} xT^2$	113 a 1.473
CO	$32,28 \times 10^{-4} + 47,47 \times 10^{-6} xT - 96,48 \times 10^{-10} xT^2$	73 a 1.673
O_2	$18,11 \times 10^{-4} + 66,32 \times 10^{-6} xT - 187,9 \times 10^{-10}$	113 a 1.273

* [cP] x 2,42 = lb/(hr-pie)

Tabla A.22.1 Viscosidad para gases.
$\mu = A + BT$, en cP*

Gas	A	B	Rango de Temp °F
Agua$_{(v)}$	0,0076	2×10^{-5}	100 a 700
Aire	0,4197	4×10^{-4}	0 a 800
CO_2	0,013	2×10^{-5}	100 a 700
SO_2	0,0113	2×10^{-5}	100 a 700
H_2S	0,0106	2×10^{-5}	100 a 700
NH_3	0,0084	2×10^{-5}	100 a 700
N_2	0,0165	2×10^{-5}	100 a 700
O_2	0,0192	2×10^{-5}	100 a 700

* [cP] x 2,42 = lb/(h-pie)

Tabla A.23. Viscosidad para hidrocarburos gaseosos,
$\mu = A + BT$, en cP*

Hidrocarburo	A	B	Rango de temp. °F
Metano	0,0095	2×10^{-5}	100 a 700
Etano	0,008	2×10^{-5}	100 a 700
Propano	0,007	1×10^{-5}	100 a 700
I Butano			
N Butano	0,007	1×10^{-5}	100 a 700
I Pentano			
N Pentano	0,0047	2×10^{-5}	100 a 700
Hexano	0,005	1×10^{-5}	100 a 700
Etileno	0,0095	2×10^{-5}	100 a 700
Propileno	0,008	2×10^{-5}	100 a 700
Butileno	0,007	1×10^{-5}	100 a 700

* [cP] x 2,42 = lb/(h-pie)

Tabla A.24. Viscosidad para hidrocarburos líquidos
$\mu = A\, e^{BT}$, en cP*

Hidrocarburo	A	B	Rango de Temp. °F
Propano	0,1566	-0,004	0 a 220
I Butano	0,2498	-0,005	0 a 200
N Butano	0,2331	-0,004	0 a 200
Pentano	0,332	-0,004	0 a 200
Hexano	0,4601	-0,005	0 a 200
Heptano	0,6202	-0,005	0 a 200
Octano	0,8424	-0,006	0 a 200

* [cP] x 2,42 = lb/(h-pie)

Tabla A.25. Correlaciones para cálculo aproximado de propiedades de transporte en función de temperatura y gravedad API

Capacidad Calorífica, Btu/(lb-°F) $C_P(T,°API) = 5{,}51\times10^{-4}T + 2{,}23\times10^{-3}\,(°API) + 0{,}3387$	$10 \leq °API \leq 70$ $0°F \leq T \leq 600°F$
Gravedad Específica $Ge(°API; T) = 1{,}0603 - 0{,}0053(°API) - 0{,}00041T$	$10 \leq °API \leq 70$ $0°F \leq T \leq 800°F$
Conductividad Térmica, Btu/(hr-pie-°F) $k(T,°API) = 0{,}0638 + 5\times10^{-4}\,(°API) - 2{,}5\times10^{-5}\,T$	$10 \leq °API \leq 70$ $0°F \leq T \leq 600°F$
Viscosidad, en cP. [cPx2,42 = lb/(hr-pie)] $\mu(T,°API) = 23{,}587 - 1{,}7637(°API) + 0{,}0305(°API)^2 - [11{,}659 - 877{,}19(°API) + 15{,}203(°API)^2]/T$	$20 \leq °API \leq 35$ $80°F \leq T \leq 400°F$
$\mu(T,°API) = 984{,}28/(°API)^{3{,}2459} + (253{,}122\,(°API)^{3{,}3662})\times Ln(1/T)$	$42 \leq °API \leq 76$ $80°F \leq T \leq 300°F$

Tabla A.26. Otras correlaciones-

Agua Líquida	Rango
$C_P \approx 1$	60°F≤T≤320°F
$\rho = 62,382 + 3,7 \times 10^{-3}\, T - 8 \times 10^{-5}\, T^2$	20°F≤T≤ 80°F
$k = 0,3047 + 8 \times 10^{-4}\, T - 2,0 \times 10^{-6}\, T^2$	20°F≤ T ≤ 180 °F
$\mu = 58,375/T^{0,9753}$	20°F≤T≤180°F
Vapor de agua	
$Cp = 0,4392 + 5 \times 10^{-5}\, T + 2 \times 10^{-8}\, T^2$	212°F≤T≤1200°F
$\rho = 0,1071 - 0,0131\, Ln(T)$	212°F≤T≤1200°F
$k = 0,009 + 3 \times 10^{-5}\, T + 4 \times 10^{-9}\, T^2$	212°F≤T≤1200°F
$\mu = 0,0007\, T^{0,5316}$	212°F≤T≤1200°F
Aire	
$C_P = 0,2392 + 7 \times 10^{-6}\, T + 2 \times 10^{-8}\, T^2$	0°F≤T≤800°F
$\rho = 0,0845 - 1 \times 10^{-4}\, T + 8 \times 10^{-8}\, T^2$	0°F≤T≤800°F
$k = 0,0135 + 2 \times 10^{-5}\, T$	0°F≤T≤800°F
$\mu = 0,3997 + 0,0006\, T - 2 \times 10^{-7}\, T^2$	0°F≤T≤800°F
C_P Btu/lb-°F; ρ lb/pie³; k Btu/hr-pie-°F; μ cPx2,42 lb/hr-pie	

Tabla A.27. Factor de ensuciamiento[4] típico, R_D.
R_D, (hr-pie²-°F)/Btu [x0,1761= m²-°K/W]

Sustancia	R_D	Sustancia	R_D
Gs Natural	0,001	Gasolina estabilizada	0,0005
Gas de carbón	0,01	Nafta <500°F	0,002
Tope fraccionadora de LGN	0,001	Nafta ≥500°F	0,004
LGN a fraccionamiento	0,001	Gasoil a craqueo ≥500 °F	0,003
Fondo fraccionador de LGN	0,002	Gasoil a craqueo <500°F	0,002
Vapores de tope atmosférico	0,0013	Aceite térmico	0,004
Vapor de tope torre de vacío	0,001	Slurry de FCC	0,01
Destilados atmosféricos	0,003	Resid atmosférico < 25 °API	0,005
Resid. atmosférico > 25 °API	0,002	Fuel oil	0,005
Crudo 200-499 °F		Crudo >500 °F	
Velocidad >4 pie/s	0,002	Velocidad >4 pie/s	0,002

Apéndice A. Figuras

Fig. A.1. Factor de Efectividad α
Fig. A.2. Factor de Emisividad del gas e_G.
Fig. A.3. Factor de Intercambio F vs. $R = (A_{RE}/\alpha A_{FP})$ y e_G
Fig. A.4. Eficiencia de aleta transversal sólida.
Fig. A.5. Grafica de la Ecuación de Lobo y Evans.

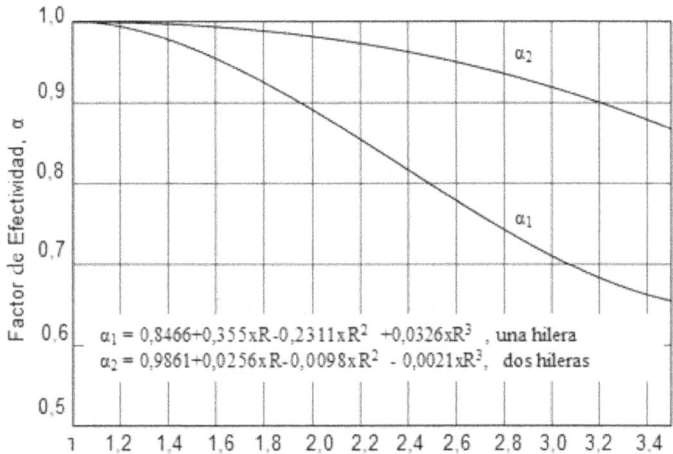

Fig. A.1. Factor de Efectividad, α.

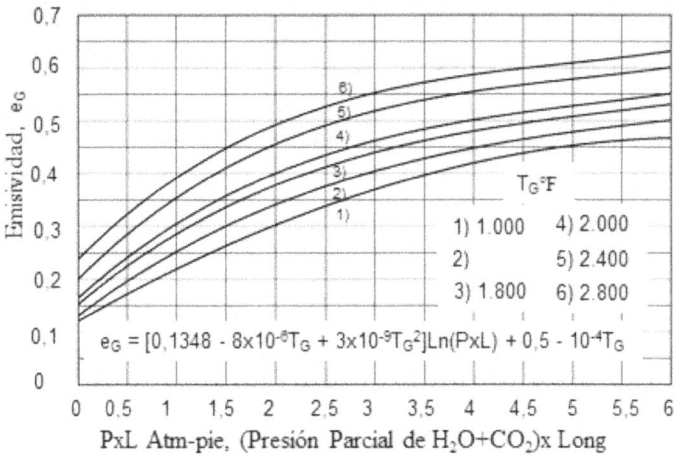

Fig. A.2 Emisividad de gases vs. PxL.

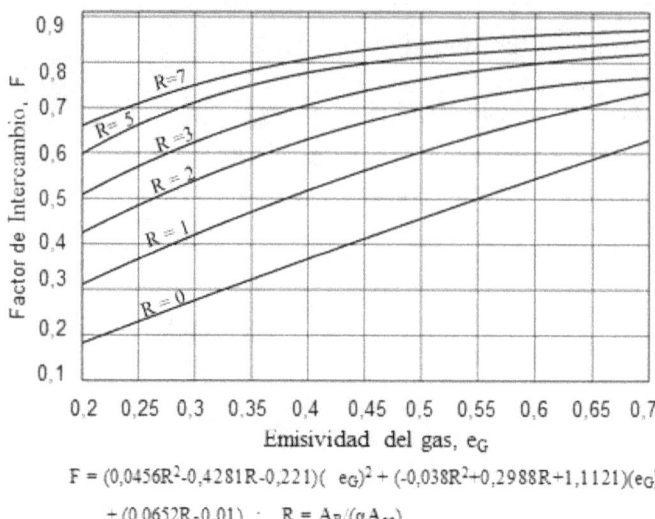

$F = (0{,}0456R^2 - 0{,}4281R - 0{,}221)(e_G)^2 + (-0{,}038R^2 + 0{,}2988R + 1{,}1121)(e_G)$
$+ (0{,}0652R - 0{,}01)$; $R = A_R/(\alpha A_{cp})$

Fig. A.3. Factor de Intercambio, F.

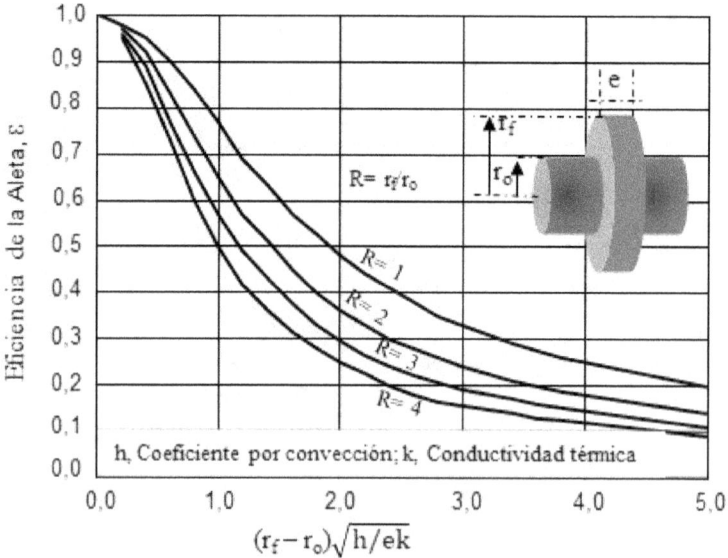

Fig. A.4. Eficiencia de Aleta transversal solida.

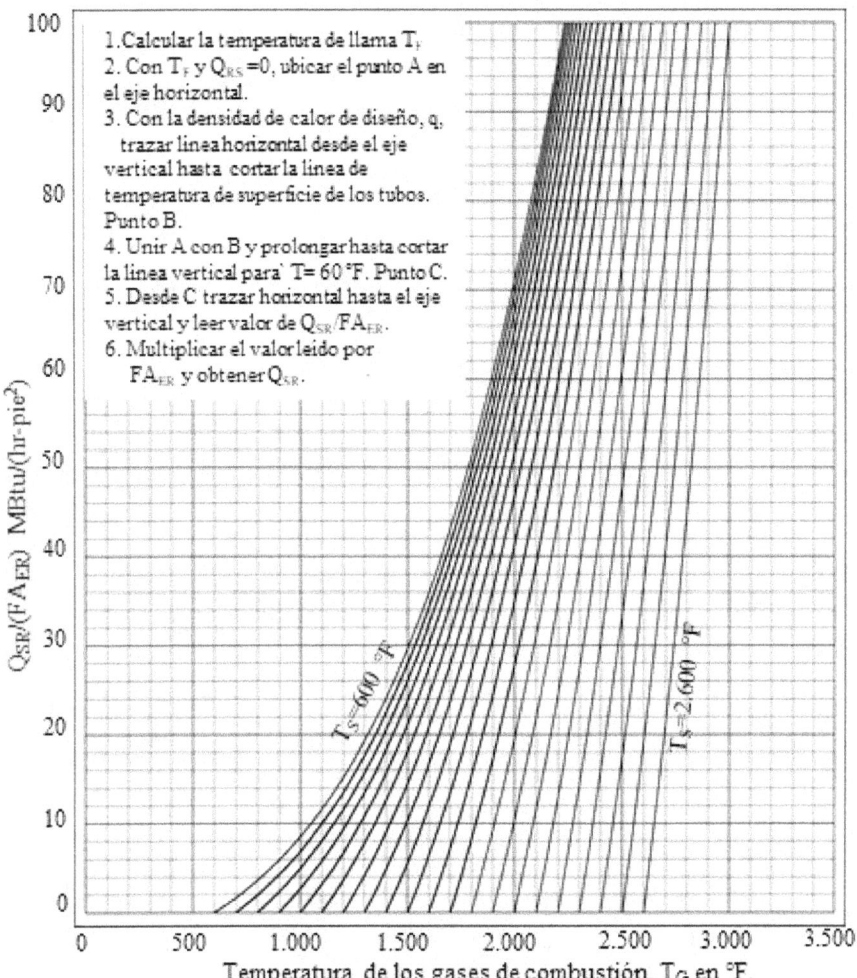

Ec. De Lobo-Evans, $Q_{SR}/(FA_{ER}) = 0.173[\ (T_G/100)^4 - (T_S/100)^4\ ] + 7(T_G - T_S)$
Q_{SR} flujo de calor en la sección de radiación, Btu/hr. F, Factor de Intercambio.
A_{ER}, Superficie efectiva en radiación. $A_{ER} = \alpha A_{PF}$, α, factor de efectividad, $A_{PF} = N_T L_T P_T$ superficie del plano frio. N_T Numero de tubos, L_T longitud de un tubo y P_T separación entre tubos. T_G temperatura del gas y T_S temperatura de superficie de los tubos.

Fig. A.5. Grafica de la Ecuación de Lobo y Evans

REFERENCIAS.

1. Green, D.W and R.H. Perry, Perry's Chemical Engineers' Handbook, Eighth Edition, McGraw Hill Co. 2008.
2. Mullinger, P., B. Jenkins. Industrial and Process Furnaces, Principles, Design and Operation. Elseiver, 2008.
3. Kern, D. Q. Process Heat Transfer, Mc Graw Hill, New York, 1965.
4. Gulf, Science and Technology Company. Fired Heater Design.
5. Exxon International Practice. Fired Heater. IP- 7-1-1.
6. Glassman, I. y R. A. Yetter, Combustion, Fourth Edition, AP 2008.
7. Calentadores a fuego directo para plantas de proceso. PEMEX. NRF-089-PEMEX-2004
8. API Standard 560, Fired Heaters for General Refinery Services, 5th Ed. February. 2016.
9. API 535 Burners for Fired Heaters in General Refinery Services 2012. 2014
10. Kolmetz, K. Handbook of Process Equipment Design, Refinery Furnace Design, Sizing and Troubleshooting. KLM Tech. Group. March 2017.
11. API Standard 530. Calculation of Heater-tube Thickness in Petroleum Refineries. 7th Edition | April 2015.
12. Garg, A. Revamp Fired Heaters for Increase Capacity. Furnace Improvements Services, FIS. Hydrocarbon Processing, June, 1998.
13. Hassan Al-Haj Ibrahim. Fired Process Heaters. Al-Baath University. Syria. 2010.
14. Petroleum Engineers Handbook. 1987.
15. GPSA, 11 Edition, E08 Fired Equipment, 1998.
16. Fahim, M. A., T. A. Al-Sahhaf, A.S., Elkilani. Fundamentals of Petroleum Refining. First Edition. Elsevier. 2010.
17. Ragland, K. W., K. M. Bryden, Combustion Engineering 2nd Edition, CRC Pres, May 2011.
18. Raisch, M., Aprovechamiento del valor calorífico bruto, Bosch Industriekessel GmbH, julio 2012.
19. Molina M., J. R, Determinación de las Propiedades termodinámicas de la Mezcla de Gases de Combustión Considerando Doce Especies. Universidad de Pamplona, 2007.
20. Wyldi, F., Fired Heater Optimization. AMETEK Processes Instruments. Pittsburgh. 2000.
21. Fernández, J. Poder Calorífico de Combustibles Industriales. Universidad Tecnológica Nacional, Facultad Regional Mendoza.2007.
22. Bokde, Ramesh D., Vaibhav H. Bankar, Design and Analysis of Bending Furnace using Light Diesel Oil as an Alternative Fuel, IJIRST –

International Journal for Innovative Research in Science & Technology, Volume 3, Issue 01, June 2016.
23. Patel, S., Simplify your thermal efficiency calculation, Syncrud Canada Ltd, Julio 2005.
24. Hassan S., A. Alazeem M., B. Khalifa, F. Elamin, N. Hassan. Evaluation of the Efficiency of the Combustion Furnace of the Delayed Coking Unit. American Journal of Quantum Chemistry and Molecular Spectroscopy. Vol. 2, No. 2, 2018, pp. 18-30.
25. Biset, S. y M. E, Ferreyra. Cálculo Riguroso de Eficiencia de Hornos de Procesos. Oil Combustibles S.S, Refinería San Lorenzo. San Lorenzo, Argentina. 2013.
26. Lagos, A. P., Calidad de los Refractarios, Notas Técnicas, Revista IDIEM, Vol.4 No. 3. https://academia.edu/40572630/II_.
27. Holman, J.P., Transferencia de Calor, 2da. Ed., McGraw-Hill Book Company. 1978.
28. Lienhard IV, J.H. and J.H Lienhard V, A Heat Transfer Text Book, 3rd. Edition, Phlogiston Press, Candbrige, MA, 2008.
29. McAdams, W.H, Heat Transmission, 3rd Edition. McGraw-Hill Series in Chem. Eng. 1985
30. Kreith, F., Principles of Heat Transfer, 2da. Ed. International Textbook Company, 1.965.
31. McCabe, W. L., J. C. Smith and P. Harriott, "Unit Operations of Chemical Engineering", Seventh Edition, McGraw Hill. 2000.
32. Bird, R. Byron, W. E. Stewart, W. N., Lighfoot, Fenómenos de Transporte, Editorial Reverté, Barcelona, España. 1.992.
33. Giankoplis, K. J. Procesos de Transporte y Operaciones Unitarias. Tercera Edición. CECSA. 1998
34. Flujo de fluidos en válvulas, accesorios y tuberías, Crane, McGraw-Hill.
35. Walas, S. M., "Chemical Process Equipment", Butterworth – Heinemann, Boston, 1990
36. Evans, F. L., "Equipment Design Handbook", Vol 2, Gul Publishing Company, Houston, 1979.
37. Luna, C., G. Olguin, Modelo Predictivo de la Operación del Horno Planta Topping 1 de ERA, Escuela de Ingeniería Química. Pontificia Universidad Católica de Valparaíso, Chile. 2010.
38. Instituto Argentino de Petróleo y Gas, Seguimiento Energético de Hornos de Proceso, PR IAPG-SC-12-2015-00,. IAPG. 2.015.
39. Controls for Oil Fired Heating, 97-01406-3. Honeywell International Inc. USA. 2005.
40. Sosa, G. y M. Krenek. Diseño e Implementación de un Sistema de Seguridad de Procesos. TECNA, Argentina, 2015

41. API RP 556 Instrumentation and Control for Gas Fired Heaters. 2nd. Ed. Apr. 2.011.
42. Fired Heaters, Process Manual, TOC 03 96. Fluor Daniels. 1996.
43. API RP 551, Process Measurement Instrumentation.1st. ed. May 1993.
44. API RP 554-2, Process Control Systems and Design. 1st. ed. Oct. 2008.
45. API P 571 Damage Mechanisms Affecting Fixed Equipment in Refining Industry, 2nd ed. 2011.
46. API RP 573 Inspection of Fired Boilers and heaters, Third Edition. 2013.
47. Bhatia, A. Over View of Refractory Materials. PDH online Course M158. 2012
48. Process Control Fired Heater - McMaster University-Marlin-App K, 1999. http://pc-textbook_mcmaster.ca.
49. Wimpress, N., Método Generalizado Para Predecir Comportamiento de Hornos. Traducido por Blasetti, A. U N P. 2008.
50. Hornos de Proceso, Ref. La Teja. Gerencia. de Refinación, ANCAP. 2018.
51. Manrique, M., et al. Caracterización de Flujo Bifásico. El Reventón Energético, Vol 8 No 1, 2010.
52. Darby, R. Two Phase Gas-Liquid Pipe Flow. Texas A&M University.
53. Sadrehaghighi, I. Multiphase Flow, Technical Report. CFD Open Series, 2020.
54. Ludwig, E., Applied Process Design Chemical and Petrochemical Plants Vol. Third Edition. GPP. 1999.
55. Consideraciones de Diseño, MDP–05–F–02, Hornos, Transferencia de Calor, Manual de Diseño de Procesos. PDVSA. 1983.
56. Chimeneas Industriales, Construpedia, Enciclopedia Construcción. https://www.construmatica.com/construpedia/Chimeneas_Industriales.
57. Diseño de Chimeneas. Departamento de Ingeniería Química, Universidad de Castilla, La Mancha.
https://sistemamid.com/panel/uploads/biblioteca/2014-08-27_05-20-46108904.

www.ingramcontent.com/pod-product-compliance
Lightning Source LLC
Chambersburg PA
CBHW060410220526
45465CB00008B/2830